imaginist

想象另一种可能

——

理
想
国

imaginist

MARC-ANDRÉ SELOSSE

看不见的陪伴

JAMAIS SEUL

CES MICROBES QUI
CONSTRUISENT LES PLANTES,
LES ANIMAUX ET LES
CIVILISATIONS

与微生物共生的奇妙之旅

［法］马克－安德烈·瑟罗斯 著　黄行 译

北京日报出版社

Originally published in France as:

Jamais seuls: Ces microbes qui construisent les plantes, les animaux et les civilisations

by Marc-André Selosse

© Actes Sud, France 2017

Current Chinese translation rights arranged through Divas International, Paris

巴黎迪法国际版权代理

北京版权保护中心外国图书合同登记号：01-2023-5983

图书在版编目 (CIP) 数据

看不见的陪伴：与微生物共生的奇妙之旅 / (法)
马克 - 安德烈·瑟罗斯著；黄行译． -- 北京：北京日报
出版社，2024.1
　　ISBN 978-7-5477-4723-0

　　Ⅰ．①看⋯ Ⅱ．①马⋯ ②黄⋯ Ⅲ．①微生物学－普
及读物 Ⅳ．① Q93-49

中国国家版本馆 CIP 数据核字 (2023) 第 220174 号

责任编辑：胡丹丹
特约编辑：肖　瑶
封面设计：尚燕平
内文制作：陈基胜

出版发行：北京日报出版社
地　　址：北京市东城区东单三条 8-16 号东方广场东配楼四层
邮　　编：100005
电　　话：发行部：(010) 65255876
　　　　　总编室：(010) 65252135
印　　刷：山东韵杰文化科技有限公司
经　　销：各地新华书店
版　　次：2024 年 1 月第 1 版
　　　　　2024 年 1 月第 1 次印刷
开　　本：1230 毫米 ×880 毫米　1/32
印　　张：12.875
字　　数：278 千字
定　　价：68.00 元

如发现印装质量问题，影响阅读，请与印刷厂联系调换：0533-8510898

目　录

迟来的前奏

关于微生物的共生和互惠共生

在引言里，我们会去夜间捕食，我们会知道地衣是"精神分裂患者"，我们会了解两个迟来的定义在科学史上出现的过程，我们会知道微生物的坏名声是不公平的，我们还会知道本书接下来将如何展开。

不孤单的夜间捕食

我们的行程从夜间太平洋上的小岛开始。月光照亮了海面，穿透清澈的海水，海底深不可测。

一只小巧的夏威夷短尾鱿鱼在朦胧的月光下捕食。朦胧的光线能让它躲避天敌……但是，它也需要一点光线来看清它的猎物。所以，从下往上看，它的捕食成了问题：的确，当夏威夷短尾鱿鱼的天敌和猎物比它所在的海水区域要深时，由于影子的缘故，它们能轻易地判断它的位置。但是，夜里，它的腹部会发出微弱的光,这抵消了它的阴影!白天,它会静静地躲起来,腹部也暗淡下来。这种鱿鱼其实收留了一些会发光的费氏另类弧菌,它们生活在小腺体里面,营养来自鱿鱼。这些细菌一到夜里会把一部分的能量转化为光。它们本在水里自由生活,这样能躲避它们自己的天敌——那些和它们一同漂游、个头稍大一些的细菌。它们的光线还能吸引这些个头稍大的细菌的天敌——甲壳类动物。敌人的敌人就是盟友!费氏另类弧菌只有在大量聚集时才能发出足够的光吸引甲壳类动物。夜晚,这种细菌在鱿鱼的腺体里大量聚集,产生光。一到天亮,鱿鱼便会赶走 95% 的细菌,避免喂养这些无用的家伙。留下来的细菌孤零零的,因为密度不够大,便停止发光。但是,白天里,它们会慢慢聚集;夜晚来临,密度达标后就又开始产生光,有点神说"要有光"(Fiat lux)的意思,直到下一个天亮。

这就是本书要讲的现象:夜间捕食时,鱿鱼不是单枪匹马,而是有细菌的帮忙。夏威夷短尾鱿鱼提供养分,换得保护,即细菌们带来的光。这是"看不见的陪伴"的第一个例子,我们将陆续看到,这种微生物的陪伴是如何塑造生物的。回到会发光的细菌,它们陪伴的不只是鱿鱼们。

中层带和深层带的许多鱼类都依赖发光细菌,诸如另类弧菌属和发光杆菌属的细菌。这些鱼类把细菌收留在内囊,内囊有时有反光层,甚至能自由缩放;鱼的种类不同,具有的功能也不同。一些鱼只是被动地掩藏自己,躲避深层带里的天敌,类似于前面的鱿鱼。另外一些鱼用光作为圈套，吸引……它们的猎物！还有一些鱼则用它们当导航灯，名副其实地照明捕食。还有几个顽皮的，用发光的囊体吸引性伴侣。不透明膜控制的发光频率或者囊体所在位置的特殊性，可以确保每个物种的潜在伴侣能准确识别之；这些光信号帮助深海动物在黑暗中寻觅灵魂伴侣。还有一些鱼类，在被捕食者追捕时，会一股脑地把细菌排出，形成光晕，迷惑捕食者或分散它的注意力。有时，光晕由于黏液变得黏稠，会长时间停留在捕食者身上，而这又会引来捕食者的捕食者——又一个"敌人的敌人"的故事……海洋动物的进化（尤其是深海动物，都抢着和发光细菌玩），让能收留发光菌的一方拥有造光的功能——类似我们手机里的手电筒应用。

这些动物因为有了细菌而会发光？生动的叙述让这乍听起来像趣闻。细菌也好，动物也好，这种发光的结合是在进化过程中出现的。实际上，这种结合不过是生物利用微生物的现象中普通的一例。

　　本书描写微生物如何在动植物体内生活并秘密地参与构造它们，帮助它们完成各种任务，这些任务经常关乎性命。再大的生物也不孤单，因为其浑身是有用的细菌。

无法归类的地衣

先说点科学史，让我们亮一亮本书的概念性装饰，这个装饰出现得比较晚，直到 19 世纪才和地衣一起出现。

树皮、木桩、岩石、屋顶……无论环境多么不友好，哪怕是贫瘠之地，地衣都能生长，它们要么是绿的，要么偏灰白或橙黄。它们形状不一，有壳状的、叶状的、枝状的（直立或下垂）。形态预示着它们是与众不同的生物——用一个词概括就是"地衣"。自古以来，它们的归属就不明确。绿色的当然是植物，但是我们不知道应该把它们划到藻类、苔藓还是蕨类植物中。另一方面，地衣产生孢子的方式与松露和羊肚菌之类的真菌一样，这又提出了另一种分类的可能。这些问题令人恼火，但是，地衣一定要在分类中有自己的位置吗？

瑞士植物学家西蒙·施文德纳（1829—1919）提供了一个革命性的答案。和其他人一样，他在显微镜下观察到的也是一种双生结构：地衣混合了透明细丝和圆形绿色细胞。这些细丝让人联想到真菌中吸取营养的细丝，现在被称为"菌丝"。绿色细胞则负责繁殖（这解释了为什么它以前被叫作 gonidies，意为"微生子"，来自希腊语 gonos，意为"种子"）。但是，施文德纳在 1867 年的一次会议中提供了另一种解读：地衣不过是藻类和真菌的结合；藻类可以进行光合作用（那些绿色的细胞），真菌穿插其间，它们共同形成的结构就是地衣。会议报告指出，

"主讲人的概念是，地衣不应该被看成独立的结构，而是连着藻类的真菌"。当时这被戏称为"施文德纳假设"，先是受到批判，进而被嘲笑，尤其是芬兰地衣学家威廉·尼兰德（1822—1899，他是19世纪最重要的地衣学家之一，记载过超3000种地衣），压根不能相信如此离奇的理论。

然而……不久后其他学者也采用了这一观点。他们之中有俄国生物学家安德烈·费明赛（1835—1918），他是第一个在实验室里将地衣中的藻类分离培养的人。20世纪初，法国人加斯顿·邦尼尔（1853—1922）实现了地衣的人工合成：他先分别培养真菌和藻类，然后合并培养。邦尼尔的生物书籍很有名，至今仍被用来识别法国的植物。今天，"地衣"这个名字其实是关于真菌的部分。关于藻类的那部分有另一个名字，但几乎不太有人知道，因为我们保留了以前的认知习惯，认为地衣就是一体的，哪怕它现在只是指代真菌的部分。历史上这场关于地衣性质的争论，现在基本采用施文德纳的结论；这也证明，有别于成见，微生物可以一起构建肉眼可见的专属结构，一起生活，从不孤单。

正如地衣的例子，这本书将介绍微生物是如何频繁地隐藏在我们肉眼可见的"独立"生物背后的。

广义上的共生：共同生活

地衣的争论让不同物种共同生活的概念浮出水面。第一个将其规范化的是德国生物学家阿尔伯特·弗兰克（1839—1900）。在1877年的一篇文章里,他建议用"共生"（Symbiotismus）形容地衣中藻类和真菌的结合。1879年，这一术语以现在通用的写法"Symbiose"被广泛知晓，这还得感谢安通·德贝里（1831—1888，他并没有引用同胞弗兰克的论述，但是……这两个词的相似不可能纯属巧合）。德贝里是德国伟大的微生物学家，他被法国人忽略是有失偏颇的：这大概受法德两国持续到"二战"结束的敌对关系影响，每个人都无理由地忽视或否认邻国的价值。德贝里因为之前的几次发现享有极大的威望，比如关于土豆霜霉病是由真菌引起的论证。1878年德国博物学家们在斯特拉斯堡（当时属于德国，也是德贝里任教的地方）集会，他在一个会议上发表了关于共生现象（Die Erscheinung der Symbiose）的演说。1879年，他先用德语发表全文，接着又将其发表在法国《国际科学杂志》（*Revue internationale des sciences*）上,其中举了许多例子,包括地衣。他在文中将"共生"定义为"不同名字（也就是种类）的生物共同生活",这源于古希腊语 sun（共同）和 bios（生活）。共同生活的每种生物都被称为"共生体"。

这个定义指明了物种间的共存是可持续的，这种状态可能在共生体中维持一生或者一个阶段，不论它们有何种交换。德贝里和施文德纳都认为，就地衣来说，真菌很可能是寄生在藻类中。德贝里写道："最出名且最完美的共生就是完全寄生，意思是，一个动物或者植物从生到死，都是寄附在另一生物的身体表面或者内部。"在这个理解中，共生是共同生存，无论其对共生体是有益的还是有害的。本书采纳的不是这一理解。

本书描述的是生物为何常常共生。

互惠共生：友谊第一

要知道，共同生活不是只有寄生这一种形式，尤其是在地衣界！让我们到布列塔尼地区的岩岸，观察一种生活在这里的潮间带的小地衣——海洋地衣。在饱受海浪冲击的岩石上，它像是一张 1 厘米厚的平滑毯子。这里的光合生物是蓝藻门的眉藻，它们常和真菌共生。此外，这些眉藻也可以在周边以自由状态生活，并以小团体的状态聚集在凝胶体里，形成 0.5—2 厘米直径大小的深色小疱。它一般出现在水流较缓的地方，且通常比地衣地势低，因为它们需要浸泡在潮水里，而不是受激流的冲击。冬天的时候，我们也见不到它们：它们会形成用于等待的小胞，小胞里能量充足，可以抵挡寒冷和海底冬季风暴，直到情况好转。而地衣们……不间断地，一直在那儿。受真菌保护的好处毋庸置疑：地衣里的眉藻积极繁殖，不受季节限制。

8

今天，在大多数情况下，我们认为地衣中的藻类受惠于真菌，真菌保护它并为它提供水分（在陆生环境中）、矿物质和空气。同样，真菌也从中获益，吸取一部分由藻类光合作用产生的养料。因此，它们是互惠的（我们在第三章还会讲到地衣的互惠）。共球藻属是地衣中常见的绿藻，它从未以自由状态被单独发现：既然只能活在地衣里，益处毋庸置疑！

一些互动也可以是互相获益的。1875 年，《动物界的共栖体和寄生物》（*Les Commensaux et les parasites dans le règne animal*）出版；比利时动物学家皮埃尔-约瑟夫·凡·贝内登（1809—1894）在书中关注不同动物间互动的影响。和书名一样，他分别描述了寄生（一物种利用另一物种）和共栖（一物种利用另一物种，但另一物种不受影响）的例子。但他指出还有其他的共存方式："有些动物会互相帮忙，用'寄生物'或者'共栖体'称呼它们不太合适。我们认为称它们为'互惠共存体'更加贴切。"德贝里自己举的共生例子都是广义植物界的，关于动物的例子，他指向凡·贝内登的书。

互惠共生的概念立马获得成功，因为不乏例证，就像在花上活动的传粉昆虫：在花上这么一来一回，传播了花粉，完成了受精，这预示着丰收；但是，它们以花蜜或者花粉的一部分为养料。像传粉这种互惠共生行为，其互相作用的时间很短暂；但是像地衣这样的就是真正意义上的共生了。从此往后，在法语资料里，"互惠共生"和"共生"将产生更多紧密的连接……

直到合并成"共生"的第二种定义。在英语里,"symbiosis"通常还是像德贝里起初的定义,指共同生活,而不论共生伙伴间的具体关系为何;法语里,"symbiose"获得了第二种释义,更加严格地指代"互惠共生"(这个解释也越来越多地在英语里被采用)。这也是本书将采用的解释,我们把"共生"局限于互相帮忙的共同生活,也就是互惠共生。

本文将描述生物共生为何常常是法语里的意思,即互惠共生。

迟来的前奏和微生物未完成的任务

"共生"和"互惠共生"构成了本书的前奏,它们在科学史上出现得很晚,直到 19 世纪末才出现。相反,互相伤害的关系因其影响恶劣很早就被发现了:我们知道寄生关系,其中涉及使人类致病的真菌或细菌;知道捕食关系,其中存在一种导致一方主角快速死亡的极端情形;知道无处不在的竞争关系,其中的个体为了存活,面对相同的资源,互相妨碍——这种互相妨碍的关系就是基于查尔斯·达尔文(1809—1882)的自然选择。达尔文在 1859 年的著作《物种起源》中写道,"每个物种,即使数量繁盛,也避免不了几次大型毁灭,这要么来自敌害袭击,要么来自争夺食物和空间的竞争",以及"竞争引发自然选择"。

在这些回合里，幸存的一方得以存活并繁衍。

共生和互惠共生的概念出现得晚，这在微生物界尤其明显。19 世纪，对微生物的关注集中在它们的危害。1861 年，德贝里指出，真菌可以引发病害，比如土豆霜霉病。与此同时，他的法国同侪路易·巴斯德（1822—1895）研究微生物如何分解（他发现酒精发酵和它发酸的本质是由微生物引起的）、如何致病。在微生物致病这一领域，巴斯德和德国医生罗伯特·科赫（1843—1910）同享盛名，后者发现了炭疽杆菌和结核杆菌。这些研究让人觉得显微镜下的世界越发可憎，让"微生物"一词带有纯贬义色彩。这有失公允，不符合本书观点。

让我们在"微生物"（microbe）这个词上停留片刻。1878 年，军医夏尔·埃马纽埃尔·塞迪悦（1804—1883）由 micro（小）和 bios（生命）创造了"微生物"这个词：有生命的小生物……没有比这更中性的描述了吧？没有丝毫贬义！但是词义很快就变色了……也许读者会问，为什么我一直用这个词的贬义，虽然我本义是给它正名？对了，的确，我可以用"微生物有机体"（microorganisme），长一点，更学术，也少些贬义——这个词比"微生物"早两年出现，词根相近，由《法国官报》（*Journal officiel*）编辑兼记者亨利·德巴微（1838—1909）创造。但是如果我这样做了，不过是把自己藏在了学术术语背后，没有直面问题核心："微生物"一词的贬义色彩不是因为词本身，而是因为这些生命个体。本书的目的不是用术语武装，而是真正地用从前的中立视角重新审视微生物。全书我都将使用"微生物"，希望到最后，读者们能在相同的名字里看到不一样的它们。

　　微生物的互惠角色到 19 世纪末还无法预见，除了个别例子，如地衣（当然，并不是所有研究者都这么认为）。但是，研究共生一定是围绕微生物进行。生物界的绝大多数物种都是微生物，无论是从种类还是生活方式来看，它们在显微镜下呈现出实实在在的多样性。我们实验室对此心照不宣，因为首先进入我们眼帘的是放大镜和显微镜。世界由比我们微小的物种构成，正因为它们无处不在，如果要研究共生的状态和重要性，当然要聚焦在微生物身上。

　　然而，动植物依赖与微生物共生的观念（不仅仅是传闻）形成得很缓慢……比共生和互惠共生的概念还要晚！除了先驱们鲜有问津的研究，我们对微生物的看法直到 20 世纪下半叶，尤其是近二十年，才有所转变：有共生角色的它们遍布生物界，证明我们周围的生物其实从不孤单，被微生物团簇着。

　　本书描述生物们为何常常共生（即互惠共生），而且大多数情况中都有微生物的参与。

接下来……

　　我们将研究无处不在的微生物，它们从不让动植物孤单，还让后者受益。虽然说微生物共生在现代生物学里出现得晚（之后我们谈到具体时间就清楚了），但是今天它们正充斥着我们的视野。我们说的"微生物"包括几个类别，它们的来源、生物特征和形状构造有所不同，但因为体积微小而相似，小到肉眼看不见，我们经常忽视它们的存在。

　　确切地说，谁是微生物呢？首先是真菌。的确，有时它们在肉眼可见的大型结构里产生孢子，也就是我们在森林里（尤其是在秋天）采摘的那些蘑菇。但它们还是微生物！第一，尽管它们能造出这类大型结构，但大部分时间里，它们是以细丝状的菌丝形态生活着，其直径为 10 微米级，肉眼看不见。第二，大多数真菌孢子的产生更加隐蔽，常以看不见的方式产生（这其中就有奶酪上的霉菌，或者属于单细胞真菌的酵母菌）。第三，比真菌更小但是数量更多的是细菌，直径为微米级，它们独来独往或者像珠子一样连在一起。它们包括两大类：古细菌和真细菌——我们在书里谈到的细菌都属于真细菌，为了方便，我们称它们为"细菌"。还有就是非细菌的微生物，属于真核生物（这个类别里也包括了真菌、动物和植物，我们将在第九章讲到）。它们一般为单细胞，但比细菌大 10—100 倍。其中一些依靠摄取有机物质或者其他细胞生存：它们是原生动物，属于不同类别，比如草履虫、鞭毛虫或者变形虫。另一些靠光合作用生存：它们是单细胞藻类，生活在海水和淡水中，但也可以生长在陆地上，比如地衣中的一些藻类。

最后，我们来说说更小的病毒。它们没有细胞，借助其他细胞复制繁衍。正因为它们没有细胞结构，有时我们把它们划在微生物之外。然而它们个头小，还为众多共生关系做了看不见的贡献，我们会在需要的时候讲到它们。我们还会时不时地谈到和肉眼几乎看不见的小动物的共生，比如叫线虫的小虫子，或者某些小螨虫。同样，它们尽管不是微生物，也可以形成共生。它们的互动过程虽然看不见，但是对彼此非常重要——希望通过本书，我们能把它们提升到"荣誉微生物"的级别。

本书中，我们会先讨论微生物和植物共生，再讨论微生物和动物（包括人类）共生，然后才会宏观地谈到微生物共生对进化、生态和文化的影响。

前三章我们将通过描述植物中的微生物来讨论如何定义共生，它如何形成。我们会进一步了解它们的营养交换，对环境攻击的防御，在生长中的角色，还有它们结合后出现的新功能。新功能可以改变生物的运作，有时甚至是改变生态系统的运作。

之后的三章将从动物的角度谈微生物共生：首先是脊椎动物（比如牛）怎么消化草，然后是特殊的共生适应同样特殊的海洋环境，最后是昆虫适应各种各样的生态环境。

人类当然也不例外！我们会用两个章节来描述微生物和它

14

们在人体中扮演的角色，它们无处不在，有时还出人意料。我们也会用到几个啮齿动物的例子。

一旦到了这个阶段，我们会用一章来讲述现代生物学的一个重大发现，这一发现让动植物体内又多了许多微生物：它们的细胞（包括人类的）也是由微生物组成，微生物成了生命的必需成分，服务于呼吸作用或光合作用！微生物共生直达动植物的核心。

紧接着的两章会讨论和微生物共生有关的两个问题，关乎生态和进化。首先，是什么机制保证微生物共生代代相传？然后，我们会描绘一个惊人的连接，即一些生物的疾病是另一些生物的"朋友"，并塑造种群、生态系统甚至是一部分人类族群！

我们会回到21世纪的人类来结束这趟旅程。在最后的两章，我们将探索充斥日常生活但经常被忽略的微生物共生，尤其是和我们的饮食有关的。我们会看到，对微生物的使用承袭过去，是它们构造了我们的农业文明。

在每章的标题下面，我会用轻松的文体概述本章的内容，具体的目标则会在那一章的第一节结尾点明。在每章的结尾，我试着在"总的来说……"一节中点明该章主要内容。如果读者在某一章发现了不喜欢的例子或生物，可以只看相关结论然后跳到下一章。尽管所有章节是递进式的并引向最后的结论，但是每一章的内容都完全独立于其他章节。本书尽可能地避免使用专业术语，读者不需要有高深的生物学知识，然而，生物学家离不开专业术语，本书结尾的术语解释可在读者需要时提供帮助。

本书亦是一次对生物世界的游历——不管是看得见的还是看不见的，有名的还是没名的；本书也是重走了一次科学史……结尾处，看不见的掌了权，我们周遭的生物、日常习惯和生态过程在很大程度上都是微生物所构造的。我们希望能给不可计数的观察和事实赋予生物上的意义——自然是和微生物有关的意义。我也希望读者会和笔者一样，惊叹于物种间的互动即微生物功能的多样性和精妙。

本书特别希望大家为微生物世界和各种生物的互动之丰富惊叹。现在就请听这些微生物讲述它们如何构造植物、动物和文明，同时给予一种从不孤单的感觉吧……

微生物形成的庞然大物

那些为植物供养的真菌

在这一章，我们会知道真菌是在把松树带到热带时，在松树的根上被发现的。仔细研究后，才发现原来真菌无处不在，"无根不有"；我们会看见一些真菌在植物根上"织"出一个混合器官，用于双方的营养交换……以及了解到它们如何相依为命；我们会知道真菌可以在植物间形成网络，还会知道这些网络供养了一些没有叶绿素的"幽灵"植物。最后，我们会知道植物的根在有了真菌后，如何以其为媒介利用土地……

欧洲殖民地植松难题

松树有百余种，多数分布在北半球：在热带，松树在加勒比海北部和亚洲热带等地区出现过。有松树的地方（像我们这儿或亚洲），不论土地类型如何，特别是在未开发的环境中，它们总是苗壮成长。因此，它们是第一批占领荒地的树木。在南美洲、非洲和澳洲的殖民地时期，欧洲殖民者尝试引入松树：除了长得快，它们的树干又高又直，是制作船桅（对帆船航行至关重要）或建筑的最佳材料之一，而且松木充满树脂，不易腐烂。唉！意想不到的是，最初在热带或者南半球种下的松树种子以失败告终——它们的胚芽发育不良，针叶发黄，然后就死了。就算存活下来了，也长不高。为什么这些小松苗和它们原本的样子大相径庭呢？

19 世纪的时候，一种凭经验的种植方法出现了：只要在苗圃里引进些欧洲的土壤，或者直接把在欧洲已经生根的幼松带去，其生长就会正常进行……人们一开始不知道，后来才意识到是因为引入了土壤里的微生物，准确地说，是对松树生长至关重要的真菌。松树在 19 世纪被引入非洲，20 世纪 20 年代被引入亚洲一些地区，并在 20 世纪 50 年代至 70 年代到达南美洲和加勒比海南部。地里的真菌的确是和松树的根结合了，这种结合的重要性我们会在后文谈到（因为在当时，我们还弄不清楚树木如何从真菌获得营养）。可以肯定的是，如果土壤里没有适当的真菌，就没有松树。我们跨越山海，才弄明白一个肉眼看不见却真实存在于我们身边的依赖关系，那就是：植物依赖着占领它们根部的真菌。

松树根上的真菌属于我们在森林里常见的种类，秋天时它们在地面的巨大构造肉眼可见，且它们中的部分可食用：乳菇，红菇，部分鹅膏菌，口蘑，牛肝菌，鸡油菌，齿菌，喇叭菌，等等。这些肉肉的且轻盈的临时构造是真菌产生孢子的繁殖器官，上面附着的孢子可以传播，然后发芽生长。当然，这是显微镜下可见的细丝，我们称之为菌丝，它们和植物根部相连，是真菌地下可持续的部分。在有松树的地区（比如我们这里），这类真菌要么是土地里本来就有的，要么是从附近森林以孢子形式落脚到这里的：这样，松树才能一直都在。但是在那些引进松树的热带地区，它们不存在。今天，热带松林的真菌常常是从欧洲森林引入的！不仅如此，这些真菌在被引入后帮助松树繁殖，让那儿的松树和欧洲的一样茁壮……

真菌和松树不断繁殖，它们在热带地区和南半球开始变得富有侵略性，取代了本地森林，让当地某些树种变得稀少。它们成了名副其实的"有害植物"，这亦是从前殖民活动不可扭转的痕迹……

第一章讲的是植物通过它们的根和土壤里的真菌互动，依靠微生物获取营养：我们将描述这些关联的发现过程和多样性，然后是它们之间的营养职能。最后，我们将揭示真菌是如何关联不同植物以形成网络，以及该网络在植物生命和供养中扮演的角色。

从松露到菌根

造成植物病害的真菌在 19 世纪中叶就被发现了，与之相比，连接植物根部的真菌被发现得晚一些。这些真菌与根部的连接形式稍有不同，据此可以分为两大类。

第一类一般出现在温带树种上，尽管从地域上说是在热带地区发现它的。热带松树当时就是缺少了它。常在森林里散步的人都认识这类连接的真菌：在森林里以孢子繁殖的物种中，它们占三分之二。这些真菌的种类成千上万，但都属于两大类：子囊菌门，例如松露；担子菌门，包括众多的牛肝菌、伞菌或者鸡油菌。该类连接的发现归功于德国生物学家弗兰克，前文讲到他研究地衣，并创造了"共生"一词。普鲁士王国的农业部长请弗兰克解开松露的成因之谜。他必须着重厘清松露和树的关系，特别是橡树和榛树，因为我们总是在这些树下发现它们。这种关系，就是之前提到的真菌和树根部的连接，因为松露就是看似平庸却关乎树木存亡的地下盟友之一。弗兰克把他的发现写进了 1885 年的一篇文章里，形容真菌侵占了树根，以一种紧密的连接方式大量地存在于他所观察的树根样本里。

真菌用菌丝把根尖裹起来，让它看上去像只袜子。树根经常分支变形，真菌也能帮忙，因为它可以释放类似植物激素即生长素的物质，促进根的分支。松树的根通常是垂直生长，然后在根尖分支。遇到真菌，这种"形象"不再：它们呈二叉式分支，经常劈叉成 Y 形，像是在不停地"比心"！树根越茂盛，和真菌的接触也越多。真菌穿透根的表皮，侵入皮层细胞间隙，形成网络。

　　我们看到的是两者细胞间如针织般细密的结构，不单单是树根，也不单单是真菌，而是个真正的复合体。弗兰克创造了"菌根"一词，用来形容这种混合结构。"菌根"（mycorhize）一词把古希腊词汇里的 mukes（真菌）和 rhiza（根）联系在一起，就像是菌根的构造，结合了二者。弗兰克也指出，林学家西奥多·哈蒂格（1805—1880）早在 1840 年就画出了菌根结构，但是没有想到真菌也是该结构的一部分。该结构的连续性和错综复杂竟让哈蒂格以为菌丝来源于树根！此外，虽然当时哈蒂格并不理解他画的包裹根部皮层细胞的菌丝网，但是直到今天，菌丝网仍被称作"哈氏网"。弗兰克没有提到的是水晶兰属（我们还会在本章后面讲到），这种小植物因为有类似菌根的连接关系而引起人们注意。1841—1842 年，英国自然学家托马斯·赖兰兹（1818—1900）指出这些细丝是侵占树根的真菌菌丝，但是……他认为它们"没有重要功能"。

　　弗兰克推测这些真菌从树中获得营养。由于所有的树根看上去都无一例外地被侵占，他推断双方"互助而不伤害彼此"地共同生长。尽管弗兰克没用"互惠共生"这个词，但是他直觉上是这么认为的。热带松的例子证明，这种互助是关乎存亡的。这种真菌大量侵占根部皮层细胞间隙的菌根现在被称为外生菌根（ectomycorhize，来自希腊语前缀 ecto，意为"之外"）。和第二类菌根不同，外生菌根远不局限于温带树种。

万根生长，无处不在的真菌

有远见的弗兰克在柏林去世时，他的发现还只是被当作异闻而已。1896—1900 年，法国普瓦捷附近的杨树林出现退化。轮到法国的林业部请本国真菌学家皮埃尔-奥古斯丁·当热阿（1862—1947）寻找退化原因。除了弗兰克发现的外生菌根，他还观察到一种可以进入皮层细胞内部的真菌，并将之形容为"Rhizophagus populinus"（字面意思就是"吃杨树根的东西"）。他认为这种"寄生物"有可能导致了退化。如果当时他研究了没有退化的杨树根或者附近其他植物的根，他会找到相似的真菌，而且它们没有带来灾害……

当热阿的报告是关于第二类菌根的第一次记录，这类菌根也是最普遍的。虽然我们法国的树木普遍没有这类菌根，但是它存在于超过 80% 的植物中，不仅是我们这里，还有其他所有地区，包括热带。这类连接不仅存在于乔木和热带灌木中，也存在于大多数的草本植物中。这种情况下，外界几乎看不到真菌。真菌穿透根表皮，在皮层细胞间长出少量菌丝（少到只有经过特殊染色才能在显微镜下看到）。这些菌丝的某些地方会鼓起形成囊泡，供真菌储能（里面经常是一大滴脂物）。菌丝进入一些皮层细胞，并从进入点分支，形成一种精巧的结构。从显微镜下看，它们让人想到灌木的丛枝，因此被叫作"丛枝状体"。丛枝状体生长时向内推挤细胞膜，所以细胞还是活的，被寄居并活着。这些丛枝状体犹如细胞内天然的编织艺术品……

　　这类菌根的真菌主要存在于根的表皮内，而不是表皮外。它们进入皮层细胞后，从双方接触方式来看，这些被丛枝状体侵占的细胞可以类比于此类菌根并不具有的"哈氏网"。这就是所谓的内生菌根（endomycorhize，来自希腊语前缀 endo，意为"之内"）。直到 20 世纪 80 年代，这类真菌的正身都没有定论。研究它们很困难，因为我们不知道怎么独立培养它们，也从不曾在地面看见它们。和外生菌根不同，内生菌根的真菌在土里释放的孢子都很低调，要么是单个的，要么是零星几个成团。我们不知道它们怎样传播（也许是靠昆虫？），但是它们无处不在。我们只要过滤土壤就可以轻松提取大量的这类孢子：它们个头不小，直径从 0.1—0.4 毫米不等。无论是其数量，还是其个头大小和颜色的多样性，都是相当惊人的。这类真菌的分类也和外生菌根的不一样：它们属于球囊菌门，不太为人知晓，而且只存在于这种生态位，没有根不能活。通常认为，这个门有几百个物种，但是……因为它们都难以形容，我们也不确定。

　　你们生活中见到的绝大多数的"根"，在你们不知情的情况下，都已经是内生菌根了！不考虑进化因素，各种真菌和各类植物都能错综复杂地共存，离不开它们在根部（无论是外生菌根还是内生菌根）的交换。但是它们有何功能呢？

西班牙公寓[*]：各显神通

从 20 世纪开始，菌根的存在就不是秘密了。众多研究都描述了这类结构，但是它的作用到 20 世纪初都没弄明白，当热阿的"寄生"视角就是明证！法国生物学家莫里斯·考勒里（1868—1958）在他 1922 年出版并持续再版到 1950 年的教材《寄生和共生》中总结了普遍看法："像弗兰克那样用共生形容菌根的作用并不准确。真菌像是寄生生物，没有毒，可以容忍。"这是一个灌输了几代人的想法，然而……

如果不算上一两位没有人云亦云的先驱，我们一直要等到 20 世纪 50 年代，通过无菌土壤实验才得知真菌的"接种"有助于植物的生长，因为那时和没有菌根的植物进行对照成为可能了。接下来的几十年里，实验室里诸多实验大都采取在相同的实验条件下把植物和真菌一一组合，研究它们之间的交换。通过标记，我们可以准确知道双方的交换内容：例如，我们提供用一种放射性同位素（碳 -14 或者磷 -33）或者稀有同位素

---

[*] 《西班牙公寓》是法国导演塞德里克·克拉皮斯在 2002 年执导的一部电影，讲述一群来自不同国家的年轻人在巴塞罗那求学合租的故事。作者借此比喻植物和真菌的关系。——译注

（氮 -15 或者碳 -13）标记过的分子给其中一方，然后我们检测带有该同位素的分子是否在另一方出现，以证明对应的碳、磷或氮元素是否转移。

真菌接收了碳水化合物——准确地说是植物光合作用产生的糖类。内生菌根的真菌，即球囊菌门完全依赖这个途径，因为它们无法独自从自然环境中吸收糖类：在实验室，我们只能在植物的根上培养它们。我们用改变了基因的根，让它没有茎也可以繁殖。在合成的环境里，根自己吸收糖类，然后把一部分给真菌。然而，外生菌根的真菌，通常可以自己吸收糖类。因此，我们可以在富含糖类的环境下培养出一些，但这也不过是人为地让它们活着。实际上，土壤里有其他更有竞争力的微生物抢夺资源，没了根的真菌效率不高。没有了树根，外生菌根的真菌也无法形成能产孢子的子实体，这就是为什么松露、鸡油菌和牛肝菌只能在森林里采集。由于产量无法控制，于是物以稀为贵。因此，没有植物，外生菌根的真菌可以存活，但是无法繁殖。

此外，外生菌根的真菌所需的合成环境必须有维生素：我们认为这些维生素也是根部提供的。总体来说，内生菌根和外生菌根分别消耗了植物光合作用产物的 10% 和 20%—40%！

对植物而言，代价如此之高的合作意义何在呢？真菌为它探索和利用土壤，把水分和营养所需的矿物质聚集到根的附近，有氮、磷，也有钾和镁，还有一些微量元素（铜、锌等）。这解释了植物依赖真菌的根源，通过实验观察可以论证（我们将会在第十章讲到）：在养料充足的沃土中，植物可以不依靠真菌。于是，我们才发现这其实是一种所谓的"西班牙公寓"，双方都倾其所能：植物拿出的是光合作用形成糖类的本事，真菌展现了菌丝在土壤里的强大探索能力。外生菌根的哈氏网和内生菌根的胞间丛枝状体是双方最好的营养交换地带。首先，彼此的细胞在此非常紧密地贴在一起，形成了巨大的接触面。其次，双方各自在此地的细胞内部合成了蛋白质，用于运输待交换的分子：一方把营养物质运来，另一方将其运走。

菌根：一个代工厂

但是为什么植物有根还要依赖真菌？毕竟，我们中的大多数，从中学开始，就知道根尖表皮上的管状细胞叫作"可吸收的根毛"。这些细胞的形状增加了与土壤的接触面积，正如它的名字一样，它可以吸收物质。实际上，这个说法很大程度上是错误的，它源自考勒里的时代，比如他在书中就写过"根毛从未消失，功能一直都在"。我们的角度总是（过于）依据对萌芽阶段的植物的观察。它们还有正常运作的根毛是因为在等待真菌的繁殖。不过这只是一个中间状态，幼苗期幼根刚出现，之后就会被土壤里的共生关系取代！严重的问题是，在很长的一段时间里，植物生物学研究用的都是没有菌根的特殊物种，如拟南芥（跟卷心菜同科）。这样做简化了它们的种植，限制了真菌的干扰，而这一选择也帮助掩盖了大部分植物靠共生供养的事实。简而言之，这是用特殊的例子证明了植物独立生长的偏见……可是它只不过是一个例外啊！2010—2015年修订的法国中学教学大纲（我有幸参与修订）把"植物和真菌的共生"放到了"植物"的核心部分，而这个植物界的普遍现象以前至多出现在真菌生态学中。

换言之，植物在幼苗期通过根毛吸收养分的可能性也会存在一个问题：在接下来的生长期求助于真菌的优势在哪儿？首先要明白，一般土壤可供植物利用的养分很少，何况还要面对诸多植物根之间的竞争。土壤里的养分浓度极低，因此，给土壤施肥能促进生长。在普通的土壤里，植物需要吸收足够的养分保证其有效生长。不仅如此，一些养分（如不溶于水的磷或者某些微量元素）不能随着水的流动而迁移，一定要到它们的具体所在地去取。

真菌菌丝对土壤深处的探索细致、广阔，且很经济。这些细丝（直径约为10微米）的"造价"远远低于树根。树根的最小直径为0.1毫米，如果以相同的长度比较，菌丝需要的生物质是树根的1%。菌丝可以去到不溶于水的营养元素所在地，有时是距离树根几十厘米之外的地方。土壤里的菌丝网络稠密：以草原为例，每米的根对应菌根上10千米的真菌菌丝，它们为真菌提供有机物分子和维生素！每立方厘米的土壤里含有100—1000米不等的菌丝，通过它们的表面，植物和土壤产生间接接触。而 1 平方米的土地下，菌丝的表面面积大约是 100 平方米！另外，以球囊菌门为例，菌根分泌的一种稳定蛋白——球囊霉素可以促进菌丝的生长：它有利于土壤团聚体的形成，进而改善土壤底层的通气性，便于根系的深入；它也能提高水分和有机矿物盐的保有量。

简而言之，真菌做的就是植物本该做的——和土壤接触，参与土壤结构，但是只需要很少的生物质！尽管哈蒂格错误地认为菌丝是根的一部分，但从功能上说，他的看法是对的，即菌丝是根系获取营养的延伸。菌根的另一优势是，它和真菌的互动可以中止或者减弱，前提是植物有足够的养分，或者土壤里的养分多到植物可以凭一己之力获取所需养分。这也可以按需控制连接的成本，因为只有当菌根是唯一获取养分的途径时（我们会在第十章再谈到），植物才需要为真菌提供养分。我们似乎从中可以找到外包生产的所有优点，而现代社会的工人知道外包的伤心后果：成本低且灵活，不需要时可以撤销合同……

但是，外生菌根还有其他情形。有些植物可以通过真菌接触到两类它们自己无法找到的养分：不溶于水的矿物质和土壤里的有机物质。事实上，这类植物自己只能吸收水溶性矿物质。一方面，菌丝可以深入土中岩石的细缝，让岩石晶体不稳定。菌丝局部累积的有机酸帮助溶解矿物，有机酸里的其他物质（柠檬酸盐或者草酸盐）干扰溶解的矿物质，防止其再次结晶。这种方式可以让本来不溶于水的矿物质有水溶性，给植物提供自身无法触及的诸如含有钾（长石）或者磷（磷灰石）的岩石晶体。另一方面，外生菌根的真菌可以利用土壤里的生物残体：它们产生的酶可以降解生物残体。这也解释了在落叶里发现某些外生菌根的情形，因为是真菌在完成这一任务。这个过程产生的小分子不能给真菌提供能量，但是其中一些含有氮和磷，因为分子够小，可以被真菌吸收。真菌虽然依赖植物提供有机物，但是可以摄取这些小分子以补充所需的氮和磷。当然，它也因此间接给植物提供土壤里的这些有机养分！

　　菌根双方的附加能力形成对应，它们的交换让人联想到地衣的共生。植物就像一种倒置的地衣，而真菌更低调,藏在地下！在陆地环境里，正如地衣和菌根展示的，能进行光合作用的生物经常会依赖真菌。通过连接真菌的一部分（连着所有的菌丝）和植物根系（连着地上部分），菌根成为双方的营养交换场所。从字面上说，我们可以将它看作保障双方营养的混合器官。

"联网"的植物们

　　把一株植物和一种真菌连在一起的画面告诉我们，实验室是通过研究在一定条件下培养的一对共生体，认识了菌根的功能。但是近期出现了一种更生态学的研究方式，让我们的视角变得丰富。的确，现在使用分子生物学的方法可以通过比较真菌基因和 DNA 数据库，识别根系上真菌的种类，而靠菌根形态一般不能分辨真菌。当然还有其他方法可以辨别同一种类的不同个体，因为 DNA 的部分序列有差别——比如，刑侦科学采用这一技术鉴定罪犯。

让我们通过收集土壤里的外生菌根，来研究一下美国松树菌根上一种属于须腹菌属的真菌个体分布。按照真菌的分类，这类真菌的个体通过菌丝达到的覆盖面积之直径为 1—10 米。每个真菌一般和相邻的十几棵（最多可达二十几棵）松树的根形成外生菌根。这个结论有可能类推到其他类别的真菌，但是，根系有不同区域，一棵树可以连接成千上万种真菌！每一种真菌顺着菌丝的生长与多个同种植物建立共生，也因此将它们串成网络……还不仅如此。

实际上，菌根真菌很少会特定地关联某种植物，除了外生菌根的一些例外（像是钟情松树的松乳菇；又像是疣柄牛肝菌属的真菌们，它们中的每一个都有最钟爱的树：橡树、桦树或杨树）。菌根结合具有普遍性，一种真菌可以和不同植物结合，反之亦然。就算是黑松露，尽管大家知道的都是它和橡树结合，其实它也中意榛树和山毛榉，还有松树——只要是石灰岩土壤就行。例如，我和同事们曾在科西嘉岛方戈河谷的森林里，考察外生菌根的真菌种类，那里只有两种宿主植物——野草莓树和冬青栎，但是其根系上真菌之多样（超过 500 种）让地表植被之单调显得不真实……而且，70% 的根系样本上，真菌都和两种宿主植物形成菌根！同样地，附近的植物哪怕种类不同，都相互分享着它们的一部分共生真菌……

所以，菌根共生更像一张网：各种真菌侵占邻近同种或不同种的植物，把它们间接联系起来；从植物的角度来看，植物和同种或不同种的真菌形成菌根，也间接地将真菌们联系起来。我们一直是以外生菌根举例，这个道理同样适用于球囊菌门形成的内生菌根——土里网如织。

菌根网络，营养分配者

这些网络远非摆摆样子：有几个类别的真菌适应了菌根网络后，在植物进行交换时发挥了它们的功能。森林里一些没有叶绿素的植物很早就引起了大家的注意，比如前文提到的发现于 19 世纪 40 年代的水晶兰属植物松下兰，或者属于兰科的鸟巢兰（因其粗根缠成鸟巢状而得名）。它们类似于寄生植物。寄生植物没有叶绿素，它们将根搭在旁边植物的根上，改变这些植物的汁液走向以获得营养。但是，这里的根并没有与其他植物的根相连。没有叶绿素，无法进行光合作用的它们又是如何维持生存的呢？

自 19 世纪以来，我们知道它们的根被真菌侵占，其营养来源应该与此有关，但是具体情况还是未知。和许多研究者一样，我通过真菌 DNA 鉴定得知，这些真菌和邻近树木上形成外生菌根的那些真菌……一样！同位素标记的研究（和上文一样，只是这次是森林）揭示了转移的真相：真菌可以把从一株植物上获得的有机物分子的一部分，分给没有叶绿素的植物……

这种特殊的运作颠覆了没有叶绿素的植物根系里一般的有机物交换方式。我们仍不知道真菌是否从中"获利"：是获得了维生素？还是一种特殊时期（比如干旱或严寒）的保护？抑或是它被寄生了？我们在第十章会谈到，共生有时会跨界到寄生。但有一点是可以肯定的：菌根网络让林荫下的植物在没有叶绿素的情况下也可以生活……在热带雨林的灌木丛里，在稠密林冠的阴影下，这些没有叶绿素的物种蓬勃生长，其中以龙胆科和远志科为代表。这次，它们由和树根共享的球囊菌门提供养分……大树们看起来像是在争夺阳光中获得了胜利，殊不知被菌根网络缠上了！

这些特例说明菌根网络允许相邻植物进行营养交换。近几年，这种从菌根网络获取有机物的能力，在另一些绿色灌木植物中被发现。包括我的团队在内的多方研究证实，属于兰科和杜鹃花科的多种植物虽为绿色，但它们的部分营养来自连接邻近树木的菌根网络！它们适应了树林的阴暗环境，用菌根网络补充光合作用的养分。这种同时通过光合作用和菌根网络获取有机物的营养方式被称为混合营养。这个论证得以实现，源于让科学界欣喜的自然属性：真菌所转让的有机物中，富含碳的一种罕见同位素碳-13。它的存在可以用于估算来自真菌的生物质能的占比。这个占比是个变量，当植物在阴暗里生长时它会

升高：最高可以达到植物总含碳量的 90%。另外一些混合营养
的兰科植物，因为变异失去了所有的叶绿素，全白如幽灵一般，
仍然可以存活数年，全靠菌根真菌供养……当然，因为缺乏光
合作用制造的养料，它们的繁殖能力弱一些，但是它们证明了
菌根网络可以给混合营养的植物提供养分。对于它们，绿色（即
可进行光合作用）变得可有可无。此外，从进化史的角度来看，
混合营养植物的变异产生了没有叶绿素的物种，由于它们对菌
根网络的明显依赖得以先被发现。有菌根网络相助，植物进化
到混合营养或者异养，完全改变了植物的新陈代谢……

　　"一般"的植物会不会有时候也受惠于这种交换，即短暂改
变有机物的流向？ 20 世纪 90 年代的一个经典实验用放射性同
位素追踪了幼年桦树和花旗松的光合作用。它们 90% 的根与同
种真菌形成外生菌根。它们分别被提供了添加不同碳的同位素
的二氧化碳，即碳 -13 和碳 -14。结果显示，桦树和花旗松都收
到了对方的碳同位素：净流量对花旗松更有利，占它光合作用
的 10%—25%，拥有最大值的是那些最缺少阳光照射的个体！
邻近的铁杉长有内生菌根，却一无所获，因为一条沟渠阻断了
树与树之间的交流；外生菌根网络确实参与了桦树和花旗松的
交换。最近，在瑞士一个森林里进行的实验测出，树木光合作
用获得的有机物有 4% 被转移到了共享菌根网络的邻近树木中，
但是在这里，树木间显然无所谓净流量，因为每棵树都有得有失。
可惜，这种即时的流量检测无法计算其对植物整个生长期或长

期的营养需求的影响……因为这些营养流动会随时间发生变化。加拿大根茎植物美洲猪牙花长在枫树下，和枫树共享内生菌根的真菌。春天，美洲猪牙花比枫树先长新叶，它的光合作用产物会被运送到枫树的根上。秋天，相反地，光合作用产物从还有叶子的枫树中被运送到缺少阳光的美洲猪牙花的根茎上。我们还不知这些交换是否平衡，也未能知晓是否有一方是赢家，因为这需要进行定期追踪。这些交换的机制及其对植物的具体重要性（是不是有特定条件才能获利？）现在还没有定论。

　　但是，简单的对照实验就可以证明菌根网络还交换了除碳以外的其他养分。我们把带有菌根的两种植物种在同一土壤里，用可调节网眼大小的仿生膜将它们的根系分开。如果网眼小（20—40 微米），真菌菌丝能穿过，则其可在植物间建立网络。如果网眼更小，只有水和溶于水的物质可以通过，连接它们的就只有土壤了。然后我们给一种植物注入一种养料：如果它只有在真菌建立网络的情形下到达另一种植物，那么就是由菌根网络而不是土壤完成了运送……我们就这样证明了氮、磷和水在菌根网络里的流动。水的流动对于只有地下水的干旱地区接收者非常重要：一些植物的根可以深入地下寻找水源，那些根浅的邻近植物得以生存，靠的就是菌根网络，它们让水……流动起来！

菌根网络，间接互助站

菌根网络的存在对种子发芽特别重要。如果我们阻止幼苗和菌根网络接触，比如用之前说的仿生膜隔断菌丝，或者经常挖掘土壤，它们会长得不好……它们当然和周围土壤里的菌根真菌有交换，但是和菌根网络的真菌交换收益更多。几个实验指出，在一些情况下，这种积极效果和来自周围成年植物的有机物有关，然而论证仍待商榷。但是，我们怀疑，幼苗和邻近植物的菌根真菌连接，快速地接入庞大的菌丝网络，不需要付出什么代价，即可快速连接到"预付"营养网络，外加和一些邻近植物的交换，形成了一种"托儿所"效应！同样地，我们不清楚谁真正地受益于菌根网络。从真菌来看，形成网络是有益的，因为这是在投资未来的年轻个体。但是从成年植物个体来看，除了幼苗是它们的后代的特殊情况，菌根网络实际上在帮助它们潜在的竞争对手……这种互助很有可能是真菌强迫的，可能对成年植物有损害。

让我们暂时再回到以内生菌根为主导的热带森林。在非洲和美洲的一些森林区域，绝大多数或者全部树木都属于一个物种，它们被称作单优种群落。这和通常的生物多样性形成对比，因为每公顷的热带森林有上千个物种。然而，单优种群落树种常常属于热带森林的例外，因为它们能形成外生菌根……这种情形下，"托儿所"效应可以帮助扩大单优种群落：外生菌根网络使得成年树木帮助同物种的幼苗，而且只有这些幼苗受益于它们的"专属"菌根网络，一旦长成，就会和那些内生菌根树木抢地盘！

　　我们用一种意想不到的、植物通过菌根网络进行间接帮助的方式来结束：它们可以发出警告信号……这是身处同样距离但没有相连的两个植物无法做到的。植物被致病真菌感染或遭遇虫害时，会做出一些反应以限制形成的伤害。在一些情况下，菌根网络连接的植物在邻近植物遭到侵害的一两天后，尽管还没有遭到类似伤害，也会启动相应的防御！我们或许可以将其称为植物间的"信息高速公路"，但是我们不知道信号的本质和它们在菌丝里（或者表面）传递的方式；另外，哪怕菌丝能够携带有效信息，它们在土壤里的分布更像……错综复杂的小道。再说，植物给作为自己竞争者的邻居警示的好处不明显，这种传递可能更像真菌的特点——保护其所有的有机物来源。从营养供给，我们聊到了菌根的保护功能，给下一章开了个头。我们先总结一下。

总的来说……

　　大部分的植物有看不见的陪伴。它们非常需要土壤里的真菌供养自己；真菌也依赖于它们的植物宿主：哪怕再高大茁壮，90%的植物依赖于真菌——这根系上的庞然大物（按照真菌菌丝的比例）。它们的结合形成了一个混合器官，即菌根，真菌通常过小而被忽略；此外，这一切都在地下进行，远离人的视线。在不见光的土壤里和极小的微生物互动，这就是为什么菌根直到很晚才在科学史上现身……

一些关于菌根的实验证实了这一互动的互惠性，因为真菌和植物都各有所得。对于一些食用菌来说，菌根不可或缺，我们借助菌根对它们进行繁殖：如今，苗圃工作人员出售接种了树苗的食用菌，比如美味的乳菇、恺撒蘑菇或者松露。苗圃的土壤加入了提前进行试管培养的对应菌丝。加入前，土壤已被杀菌，让这些真菌有主场竞争优势。尽管真菌移植的存活不是万无一失的，但这至少让它之后会出现的概率更大。现有的松露，80%来自被接种了的树木。相应地，我们也可以改善植物的生长，产树脂的花旗松就是一例。农田土壤缺乏外生菌根，花旗松常被用于农田造林。接种了双色蜡蘑的树苗在苗圃里长得更快（一般树苗要三年才能出售，它只要两年），能更好地抵抗因移植产生的应激反应，十年后木材的产量甚至能多出60%！但是今天，我们依旧像过去对菌根无知的前辈一样，完全没有在农业上重视共生——我们在第十章还会讲到这点。

菌根是共生很好的例子，双方互惠共存。当然，不是所有的伴侣都那么完美：在植物和真菌的组合里，至少有15%的情形是阻碍了植物的生长，这可能是因为供给的有机物并没有得到真菌的充分补偿（第十章也会揭示在这种有害的连接中，双方如何避免误入歧途）。但是，大多数情况下，双方的营养互补解释了一种"西班牙公寓"式的操作，即各方"各显神通"：植物生成有机物，真菌通过探索土壤获取水和无机盐。菌根首先给我们展示的是营养交换，而我们在接下来的内容里会谈到这种共生也有保护作用（第二章），能改变双方和地球生态系统（第三章）。

让我们来看看植物生物学的另一面：菌根为植物提供营养，可能会引起多种寄生生物和植食性动物的垂涎和觊觎。植物如何保护积累储存的有机质？共生自己早有打算，不仅通过菌根，还通过其他器官内的共生做到这一点。那我们现在一起来看看吧。

第二章

以小护大

被微生物保护和塑造的植物

在这一章，我们会知道种草喂牛可以引入有侵略性的共生；我们会知道有一整个微观世界在保护植物的根、茎、叶，避免病原菌的侵害并降低物理化学性的应激反应；我们会知道微生物悄悄地摆弄植物的免疫系统；我们会知道微生物可以促进植物生长和其众多特征的形成；我们会"见树不是树"，而是猜它们里面存在的微生物！最后，我们会看到除了某些会致病的，微生物是如何保证植物的健康成长……

肯塔基 31：一个酿成灾难的"好"主意

1931 年，肯塔基大学的一位教授发现，19 世纪引入美国的欧洲禾本科植物苇状羊茅在贫瘠的土壤里也能脱颖而出，苗壮成长。他把它称为"肯塔基 31"，并筛选出表现最好的个体以进一步提升它的品质。1943 年，该品种开始发售，旨在提升美国西部大平原的放牧价值。的确，哪怕再困难的环境，它都能长得很好……不久后，"肯塔基 31"被大量种植。

然而，事与愿违！这种植物并没有如期实现营养价值，因为牛吃了它们不久，就出现奇怪的症状。首先，血液不能到达肢端组织，这引起干性坏疽，导致尾巴和蹄子脱落。其次，它们也会出现反常的行为：紧张，有可能整天待在水里，因为体温过高……最后，畜牧业产能降低：产奶量减少了三分之一，流产率上升 30%，牛犊长不快……自从用了"肯塔基 31"，美国因此每年损失过亿美元；它的种子在澳大利亚也卖了不少，其损失几乎是美国的三分之一。

太迟了！因为生长得好，这种植物开始有了侵略性——占据了美国东南部 15 万平方千米。可悲的是，它的种子仍在出售，因为它们长出的草特别绿，哪怕是在高温干燥或土壤贫瘠的条件中（你们可以上网确认一下这个商业奇迹……）。但是，是什么对牲畜造成如此危害？我们发现，"肯塔基 31"的毒性和让它如此疯长的东西密切相关：在它的茎叶组织里居住和供养着一种从外面看不见的 *Neotyphodium* 属的真菌。这是一种植物内生真菌（endophyte，来自希腊语前缀 endo，意为"之内"，和 phyton，意为"植物"），和菌根不同，它不局限于根系，更常分布在植物组织中，数量要少一些。这些内生真菌是实实在在的"化学炸弹",产生各种毒性生物碱,保护植物,避免它成为动物的口粮。有一些生物碱(比如波胺和黑麦草碱),昆虫因其毒性而尽量避开,植物得以健康生长。其他生物碱不仅对昆虫有毒,对哺乳动物亦然,比如麦角碱和它的衍生物,能收缩血管,这可以解释干性坏疽的出现……对哺乳动物更危险的有黑麦震颤素 B,它能引起痉挛;还有麦角酸(一种有麻醉性的物质,能衍生麦角酸二乙基酰胺,即 LSD)的衍生物,它能引起反常行为。

简而言之,"肯塔基 31"不是牲畜的理想养料。我们可以轻松地对比有无内生真菌的植物,因为只要轻微地加热种子,就可以消灭内生真菌而不影响种子萌芽。许多对比实验就是这么做的,比如蚜虫更常选择没有内生真菌的健康植物,相比另一种选择,它们做出此选择的频率高达 4.5 倍……但是,如果内生真菌产生毒素的基因表达被抑制,此种偏好就会消失。这解释了毒素直接影响昆虫的偏好。"肯塔基 31"极具竞争力,茁壮生长,因为植食性动物避开它,只吃周围的其他植物,这又给"肯塔基 31"提供更多的地盘!但当我们种下没有内生真菌的"肯塔基 31"种子,它不再有侵略性,几年后就退化了。内生真菌和植物共生,让植物取得了生态上的胜利。但是,当牧场上只剩下"肯塔基 31"的时候……牛群最终也会被迫吃这有毒之物。

在禾本科植物("肯塔基 31"、小麦或者燕麦都属于此科)里,

Neotyphodium 属真菌很常见。北美洲的印第安人就知道一些有内生真菌的植物（如睡眠草，学名为 *Achnatherum robustum*）。近千年以来，他们用这些植物来催眠或者安眠，因为内生真菌能产生有麻醉性的麦角酸（牛吃了"肯塔基 31"后行为有所改变就是因为它）。在新墨西哥州，有一片"睡眠草大草原"。如果马儿们不幸吃了它，它的安眠效果能让马儿们每次吃完昏睡两到三天……骑马的人则被迫停下休息！在阿根廷，以前印第安人为了躲避欧洲殖民者逃到一些地方，这些地方长满了另一种禾本科植物早熟禾（Poe huecu），它身上的 *Neotyphodium* 属真菌，极具毒性（"huecu"在当地印第安语里的意思就是"凶手"）。在这些地方，印第安人不让他们的马吃草，而欧洲殖民者，因为不了解这种植物，失去了坐骑。在欧洲，马贩子曾利用富含麦角酸的毒麦麻醉倔马，让它们看上去温顺，希望借此将其卖给无知的买家。所有这些例子避开或者利用了这些植物的毒性防御能力，而这都归功于植物体内的真菌。

第二章会证明除了营养功能，微生物是如何造就植物的防御功能和其他重要功能的：我们首先会详细讲解 *Neotyphodium* 属真菌扮演的角色，然后是地上部分的其他保护者。接着我们会转向地下保护者，在这里我们会再次谈到菌根和根系周围的其他微生物。我们会看到，微生物的保护作用是通过深层改变植物防御功能实现的。

最后，我们会揭示在植物的生长周期里，其他功能又是如何在有微生物的情况下实现的。

结不了的实……只是为了行善

为什么挑选物种的研究者会忽略"肯塔基31"的内生真菌呢？正常来讲，致病性真菌会在植物外部产生一些由寄生引起的症状，病变产生的孢子会把真菌传到其他植物上去。在这里，没有任何症状：*Neotyphodium* 属真菌在植物组织内生长，既不伤害植物，也从不离开它。它们遍布所有组织，特别是……种子！它们的生长、繁殖伴随着宿主的生长、繁殖，因此我们从未见它们"离开"过植物；这也是为什么内生真菌的保护特性能在"肯塔基31"里被悄悄地保留，它们就像是植物本身特性的一部分。我们发现，这是一种共生，好处是植物得到保护，而真菌获得营养并繁殖。

因此，共生关系可能不只是营养关系；就保护而言，内生真菌是很好的例子。当我们对比有内生真菌的个体和经实验除掉了内生真菌的个体时，就能知道这些保护作用的大小。当然，内生真菌既可以帮助植物防御有皮毛和触须的植食性动物，也可以防御病毒和病原菌（它们不容易在有内生真菌的植物上生长）。保护效应还包括抵御环境的物理胁迫和化学胁迫。当面临缺水时，有内生真菌的植物没有那么难受，因为它们能更好地省着用水；它们因此更耐盐碱地，尽管同时面临着缺水和多盐；它们能承受更强的紫外线照射；它们还能忍受阳光过少或者土壤水分过多。一部分效应适用于所有胁迫，即植物和／或真菌生成抗氧化剂：不论何种胁迫，它们产生物理或化学性损害的同时，会让植物细胞功能异常，产生活性氧分子。抗氧化剂的增加可以降低胁迫对植物造成的副作用。这种保护效应决定了"肯塔基31"能在贫瘠的土壤里表现出色……

那么如何解释真菌对植物有这么多迥异的好处呢？为了解释这一点，我们得先回到 Neotyphodium 属真菌的来历。它们在进化中出现了好几次，始于禾本科植物的病原香蒲菌（香柱菌属真菌）。这种寄生真菌在植物组织里生活，植物开花前没有任何症状；当穗开始生长的时候，它会形成一根黄色柱状物，形状就像香蒲，里面聚集了大量的菌丝……人们用观察到的形态命名这种真菌。植物的抽穗和结实受到抑制，菌丝在"香蒲"里产生孢子，将宿主的繁殖努力转移到自己身上。这些孢子会再感染其他植物。问题看似变得复杂起来：这些香蒲菌是如何在它自己的进化过程中，形成对宿主有多种好处的后代呢？

大多数 Neotyphodium 属真菌是多种香蒲菌的混合体。但是，一旦形成一种混合体，就会让"香蒲"没有后代。孢子的形成其实和我们人类的卵子和精子的形成一样：减数分裂中，人类的染色体会进行配对。然而，孢子的混合染色体不能进行配对，也就不能实现减数分裂。因而，形成了"香蒲"的混合体不能产生孢子，而宿主又不能结实，它们就会消失，没有后代。存活下来的混合体是那些突变后失去形成"香蒲"能力的：植物的种子为它们提供了出口……通往下一代。

自此，我们明白了为什么真菌对植物有这么多好处。植物和它的种子就像是真菌混合体永远的"监狱"，让真菌繁殖更多后代的唯一方式是让植物产生更多的种子！就这样，*Neotyphodium* 属真菌是那些"从香蒲里逃生"的混合体，如今它们的多重保护效应，超出了一般对寄居地和营养来源的保护：通过提高植物的繁殖能力，它们提高了……自己的繁殖能力。因此，只要真菌的变异是有益于宿主繁殖后代的，就会自然而然地被选择。把真菌困在植物体内，为宿主选择了各种各样有益的特征。*Neotyphodium* 属真菌就是这样一种混合体，它们的祖先迫使它们不育，以及竭尽所能地行善！

真菌和螨虫：叶子的微型保护者……

我们所处的温带地区，20%—30% 的禾本科植物都有内生真菌。通过种子传递的有保护功能的内生真菌，也存在于其他几个物种中：埃里砖格孢属真菌侵占了一些豆科（四季豆所在的科）植物，*Periglandula* 属内生真菌长在一些旋花科（牵牛花所在的科）植物里，能产生抗生素的细菌在热带茜草科（也是咖啡属所在的科）九节属的厚叶里形成结节。这些植物因为对牲畜的毒性而被知晓。

但是相似的遗传是例外：虽然规则是针对有保护功能的内生真菌，但是它们中的大多数不是从种子中而是……从环境中来的。的确，叶子处于一场永无止境的孢子雨中：在热带，一片普通的叶子平均每天可以接触到近 2 万个孢子，在我们这里是 500 个！产生孢子的许多物种不会在那里发芽，但是其他的物种可以：它们中当然有病原菌，也有可以让植物无症状的内生真菌。热带植物的一片叶子可以藏着近百种内生真菌，每种占据极小的地盘，比毫米还要小。但是，这些真菌也是叶子的保护者，从战略上说有利于保护它们的生存环境……

让我们去黄石公园，看一种生长在火山土里的单子叶草本植物（*Dichanthelium lanuginosum*）。这里光秃秃的，因为有可能遭到从地下跑出的火山气体的热气侵袭，那么这种草是怎么忍受这种环境的呢？其体内有一种来自环境的内生真菌，是弯孢属真菌：有了它，植物可以承受高达 65 摄氏度的高温；没有它，植物在 45 摄氏度的环境下就死了。真菌确保了植物对地热的忍耐力！同样惊人的是，实验室培养的真菌在超过 40 摄氏度的环境下就不生长了：所以它也在高温下受到植物的保护。如果把这种真菌转移到其他植物身上，它也可以在高温下保护植物，比如含有这种内生真菌的西红柿可以忍耐土壤里超过 100 摄氏度的短暂热袭！这些"过客"也能抵挡微生物的侵犯，因为叶子中的许多内生真菌可以防御病原菌。例如，可可树叶中的内生真菌，经分离再接种到无菌的可可幼株上，能提升幼株在疫病菌属真菌侵害下的成活率：多达 70% 的根部能受益。一些内生真菌还能产生抗生素，增强保护效应。

我们所在的地区，从环境中获取保护者很常见，也更容易被看见。接下来的段落是个例外，不是关于微生物，而是关于微型动物——螨虫。它们体形微小，需要带上你的放大镜。我们这里许多树的叶子背面叶脉分权的地方，长着一小绺一小绺的毛：它们是肉眼可见的，在椴树叶子背面经常是棕色的，在其他叶子背面颜色更淡，不太醒目（可以用放大镜观察！），其中包括山毛榉叶、榛树叶，还有葡萄树叶、橡树叶、枫树叶，不胜枚举。植物学家发现它们都属于木本植物，但是属于不同科，这说明该特征经过了多次进化。

这些毛吸引了螨虫，它们在此避难，产卵，蜕皮。和所有节肢动物一样，它们会周期性蜕皮。我们经常会看到蜕下的、白色的皮充斥于这些毛里。这些毛茸茸的避难所被称为"小室"（domacies，源自拉丁语 domus，意为"房子"）。我们用放大镜可以看见小室里的螨虫有着橄榄球状、白色偏黄的身体，有四对足。它们以什么为食呢？它们吃真菌或者其他螨虫，但绝不吃植物。它们在树叶上活动，吃正在出芽的寄生真菌（别忘了前面提到的孢子雨！）或者其他植食性螨虫——觅食，在这种情况下是保护植物。

棉树是没有小室的，为了研究它们的效果，我们人为地给棉树加上它们：只需要把形成的小绺的毛放到树叶背面，神奇的事发生了，吃叶子的小动物数量下降了，寄生真菌孢子的出芽量也下降了。棉树因为摆脱了这些烦人的"偷盗"，产量增加了……12%！被小室吸引的螨虫清洁工们保护了叶子。它们对植物的好处，让人想到用杀虫剂清除植食性螨虫带来的风险：快速除害会损害植物健康。相反，我们可以利用这些防御性螨虫，正如葡萄种植者利用葡萄树的保护者盲走螨一样：以前这些螨虫是我们凭经验将一棵葡萄藤的小枝移到另一棵上进行接种的，现在它们已经能够直接买到。

植物和小室里的螨虫没有直接的营养交换，只是互相提供保护，所以共生的意义是可以只建立在双方互相需要的保护效应上。生活中不是只有食物，共生亦然！

菌根保护根系免于土壤毒素的侵害

植物在自身防御系统（刺、厚厚的皮、毒素……）的基础上添加了其共生者的保护。但是植物有三分之一在地下，那又是什么情况？的确，当植物被暴风雨或人为地拔起，地下的部分就被忽略了，因为大量的细根残留在土壤里。土壤里尽是微生物和各种其他物质，植物的一部分生活在此，免不了遭到攻击。首先，最细的根都是脆弱的。粗的根——那些肉眼可见的——是液汁的传送管道，有死细胞形成的皮保护，免于受到侵害；

但是细根上活细胞直接和土壤接触，更易受到攻击。它们经常与真菌一起形成菌根，起到了抵御土壤毒素和其他生物攻击者的作用。

先以最常见的有毒物质钙为例：如园丁们所知，石灰质土壤因为含钙量高而不适合种植某些植物。当然，植物是需要微量钙元素的，但是，过量的钙会扰乱细胞膜分子的布局和运作，导致细胞内物质流失，影响供养，不适应的植物将难以吸收或保存矿物质。它们会容易患上黄化病，变黄则说明不健康。那其他物种又如何承受如此之多的钙呢？

适宜被种植于石灰质土壤的植物中，一些有适合的细胞膜，能主动将钙排出细胞外（即根外），但大多数还是依靠外援。让我们种一棵有菌根的大桉和一棵没有菌根的。有菌根的在石灰质土壤和非石灰质土壤里长得一样好。没有菌根的在非石灰质土壤里比有菌根的生长慢 2 倍，因为其营养吸收差一些；而在石灰质土壤里，其生长几乎……停滞，比有菌根的慢 7 倍！这就证实了大桉对石灰质土壤的适应性（也就是对土壤里钙的耐受力），其实是因为有菌根的真菌。

真菌是如何实现这种对石灰质土壤的适应性呢？大桉形成的是外生菌根：真菌在根组织外形成了一只名副其实的"袜子"，其位于土壤和植物之间，使得植物不再需要自己处理"毒钙"。当真菌遇到了土壤里的钙，它至少有两种不互斥的方式让钙产生惰性：它可以主动把进入细胞的钙离子"扔"出去，也可以让钙离子在土壤里固定，形成小结晶。这同样适用于内生真菌。第二种方式是因为分泌了草酸盐，这种有机酸很快和钙离子结合，形成了草酸钙的结晶。因此，许多植物是"因为共生而适应石灰质土壤"的，即共生的菌根使其能忍受钙。

抵御土壤里的其他毒素，比如像镉、铯、铅这样的重金属，也是靠"扔"和固定来完成。一些真菌积极地把它们"扔"出去，更多的真菌是将它们隔离在细胞的液泡里，"囚禁"它们以至于不危害菌丝。这种方式能让真菌免于中毒，但是不能让以真菌为食的生物免于中毒，因为重金属会从液泡中释放出来。这就是人们为什么要忌吃从被重金属污染的土壤里长出的蘑菇。这些重金属中，有一种很稀有，叫铯：切尔诺贝利事故中释出了其放射性同位素铯-137，而外生菌根真菌（如一些牛肝菌或者齿菌）因为以菌根为营养，导致富集了这种重金属而不能再被食用。倒不是因为铯本身数量有限，而是它们的放射性会跟着真菌到我们的菜碟里……感谢菌根真菌把重金属带到了液泡里，让它们无法危害植物。

细菌和真菌对战土壤里的病原微生物

土壤里的病原微生物是植物根系的第二大威胁，它们也要靠菌根对付。长有菌根的植物对土壤病原微生物或者真菌的抵抗力，要好于实验室里去掉菌根的植物。外生菌根当然有屏蔽作用，但是其他机制也起了作用，而这些机制同样适用于内生真菌。菌根真菌和植物根附近的其他生物一起竞争有机物和无机物，然而，菌根真菌有植物直接提供的营养相助。此外，它们有时也能产生抗菌物质。读者可能知道乳菇这种外生菌根真菌，它们因破损时分泌奶白色泪状汁液而得名。这种汁液富含单宁和萜烯，一些特殊的菌丝会专门累积它，导致某些物种不能被食用，甚至有毒；这种汁液在压力下会渗出，哪怕伤口再小。在环绕根的真菌菌丝里，刚好有这种特殊的菌丝：如果土壤里的小动物将菌丝咬断或者微生物攻击造成菌丝断裂，毒汁就会涌出以保护菌根。

菌根也可以放大植物本身的防御功能：菌丝能帮助植物产生的毒素在土壤里扩散（在菌丝里或者表面，我们还不太清楚），可以使其到达距离根十几厘米远的地方。总的来说，菌根共生既抵御了土壤里的毒素，也抵御了病原微生物。好啦，让真菌到一旁去，让我们看看根的其他保护者：这不，细菌登场了！

农民们怕大麦、小麦得全蚀病，这种病一得就是好几年，只有细菌能攻克。随着大麦、小麦收割次数的增加，引发如全蚀病等病害的病原微生物会在土壤里累积：茎基部变黑，病株变黄，穗变白、变得干而空，减产率高达 50%。引起该病的真菌（禾顶囊壳小麦变种）侵占根系，从中获取营养，导致根坏死。根有多处坏死变黑，这将阻碍根的汁液和水往上运输。冬天，真菌靠去年坏死的根存活；年复一年，随着土壤里病菌的量逐渐上升，病害面积扩大……但不可思议的是，如果我们坚持种植，将会观察到症状减轻，3—4年后症状完全消失。发生了什么？20世纪80年代的农学家发现，如果我们给土壤除菌，这种症状减轻的现象就消失了；此外，如果我们把1%—10%症状减轻的土壤加到全蚀病很严重的土壤里，就可以使该地生长作物的症状减轻。也就是说，有一种可以接种的生物在起作用。

我们现在知道，土壤里某种细菌的渐进增长可以缓解全蚀病：它们是假单胞菌，在根系环境中，它们依靠活根释放的残余物和分子生存，用化学战保卫营养来源。为了保护根，假单胞菌产生一种抗生素——2,4-二乙酰基间苯三酚，对全蚀病特别有效。但是，它们的启动需要一些时间，因为这种细菌只有在数量足够多的情况下才能产生这种抗生素。这种机制与本书在引言中提到的夜行鱿鱼通过细菌发光的机制和逻辑是一样的：抗生素要达到一定浓度才能有效，这样能避免细菌在数量不够的时候做无用功。细菌能自己"报数"，因为它们都会释放一种信号分子——高丝氨酸内酯，它的浓度直接反映了细菌的浓度。当这个浓度达到一个说明细菌数量足够多的临界值，它就启动了2,4-二乙酰基间苯三酚的产生。同时，实现症状减轻也需要给假单胞菌时间准备到位。

如今，市面上的一些农用产品配方用了能产生抗生素的假单胞菌，如播种时可以在种子中加入的绿针假单胞菌。最近，土壤细菌的改变能减弱其他病症得到论证，比如21世纪初在荷

兰发现，立枯丝核菌在疯狂攻击糖用甜菜后，摇身变成了它的
保护者。微生物保护根部，根部为微生物提供养分，每个保护
型共生关系都是这样形成的。

根际里到处是保护者

　　跟随假单胞菌，我们进入根际（rhizosphère，来自希腊语
rhiza，意为"根"，和希腊语 sphaira，意为"领域"。有菌根时，
我们仍称"根际"）的世界，即贴近根的一小撮土，其特征受根
的影响。根通过脱落的死细胞、根系分泌物和细胞中意外流失
的化合物改变周围的土壤。这种持续性的供给被称为根际沉积，
最高可以占到植物光合作用产物总和的 30%。虽然有植物光合
作用的供给，但根际里的养分因植物及其菌根的吸收而减少。
另外，根际也含有植物分泌的抗生素（如旋果蚊子草产生的水
杨酸，又如十字花科产生的硫化物）。

　　这些物质影响的结果是形成了一个特殊的微生物共同体，
我们也称之为微生物群落（或者微生物组，但是来自英语的"微
生物群落"近期好像占了上风）。充足的养料让根际微生物群落
变得庞大：每克土壤里有 1 亿—10 亿个细菌，是不是算得上扎
堆！微生物群落里有真菌、多种单细胞生物和细菌，种类成百
上千；它们和一些土壤里的微生物有些区别。当然，根际微生
物中有病原菌（如顶囊壳属真菌）；也有具有营养和保护功能的

真菌，其中菌根真菌的占比很大，但不是全部；它们中还有大量的细菌，正如前面提到的假单胞菌属。

根际细菌中的大多数有利于植物生长。它们的作用方式不一，要么促进营养，要么保护防御，采用的机制和菌根类似。一些细菌产生植物激素的类似物，改变根的生长和功能。另一些细菌能溶解矿物质（例如，土壤里的磷和铁经常以不溶于水的状态存在，根无法吸收），让根和菌根真菌更容易吸收它们。还有的细菌（如固氮螺菌和其他固氮菌）将大气中的氮转变为含氮化合物，有机物的流失和细胞死亡会再把氮释放到根的周围。最后，还有一些细菌能促进菌根真菌的生长和菌根的形成。

根际细菌尤其能起到防御病原菌的作用，如假单胞菌属的例子所揭示的。它们可以直接起到类似抗生素的作用，也可以采用其他的方式。第一种方式和之前的菌根很像，即竞争。一些根际假单胞菌属通过土壤水分中铁载体的帮助，有效地吸收铁离子，之后假单胞菌属的细胞会释放铁离子来拯救这些铁载体。对于病原菌来说，铁载体创造了一个缺乏铁的环境，抑制了病原菌在根际的生长。第二种防御方式是直接攻击，保护根际里有保护作用的真菌，如木霉。它们其实是其他真菌的寄生物，能把这些真菌的菌丝搭到其他植物上汲取养分。这样，它们可以削弱对根系有害的真菌，又不太会损害菌根真菌。这些积极的效果让根际细菌得以商品化：全球流通的配方不少于 300 种，在园林和苗圃中得到成功推广，其规模效益和可观收益让使用根际细菌成为可能并有利可图。

和菌根一样，根际细菌可以减弱土壤的毒性。为了说服你们，我带你们去看看海边泥滩那充满敌意的土壤，比如圣米歇尔山周围被潮水覆盖的土壤。那里的淤泥里竟然生活着几种植物，比如盐角草（因味咸被当成调料卖给游客）或者米草。然而，按理说，根是无法在这些被水堵塞的土壤里呼吸的！另外，因为缺乏氧气，细菌会到处进行特殊的代谢：它们产生二价铁离子和硫化氢，前者解释了淤泥为什么呈蓝黑色，后者让土壤有臭鸡蛋的气味。但是，这两种对根有害的物质一旦和根际细菌联手，就会让淤泥变得友好。植物通过细胞间的空间网络提供氧气。这个网络把植物地上部分和根连接，让氧气通过：地上部分有点像是根的透气管。一部分氧气释放到根际，有助于细菌提升保护：细菌利用氧气将硫化氢转化为良性硫化物，让二价铁离子转化成氧化铁沉积，这也是我们经常看到根周围呈锈红色的原因。细菌因此获得生命所需能量。这种代谢叫化能自养，我们在第五章还会讲到。这样，根为细菌的代谢提供了必要的氧气，细菌把土壤里的毒素转化成无害的物质。

植物防御的操控者

根际微生物群落以多种方式从根系获得营养，同时也为植物效力，助其规避风险，这与共生的保护功能不相上下。从地上到地下，植物的健康有一群微生物协助。我们认为，根系分泌到土壤里的一些物质对根际微生物群落起到了调节作用，尽可能让有益的物种生长（我们会在第十章再次讲到这些引人注意的物质）。

微生物群落在植物健康生活中还扮演了一个角色，有些出乎意料。我们将通过比较实验室里有无菌根的植物来揭示这一点。首先，我们确保土壤养料足够丰富，哪怕没有菌根也不会短缺。然后，我们在叶子上接种某种病原菌，或者放一条毛虫。奇怪的是，尽管菌根真菌在土里，远离破坏者，但是有菌根的植物损失的叶子要比没有菌根的植物少！许多研究在比较无菌土壤环境中的植物和有菌根的植物后，都证明了植物有菌根时，其防御能力更好。微生物激发防御的能力最近被拓展到微生物群落里的其他非病原菌中：细菌、根际真菌，或者占据根系却不形成菌根的真菌（它们就是内生真菌），也可以激发防御能力，甚至不局限于根。这是因为微生物群落改变了整个植物免疫系统（植物防御机制的总和）的功能。到底是什么让植物根部共生能如此改变植物的防御能力，哪怕离共生体再远？

长久以来，我们知道微生物能让植物根系局部的防御能力提升，但不影响微生物的存在。例如，外生菌根的切片经常可以看到深棕色的组织：一些根细胞积累单宁，但不影响菌根的形成，因为真菌不会穿过细胞膜。但是面对其他攻击，单宁却可以形成免疫。我们可以想象，微生物释放了类似病原菌的分子，引起相似但有节制的反应。但是这种改变是局部性的，而且就算可以保护，也不能解释如何远距离保护地上的部分！

此外，我们并没有观察到一种持续性的、强度更高的防御，而是看到了一种比没有菌根的植物更快、更强的反应能力……与其说是免疫，这更像是一种警惕性更高的监视，一种增强的反应能力。遭到攻击后，毒素和保护性蛋白会聚集得更快，量更多。眼下，一种机制出现了：植物组织遭到攻击，受伤的细胞给周围的细胞释放激素，启动它们的防御功能。其中有一种激素叫茉莉酮酸，面对等量的茉莉酮酸，和有菌根的植物相比，没有菌根的植物反应没有那么强烈，产生的防御物质也少一些……有微生物的根，能让植物细胞对体内警告信号更加敏感。我们还不清楚其中缘由，但是微生物群落的保护是通过间接改变宿主防御功能实现的。植物如果想要获得有效的"免疫系统"，需要微生物来激发，即使是远距离的也不在话下！

近期的一个发现能解释其缘由。乍一看，它似乎是在解释为什么根系不排斥菌根。这些真菌的基因组上有太多（可达几千个！）可以分泌小型蛋白质的基因编码。无论是内生菌根还是外生菌根，其中一种小型蛋白质可以穿透根细胞，直达细胞核。这种小蛋白质干扰细胞运作，钝化接收到的茉莉酮酸，促使真菌局部无感。这样，局部细胞接收不到放出的信号，共生体在不引发防御功能的前提下安定下来。这并没有解释为什么防御会增强，而且只关注了根，但是，它揭示了微生物如何操控植物。

既然有成千上万类似的小型蛋白质，我们认为，它们在不同层面完全可以改写植物免疫系统：这种机制会引发前面描述的更普遍的免疫反应。小型蛋白质改变宿主细胞行为的类似操作也见于细菌、真菌或线虫引起的寄生感染。我们相信不久就能发现，这些小型蛋白质存在于很多（如果不是所有的）共生体中，是它们调整了整个植物的防御功能。

植物的防御功能被它的合作者深度改写。这让它局部的忍耐力变强，应对攻击的整体能力变好：总的来说，微生物群落使植物的免疫系统健全。在自然界，所有的植物一发芽就被微生物侵占，因此我们不能把在没有微生物条件下培养的植物的反应当成基准：它们是人造的，只是为了反推微生物群落的对照。一个至今悬而未决的重大课题是研究微生物完善植物免疫系统的能力是否相同：如果一些微生物做得更好，那么它们可以开启优化植物防御能力的接种"大门"。研究微生物对植物的保护，揭示了微生物对免疫系统形成的微妙控制，但是对这个形成过程的研究和应用都还有待深入。

植物生长的各个阶段都有微生物

今天看来，微生物参与了植物生长的许多阶段。首先是发芽阶段，以黄豆为例，如果加热去除种子里的细菌，发芽率将只有不加热时的一半。我们可以通过添加细菌恢复其正常发芽率，也可以给除菌的种子提供一种叫细胞分裂素的植物激素。种子里的甲基杆菌的确产生了这种激素，它能促进发芽。这些细菌一般在植物组织细胞间繁殖，靠宿主排放的小分子生存，尤其是甲醇，它们为甲醇解毒做出了贡献。甲基杆菌最常生活在种子里，许多物种的种子都"仰仗"着它们能多提供点细胞分裂素！其实，细菌在植物繁殖的更早阶段就已经开始发挥功效了。

在我们周围的草地里有一种小型植物叫夏枯草，它产生的新匍匐枝，会生根形成自然插条：它们数量不定，可以有两倍的差别，这取决于实验室接种的内生菌根真菌。微生物也影响植物开花，尤其是拟南芥从发芽到开花这段时期。培养拟南芥是为了获取最早熟和最晚熟植物的根际微生物群落：这些根际微生物会被接种到在无菌土壤中培养的植物上，然后重复十次，我们就逐步筛选出和开花最早或最晚有关的微生物群落。然后，这两种微生物群落可以分别被接种到拟南芥的其他种类和各种芜菁上：和开花最早有关的微生物群落能够提早开花时间，和开花最晚有关的能够推迟开花时间！对于芜菁来说，后者可以让开花时长是前者的1.5倍。促进花开的微生物群落提高了含氮有机物的供给，从而部分促进植物生长，最终影响开花速度。具体影响我们不清楚，但微生物群落影响了开花时间是肯定的。

此外，微生物群落还会跑到花的里面！花蜜里住着细菌和酵母（如 *Geotrichum*），它们要么是采蜜的昆虫在花间传播的，要么来自植物内的寄生菌。这些微生物极大地影响了花的气味，西洋接骨木的花就是证明。大量有香味的白色花絮被用来制作有香味的饮料、糖浆和花酒。如果用烟熏法去掉花表面的细菌，一些能吸引昆虫的物质将不能被合成，另一些物质则会减量（比如萜烯会减少到三分之一）。这些物质的全部或一部分是微生物改变花期时的代谢物。花香或花酒，都彰显着微生物群落的功能性。

修剪植物的微生物

植物的许多功能受到微生物的影响，有时候微生物跟它们还是远距离的，正如植物免疫的情形。比如，菌根真菌改变植物内水的流动。阳光带来的热量促使水分从叶子蒸发，保障水分的向上流动。水分的蒸发解释了为什么我们在草地上或者树下坐着会觉得凉快。蒸发通过叶子表面极小的气孔完成，植物根据土壤里的水量、光照和温度调节气孔开合，避免脱水的同时又保持水的向上运输。而菌根真菌完全改变了气孔的开合程度，因为它们不仅带来更多的水分，还改变了气孔对环境温度的适应。根据接种真菌的不同，改变的程度也不同，比如一些根部能更好地应对干旱。就这样，在植物的整个生命过程中，微生物重新调节植物的功能，就像园丁修剪植物一样，不过是以更私密的形式罢了。关于其中的机制，我们还有许多需要弄清楚，但毫无疑问的是，这些改变的背后藏着几个小蛋白质……

　　让我们用植物大小和树状的隐喻结束。后者不太为人所知，实际上是形态学。我们对森林里树的形象不陌生，没有分枝的、长长的主干，高处的林冠变得多枝。如果我们进行研究，有一种意想不到的形状：当树更年幼，没有这么高的时候，在接近地面处是有树枝的，草地上的一棵树在树干下部也还有树枝……只是到了森林，在树荫下，低处的树枝因为缺少阳光死亡了。但是，比死亡更甚，它们实际上消失了！我们称这种机制为自然整枝。整枝很重要，因为一个衰弱或死亡的树枝会让树心和外界接触，吃树心的寄生物可以由此进入：树心空了，树也就容易折断……不仅如此，对人类而言，树枝持续死亡会形成质量不好的树疤，给木材的使用和美观打了折扣。自然整枝舍掉死亡的树枝后会结痂，然后树皮会愈合，这既健康卫生，又有经济价值。

　　然而，只有极少数的情况，死亡的树枝会增加。比如，我们在平原种植云杉，在布列塔尼地区种植新西兰松和柏树，或是花旗松的时候，底部树枝低矮给整枝造成困难。这些树有一个共同点——都是引进的树种，云杉是从山里引进的，其他树则来自北美洲。它们整枝的过程特别慢，种植它们的人必须自己来，并承担费用。如果周围的外来树种整枝得很好，那么发生了什么呢？那是因为自然整枝的是……微生物！这是由一种专门生活在非常干燥的枯枝上的真菌造成的，树不同，共生的真菌种类也不同。引进的树种常常不再具备发源地实现整枝的因子，而本地的真菌又爱莫能助。外来树种内有它们自己实现整枝的因子：要么是变弱组织间的寄生物，它们先让缺乏阳光的树枝死亡，然后吞噬它们；要么是腐生生物吞噬死亡的树枝。整枝因子无法自行到达树干，但是通过占据相对有竞争力的树枝，它们阻止了病原菌的生长，通过改变树木实现保护作用。

这个例子告诉我们，微生物完成了很多免费功能，那些付钱请人整枝的人深知这个功能的价值。它也告诉我们，生物的形状和局部消亡有关。最后，它强调了微生物修剪植物形状的能力：我们见过经菌根改变形状后的植物的活组织。死亡也是微生物"雕琢"植物的方式！我们天天见到这个"雕塑"，但不知道作者为谁。

总的来说……

植物从不孤单，微生物影响了它们的营养、健康和整个生长过程。真菌、细菌、螨虫……围绕着植物——在根际里，在树叶上，有时还会以菌根或者内生菌的方式，有更加亲密的接触。许多病毒也会侵害它，哪怕没有明显症状。对于它们的认知才刚刚开始，但我们已经知道一些病毒可以保护处于干旱或寒冷环境中的植物……和动物相反，植物在环境中有非常开放的姿态，因为它和土壤有直接接触并扎根于土壤，它的气孔与空气相通。同样,在植物组织里,在细胞与细胞之间,植物被"塞满"了内生菌,这构成了它和动物的重要区别(我们将会看到,动物里微生物的寄居同样激烈,但只存在于局部,仅限于一些腔体和表面)。健康植物组织每克含有 1 万到 1 亿个细菌,虽然这只是根际细菌含量的 1%,但已经完全谈不上孤单了。

这些被称为微生物群落的复杂而多样的队伍,为保护植物做出贡献:要么直接通过抗菌或者和病原菌竞争实现,要么间接改变植物的免疫系统。往大了说,它可以改变植物的形状,调节包括营养、防御和生殖在内的多种功能。微生物群落普遍作用于植物的各种功能是近期才发现的,很长时间以来,对它的研究集中在保护和营养功能上(这也是为什么这章主要讲了微生物的保护功能),因为它从植物汲取部分养分。它和植物共生,但是它们的关系远不止营养交换。和菌根类似,营养关系和保护关系也通常是同一个交换的两面。

这些微生物又被比它们更小的生物保护着。弯孢属真菌保护黄石公园禾本科植物免于热浪侵害,这是因为它们细胞内的一种病毒:如果霉菌失去了这个病毒,它就无法再保护植物抵御高温,尽管我们不知道其中原因。我们将在第十一章看到,细胞内的病毒或细菌,帮助单细胞生物消灭竞争对手。在共生的历史上,以小护大(相对而言)的故事在不同层级重复发生。

微生物以前被当作病原和一些不好事情的化身,但其实,它们对植物的健康和生长至关重要。这样的发现似乎有违常理。

在第七章和第八章我们讲到人类时会再次提到这个悖论，但是我们已经知道，健康的生物是住满微生物的。管理生态系统的人类既可以寻求它们的援助（比如菌根或者修剪植物的因子），又可能因忽视它们而付出沉重的代价（如"肯塔基 31"的选择）。

最后的这些例子指出，共生的双方都会得到改变。我们现在把这个想法再发散，预测共生的产物其实大于双方贡献的总和。

第三章

1+1>2

共生是创新的动力

在这一章，我们会知道细菌和植物会一起创造氮源；我们会知道共生可以创造新的结构和功能；我们会知道基因不代表一切，共生的创新带来了新的生态系统，比如陆生生态系统；我们会知道共生可以生火，影响气候。最后，还有共生如何让生物变得复杂……还有为什么基因无法单独形成生物。

哪儿来的氮？

人类历史上，当豆科植物（如豌豆或三叶草）被用作食物时，农业就被发明了：的确，靠狩猎和采摘野果为生的祖先们曾多次成为农民，豆科植物从未缺席！在中国，是黄豆；在印度，是鹰嘴豆；在新月沃土（中世纪的欧洲承袭了此处的农业），是豌豆、小扁豆和蚕豆；在美洲，是菜豆，它和花生在地理大发现时代被引入欧洲；在非洲，是各种豇豆。从全球来看，豆科的种植面积达 7800 万公顷，年产约 7000 万吨豆子。

其他一些豆科植物可以改善土壤或者牧场的价值，比如我们这里的三叶草、紫苜蓿和驴食草，这些操作也在历史上被人类（比如罗马人、中国人和印加人）反复采用。现在我们把使用的这些植物称为"绿色化肥"。1 世纪的罗马农学家科鲁迈拉建议："尽可能大量地种植毒豆 [一种豆科灌木]，因为这种灌木对牛和各种家畜很有用 [……]，它能在短时间内让它们增重，让母羊多产奶 [……]。此外，它能迅速适应各种土壤，哪怕土壤再贫瘠。"从农业到食物供应，哪怕是在贫瘠的土地上，世界各地的人凭经验和智慧肯定了绿色化肥的功效。

现在，我们知道是这些植物带来的氮变成了绿色化肥。为此，我们把它们种在休耕地。它们既然能在缺氮的土壤里生长，也就能在各种条件下生长，这是因为豆类丰富的蛋白质让人和牲畜能获得营养。此外，产出食用籽粒的作物因其籽粒富含蛋白质，被称为"蛋白质作物"。以前的海员就知道这点，会在他们含淀粉的食物（大米或土豆）中加入一定量的"籽粒"，即菜豆。这种用植物蛋白取代肉类的方法在一些岛上被保留下来，比如留尼汪岛；素食主义者用大豆以现代的方式将其复兴。

但归根结底，蛋白质中的氮从哪里来的呢？ 1886 年左右，德国农学家让豌豆在缺氮的土壤里生长，用无菌土壤和有菌土壤进行了对比。有菌土壤里的豌豆长得更好，含氮量高，远超过无菌土壤里豌豆的含氮量。它们的含氮量甚至超过了土壤里的氮含量！那么这些氮来自哪里？很久以前我们就发现，豆类的根上有粉白色的小突起，被称为根瘤。如果你小心地把三叶草和紫苜蓿的根挖出来，就会看见根瘤！无菌土壤里的豌豆不像有菌土壤里的，它们没有根瘤。土壤里的部分生物形成了根瘤，从而取得土壤里没有的氮。然而，这些根瘤里满是细菌，每个根瘤能有几亿个细菌。

1888年，通过一种叫作"富集法"的培养方法，这些细菌被分离出来。这种方法就是在实验室把物种不断移植到越来越缺氮的土壤里。我们称其为豌豆根瘤菌（即"豆类根里的活物"）。这些根瘤菌可以利用氮气（约占大气成分的78%！）来产生氨基酸——形成蛋白质的基础，我们称之为"固氮"。由此看来，说豆类植物是"绿色化肥"或者"蛋白质作物"是一种冒名顶替，因为固氮其实是根瘤里细菌的衍生功能。然而，实际情况更加微妙，下文就会告诉你们。

在前两章里，我们看到了微生物把自己的功能附加到植物身上，让它们正常生长；我们还预示了一种"西班牙公寓"般的共生模式，即双方贡献各自既有的能力。第三章将把微生物和植物共生的全貌补充完整，揭示除了双方功能的结合，共生还可以演化出新功能，首先是生理和形态上的，固氮就是例子。这让我们对生物的看法更加完整：它不仅由基因决定，还由与它共生的生物和共生后出现的因素决定。最后，我们会看到，与共生有关的因素也会影响生态：在曾被殖民的大陆，菌根至少为生态系统和如今的气候做过贡献。

豆科植物中，唯有共生知道做的……

看到除顶端以外呈粉红色的根瘤后，把它切下来。这些直径1—5毫米的小球体长在根的侧面，有一种特殊的结构——一般而言，运送汁液的组织在根的中间。在白而薄的根皮下，一个红色的中央区域形成，将运送汁液的组织推到根瘤的周围。白色顶端的细胞分裂形成根瘤，根瘤菌在中央红色区域。在电子显微镜下，它们是在植物细胞内的，被一层共生体膜包裹。这种细胞内亲密的共生被命名为"内共生"（endosymbiose，来自希腊语前缀 endo，意为"之内"）。一些情形下，根瘤菌可以继续分裂，让每个囊泡里有好几个根瘤菌。但是，许多豆类植物，如野豌豆，每个囊泡里只有一个细菌，个儿大且形状奇特，长得像字母 T 或者 Y，和实验室培养观察到的形态不一样：后者个儿小，呈圆形或者形状不定。

共生能改变对方的生长又一次得到印证，而这一次改变是相互的：根瘤是一个新的器官，变形的细菌则是一个新的形态。只要根瘤在，植物分泌的小分子蛋白就会进入根瘤菌细胞并阻止其分裂，让其无限长大！我们又看到了在前一章见过的原理，即菌根真菌改变植物，但在这里是植物利用该原理改变细菌！既然豆类植物的基因组含有许多这样的小分子蛋白，我们认为，一旦细菌进入根瘤，会产生其他更微妙的改变……

　　根瘤给根瘤菌供养：地上部分光合作用产生的糖类不仅供给根瘤细胞，还会供给里面的细菌。不少于 20%—30% 的光合作用产物供给了植物的根瘤……这还没算上菌根提供的无机盐和水。这种共生的代价之高证明，在生态系统中，非固氮物种和固氮物种共存是因为前者的氮不够，后者的氮足够是因为一部分的碳分流到了根瘤。根瘤菌利用它们生长、代谢，尤其是帮助固氮。它们通过呼吸作用获得能量，跟我们自身细胞的代谢一样：根瘤菌呼吸是因为细胞内有一种特殊呼吸酶。这种被称为固氮酶的酶利用呼吸产生的能量，将空气中的氮转化为氨，用于氨基酸的形成。

　　这种处在根瘤菌细胞中心的酶有悖论：固氮酶工作需要能量，能量来源于有氧呼吸，但氧气的存在又会让它变得不稳定，因为它含有一个钼原子，钼原子可以被氧化，且无法逆转。这就是为什么根瘤菌在土壤里能生存，在固氮时却面临两难，犹豫不决，就像是布利丹之驴的境况：有更多的氧气可以更好地呼吸，但为了保护固氮酶又不能有氧气。

　　如果根瘤菌不能独自完成固氮，还要兼顾两难的局面，固氮又是如何在根瘤里进行的呢？一方面，根瘤外面的薄皮虽然可以避免大量氧气的进入，但是会让部分氧气进来，保障大家的呼吸。根瘤中的"红色部分"在此介入：充满根瘤菌的细胞里有许多血红蛋白，占细胞蛋白总量的四分之一。该蛋白（豆血红蛋白）为固氮创造了一个理想的微环境！正如我们血液和肌细胞里的红细胞，该蛋白容易和氧气结合且可逆，方便运输和储存氧气，同时可以在需要呼吸时释放氧气。但是，根瘤中的血红蛋白位于根瘤菌细胞膜和共生体膜之间。它所在的位置刚好可以给细菌里的呼吸酶供氧！它和氧气的亲和力可以把氧气送到根瘤菌中央，即固氮菌所在地。

豆科植物的固氮效用导致双方改变对方形态：植物为了容纳根瘤菌改变根的形态；根瘤菌创造内共生微环境改变自身形态，加上植物提供的养分，才可以固氮。固氮不是任何一方的特性（这里也没有所谓的"西班牙公寓"），而是因为共生而出现的功能。

当你和我在一起，我们再也认不出你！

如果我们带着这个观点重读前述章节，共生双方的改变（参见前一章的结语）也可以被看作共生的产生。让我们暂时回到引言中的地衣，它为共生做了准备：这种微生物的互动是众多改变的中心。让我们来分析地衣的结构，它像柱子上长出的薄片，比如绿色槽梅衣或者橙色地衣。显微镜下，切片呈四层：

第一层是紧密交织的真菌菌丝，起保护作用；往下这层有许多单细胞小绿藻；接着是一层松散的菌丝层，菌丝间留有很多空间；最后一层也是保护层，和第一层类似，有时颜色更鲜艳，依附能力更强。这种结构让藻类接近光源，便于进行光合作用，光合作用所需的二氧化碳和其他气体在底下的空间通过。此外，这些空间的边缘疏水，把水挡在外面，哪怕地衣是潮湿的，气体依然有空间通过。

当我们把它们分开培养，双方的形态将完全不一样。藻类不再是单细胞，而是形成细胞链……真菌和没有形成地衣的真菌一样，由散开的菌丝组成，取代了镶有藻类的组织结构。地衣适应光合作用的形态是共生形成的特性，没有组织的双方形成了专业复杂的结构。不仅如此，真菌只有在藻类陪同下，才能合成保护共生的"地衣"物质。这些多样的分子在强照明时有保护功能：大黄素甲醚能让一些地衣在阳光下变成橙色，比如橙色地衣，以保护它们避免经受过多光照。它们可能对吃地衣的动物来说是有毒的，以前有人用地衣做诱饵给狐狸下毒。这种地衣叫作狼毒地衣（*Letharia vulpina*，别名"狐衣"），名字来源于目标动物（"vulpes"即"狐狸"）。地衣物质是共生形成的另一个特性。

诚然，在进化过程中，没有共生，复杂的结构和功能也会出现，共生只是进化的众多可能途径之一。现在，我们将展示，单个物种的进化如何实现在地衣和根瘤两个例子中共生形成的特性。对于地衣，它们的结构和普通植物的叶子非常相似：我们把叶子切开，它有两层保护层（表皮），中间夹着两层，一层朝向阳光，是富含叶绿素的光合作用细胞层，下面一层的细胞排列松散，便于让气体通过。结构和地衣一模一样，功能上也毫无意外地相同，即利于光线将二氧化碳转化为糖。事实上，在进化中，地衣中的藻类和真菌通过共生"创造"了一片"叶子"。因此和叶子同功能的器官可以有两种方式出现：要么像植物一样单个物种自我进化，要么像地衣一样在两个物种共生中形成。

第二个例子：除了豆类植物，有些植物也有固氮功能，如赤杨、沙棘和木麻黄（热带大型树木）。这些植物和豆类植物一样，都属于蔷薇类植物，但是它们的搭档有些不一样。这些搭档是丝状细菌（即放线菌），比如弗兰克氏菌（以纪念弗兰克，即我们知道的那位菌根发现者），它寄居在植物的根里，根发生改变，不断分支和生长，形成一个直径超过 10 厘米的球状物。弗兰克氏菌在植物细胞里生长，到处形成球状突起，它的外面有层厚壁，氧气不能进入。菌丝形成的延长部分由植物供养，呼吸产生能量后被运送到球状突起处。在那里，氧气很难进入，让固氮菌在空气隔绝的情况下局部固氮。弗兰克氏菌把氮固定到一部分的菌丝上，只靠植物获取养分——这里，我们又见到"西班牙公寓"式运作。因此，固氮功能也可以有两种方式出现：要么像弗兰克氏菌一样单个物种自身进化，要么像根瘤一样在两个物种共生中形成。

共生是进化创新的钥匙，加入了进化创新模式的大家庭。如我们所见，它和其他模式一样富有创意。尽管它不是唯一的创新模式，但对于一些种类的生物创新的出现，它曾起到决定性的作用。

从延伸表现型到共生功能体

据观察，植物的许多特性受微生物影响：一方面植物获得了微生物本身的特性，另一方面通过共生产生新的特性。植物全部的结构和功能构成了它的表现型（phénotype，来自希腊语pheno，意为"外观"，和希腊语typos，意为"印痕"），这一术语归功于丹麦生物学家威廉·约翰森（1857—1927）。表现型是物种的整体外观。有别于常见的观点，表现型不仅仅取决于物种自身基因，还取决于微生物——因为微生物改变其结构，丰富其功能，为表现型助力。

这个观点和英国演化生物学家理查德·道金斯（生于1941年）提出的延伸表现型概念接近。的确存在一种严格的表现型，说实话这是相当理论性的，即物种靠它自己的基因独自决定其所有的结构和功能。但这停留在理论层面，因为这种"孤单"的情形在自然界不存在。事实上，物种能和环境中的各类元素合作。一些是惰性的（腹足纲动物壳里的钙，鸟巢用的树枝），但另一些则是活的，即生活在物种体内或者其周围近距离的所有共生体内。它们负责增加自己的功能，带来改变，让表现型得到丰富延伸。

当然，物种自身基因能力决定了它吸收共生体和延伸表现型的能力。例如，收留固氮菌需要特殊的代谢功能：生物不仅需要为固氮菌提供大量养分，还要合成让固氮菌结合生成氨基酸的分子。但是，在普通植物体内，这些分子——酮酸完全没有多余，因为它们为呼吸作用所用（三羧酸循环），如果它们被用来固氮，细胞的呼吸就会发生故障。也许这个阻碍解释了为什么固氮共生只出现在蔷薇类植物中：根瘤菌共生曾在类似榆树的拟山黄麻属中出现过 1 次，在豆类植物中至少出现过 1 次，可能更多次；弗兰克氏菌共生在蔷薇类植物的进化中出现过不下 6 次。所有具备固氮共生的开花植物都属于蔷薇类，它们都来自一亿年前的共同祖先！在这传承中，可能存在某种基因的因素，解决了因固氮菌引起的代谢问题。这个因素没有得到重视和讨论，但它给蔷薇类植物开辟了把固氮延伸到表现型的道路，尽管一亿年以来，固氮功能没有出现在任何其他开花植物身上……时至今日，也是这个原因，未来为小麦或玉米选择根瘤的希望被局限，尽管这对于促进供氮来说是多么完美的方案……

简言之，个别基因为个别共生体开了路：接纳这些共生体是因为基因允许与其共同作用。但是，这种交互过后，物种的表现型不再只是由其基因严格决定，而是延伸表现型。动物也遵循这一原则，有延伸表现型。后面讲到动物的时候，我们会再讨论。

20 世纪 70 年代，另一个相似的概念被提出（它把微生物部分参与的表现型考虑了进去，尽管我们不清楚这具体是谁提出的），这就是共生功能体（holobionte，来自希腊语 holo，意为"所有"，和 bios，意为"生命"），即由宿主（植物或者动物）和与它共生的微生物组成的生物整体，它取代了先前物种仅是单独个体的观念。它的衍生概念是共生总基因组（hologenome），给物种本身的基因加上了与其共生的微生物的所有基因。我们在书的结尾再来讨论这个观念是否恰当：至少延伸表现型和共生功能体结束了物种独立自主存在的虚假信仰。

但是共生并不仅仅影响参与互动的物种。除此以外，它们还可以持续地改变环境，推动生态创新。现在马上来看看我们生活的地球生态系统是如何被共生改造的（毫不夸张地说，物种会从你们眼皮底下的水里钻出来！）。

迟迟才上岸的植物……

我们到寒武纪（也就是约 5 亿年前）一片浮出水面的土地上看看。穿上长靴，因为会很滑哦！但没有别的危险，没有大型动物，也没有咬人的昆虫，那儿其实几近沙漠，一株植物也没有……只是几近沙漠，因为岩石上有一层微生物（我们称之为生物薄膜），下雨过后有点滑就是因为它。它包含进行光合作用的微型藻类，还有细菌和真菌。细菌和真菌同藻类互动，要么寄生在藻类上，要么在藻类死后将它们吃掉。（我们相信并常说地衣是陆地出现后的第一批移民，因为它们虽然如今是岩石上的先锋，但是其化石和第一批植物的化石一起出现；根据我们的知识，它们在寒武纪是不存在的。）所以，没什么好观察的。因为生物薄膜没有根，不能抓住松散的物质，当它变得太厚，有机岩石碎片会被漫流卷走——现在所说的土壤在当时还没有出现……

在陆地上靠光合作用生长需要两个条件：一是空气，那儿有二氧化碳和光线；二是岩石的基层，有矿物质。寒武纪生物薄膜恰好生活在这两个部分的接触面，藻类适应了这种限制。然而，当它们的残体和底下岩石被改变的部分达到一定厚度，就会被侵蚀，像悬崖上的情况一样。自此，生物薄膜又重新开始形成，直到下一次被侵蚀。而今天，植物更多地纵向开发基质，它们的地下部分能守住有机矿物质，让其成为真正的土壤。

当时各大洲和今天一样宜居，但是植物在哪儿呢？在寒武纪，植物的祖先可能还只是生活在淡水中的绿藻，淡水为它们提供二氧化碳、光照和矿物质。然而往陆地上发展对它们来说很难，因为它们不能利用藏在基岩内的矿物质：它们最多有攀缘茎，但是没有根！直到 4.7 亿年前，它们才离开水。这次迁徙是如何发生的？为什么这么晚？要回答这两个问题，让我们先来观察一下化石……最古老的生态系统是苏格兰的莱尼埃燧石层，距今 4 亿年，那儿有许多保存完好的化石。在那里曾有海底热泉，泉水中富含矿物质，类似于古代的黄石公园。有时热泉一次喷发会迅速释放大量的矿物质，一眨眼的工夫将附近的植物包裹变成了化石。由于形成的化石几乎没有变形，它们的切片可以复原当时植物的构造，甚至可以观察到保存得又快又好的细胞结构。这些植物有的是攀缘茎，有的是直立茎，但是都没有叶子，也没有……根，和藻类祖先一样——它们如何利用基岩内的矿物质呢？乍一看，我们的问题还是没有答案。让我们再进一步观察。

早在 1915 年，研究发现一些物种（莱尼蕨和炫丽蕨）的攀缘茎有真菌菌丝凸出形成的囊泡体。20 世纪 60 年代和 20 世纪 90 年代，在看似没有接触的细胞里发现了由菌丝形成的丛枝状体！尽管细胞膜很薄，但这些细胞非常圆润，说明在形成化石的时候，它们富含水分，生机勃勃：丛枝状体没有将它们杀害。在莱尼埃燧石层我们看到了和今天植物里球囊菌形成的内生菌根一样的结构！大概在那个时候就已经是它们在给植物开发土壤了吧！

其他证据更加坐实了关于陆生植物祖先和球囊菌共生的猜测。首先，超过 80% 的植物有内生菌根，这个出现率之高足以说明。尤其是这些物种关系很远，让这一特征来自同一祖先的可能性更大。这之中不仅有被子植物、蕨类、裸子植物，还有潮湿环境中悄悄在土壤里生长的苔藓植物。苔藓植物到今天还是没有根，它们虽然和被子植物关系最远，但是它们的细胞间也住着球囊菌！最后一个证据来自关于内生菌根形成所需基因的研究。所有现有陆生植物中的这些基因几乎完全一致地被保存下来——来自它们共同祖先的一个基因。不过，这些基因仍旧在很大程度上可以互相替换：当苜蓿因为这些基因中的某一个突变而不能形成内生菌根时，我们可以在实验室通过引入来自苔藓植物的同类基因"将其基因治愈"！这一切说明，这些基因，还有共生本身，都是从最初的陆生植物遗传而来。

和球囊菌的互动给水里的藻类开辟了通过真菌获得基岩中矿物质的途径，使植物得以征服陆地。这就回答了之前的两个问题：陆生植物出现得晚，是因为在等待这种共生的出现；第一批化石中植物没有根，是因为它们完全依赖真菌开发土壤。陆生植物出现，生物薄膜被现代植物群取代，都标志着和球囊菌共生的出现。

根是次要的，直到更晚一些时候才出现。根据化石可知，它们的形成可能首先用于提高和真菌交换的机会。同样次要的是一些植物失去了形成菌根所需的基因，也就失去了共生菌根的能力。苔藓可以在恶劣的环境中生存，可以忍受干枯，但是真菌就无法生存——当然，相应地，它们个头小。被子植物中的一些科（如卷心菜所在的十字花科）通常生活在肥沃的环境中，矿物质的供给不需要真菌帮忙；另一些科则偏爱贫瘠的环境（如新修的路旁），所以也没有真菌共生。对于这些没有菌根的植物，根和它上面的根毛从属地承担了自行供养的角色。但这些都是例外：现代植物群是植物光合作用和真菌开发土壤共同作用的结果。因为这种共生，才有了今天我们所熟知的陆生生态系统。让我们看看这具体是怎么发生的。

菌根如何改变世界的面貌

是的，植物上岸意味着生物量储存了更多的碳，因为植物比生物薄膜更繁茂，也因为它们能通过地下部分连接有已死亡生物有机物的土壤。共生创造了美妙的协同合作：一方面，植物光合作用的产物提高了真菌改变基岩获得矿物质的效率；另一方面，矿物质的充盈能促进植物开枝散叶和进行光合作用。光合作用的加速导致陆地上空气中的二氧化碳减少，氧气增加，后者是光合作用的产物。

先说说氧气。大气中的氧浓度本来低于15%，植物上岸后，其浓度逐渐上升，历史上第一次达到今天的氧浓度（21%）；3亿年前，这一数值飙升到30%。当时呼吸更加容易，哪怕是那些活动耗能很多的大型动物也是如此——海洋动物体形变大，植物占领大陆时，大型有颌鱼类开始出现，体形首次超过一米。3.7亿年前，一些鱼类"爬"上陆地，不仅因为食物丰沛，也因为氧含量之高让上岸这一如此耗能的活动成为可能。空中也出现了生命迹象！不久后，非常活跃的大型肉食动物开始在陆地上出现，它们的猎食活动需要进行大量的有氧呼吸，大气中充足的氧气使其成为可能。暴龙、伶盗龙和猫科动物的出现，都离不开菌根在陆地的发展！另一个重要的生态改变是火灾的出现，不仅因为生物群的形成，还因为氧气的浓度超过了 16% 的临界值（低于此浓度，火烧不起来，也难以蔓延）。最早的植物碳化化石证明这些发生在 4 亿年前。火是陆地生态系统的常客，它由闪电引起，如今也可能由人类引起。

大气中二氧化碳含量下降，是由两个机制造成的。一方面，当然是植物群的积累和土壤的形成留住了碳。另一方面，对基岩的侵蚀促进了钙的沉积；的确，菌根真菌和之后植物出现的地下部分加快了对基岩的侵蚀。和今天一样，这不仅有直接作用，还能留住生物和被侵蚀过的基岩的残余，形成真正的土壤。土壤里死去生物中的有机物偏酸，含水，可以帮助侵蚀基岩。这样，基岩溶解得更快，而阳离子，尤其是钙离子，则被带到海里。在那里，它们才最终停下。钙离子或者量相对少些的镁离子，和二氧化碳结合，形成钙酸盐之类的碳酸盐。侵蚀基岩就像打开了一个泵，把钙和二氧化碳带到海洋深处。

和寒武纪初（约 5.5 亿年前）相比，如今的大气中二氧化碳浓度是其二十分之一；和泥盆纪末（约 3.6 亿年前，此时出现了最早的森林）相比，是其三分之一；到石炭纪末（约 3 亿年前）达到了现在的浓度。由二氧化碳引起的温室效应相应减少,它似乎与天文、火山等因素共同促进了这个时期的冰期出现,如奥陶纪冰期(约 4.4 亿年前)和石炭纪末冰期(约 2.8 亿年前)。这些冰期对地球上的生命有巨大影响,因为每一次它们出现都导致了物种大灭绝……另一次大的灭绝事件大概和基岩侵蚀有关,但和气候无直接关系。它发生在泥盆纪末,导致不少于四分之三的物种灭绝! 当时可能也有冰期,但主要原因是全球的富营养化。在布列塔尼海岸,我们了解了这一现象:当海水中矿物质增加(这里是由农业活动引起的),藻类会大量繁殖,海水变绿。其他的生物当然也会吃它们,但是氧气不久就会不够它们呼吸。氧气不够,细菌因不需要氧气代谢而滋生:正如第二章泥滩里的细菌,它们产生有毒的分子(如硫化氢),让绿色的海水带毒。3.6 亿年前,基岩的侵蚀给海洋带来了丰富的矿物质(尤其是海洋最缺乏的铁元素),引起了全球范围的富营养化;那时的海洋,也许包括空气,暂时变得无法呼吸……海洋营养过剩会让空气腐臭不堪,最终导致大灭绝!

　　总而言之,菌根共生让陆生植物群得以出现,促成了如今陆生生态系统的面貌(生物量、土壤)和各种因素(火、基岩侵蚀),对地球的大气组成、生物多样性、一些时期的物种灭绝,还有气候都有影响。

迎接清爽的气候……

本书并无意详述这些最初阶段之后生态和气候的演变，但让我们看看近期全球变冷的趋势（这是按照地质年代来算的，所以不包括近两个世纪的全球变暖）。全球经过一个时期的热带气候后，从始新世向渐新世（3400万年前）转变中，高纬度出现温带气候，和欧洲今天的气候一样。最早关于外生菌根的化石就是出自这个时期，尽管间接证据认为它们出现得更早，很有可能和松树一样早。实际上，尽管在热带有一些例外，外生菌根主要集中在今天的温带气候区，连带与之相关的绝大多数种类的真菌——这是为什么？

今天，我们认为外生菌根既帮助植物适应了温带气候，又促进了温带气候的扩散。诚然，一般来说温带土壤的矿物质不丰富，因为寒冷季节和旱季都会阻碍矿物质的两种形成方式起作用：有机物的矿化和对基岩的侵蚀。但是，我们在第一章知道，外生菌根的真菌可以"直接去源头"找矿物质。其一，一些物种能通过菌丝侵蚀基岩。实际上，通过比较外生菌根和内生菌根的密度，我们确认了侵蚀来自有外生菌根的植物。其二，一些物种可以从土壤里的有机物残余直接提取氮或磷。

自从离开水后，球囊菌依附植物，而外生菌根真菌在进化史上出现得更晚一些，并在不同的物种中反复出现。是的，在真菌的进化过程中，外生菌根独立出现了80次，在植物进化过程中出现了超过 12 次！每次，外生菌根真菌的祖先都靠土壤、树叶或枝条中死去生物的有机物生存，这种生存模式被称为"腐生营养"。比较研究现代外生菌根真菌和腐生营养真菌的基因组发现，这种转变相对简单：它伴随着许多保证腐生营养独立的酶的消失，因为外生菌根的真菌由植物提供糖分。但是，酶的能力没有消失，一些外生菌根的真菌从营腐生的祖先那里继承了一部分，有能力获取土壤中的有机物质——不是含碳有机物，而是其中的氮和磷。

　　如果外生菌根的结合让植物适应了温带土壤，那它们也促进了全球变冷！是的，基岩被加速侵蚀促进了前面提到的"泵"的功能，把二氧化碳以碳酸盐的形式带到海洋深处。这样，气候有变冷的趋势，促进了自 3400 万年前以来观察到的全球气候变冷，在 200 万年前的冰期达到谷值。冰期有自己的时间间隔，这种间隔和天文因素有关，和地球相对太阳的位置有关，但是空气中二氧化碳的减少让这些因素引发冰期。

　　因此，外生菌根是气候变化的主要因素之一。由基岩侵蚀和分解有机物引起的降温在北极和高山地带放缓，达到极点。这里，另一种更晚出现的菌根给了欧石楠和蓝莓所在的杜鹃花科以绝对优势。它们在活性低的土壤里照常生长，土壤里由纯有机物组成：深色且没有被植物分解的碎片组成了一种有机物，我们一般称它为"欧石楠土"。在杜鹃花科的根里，同样是子囊菌和担子菌，也是从腐生真菌进化而来，但是和之前的不同，

84

它们形成了一种特殊的内生菌根。杜鹃花科的根很细，细胞大，里面的真菌用菌丝把自己裹起来，形成小线团（有点像一团意面），以此与植物交换。我们知道这些真菌的基因组和它们的生长特点，它们保留了不少祖先分解有机物的酶的能力。如果土地贫瘠且缺少清理回收，它们能保证植物迅速回到有矿物质供给的状态。和一些外生菌根一样，杜鹃花科的菌根驳斥了植物由矿物盐供给的传统观点，这一观点基于对植物进行独立培养。真菌间接吸收有机物能帮助一些植物适应特殊的土壤和气候。

此外，如果把温度再降低，在高纬度和高海拔的地方会只剩下地衣，它也是一种适应生态的共生！由此可见，菌根共生的多样性是适应环境的重要因素，也因此才有了今天的陆生生态系统；同时，菌根共生的多样性对气候形成也有贡献，并帮助植物适应气候。

总的来说……

植物从不孤单，除了"西班牙公寓"里"室友"带来的特性，其他的特性也在共生里显现。对于植物而言（动物也一样，我们将在下一章讲到），共生合作于己、于环境都有好处，这远大于简单的相加，因为其合力大于双方各自的能力：1+1 > 2！

这体现在几个方面。首先，它关系到相关生物的形态学和生理学。生物可以获得祖先没有的特性，这是进化上的创新动力之一。但是，不要根据例证推断进化一定代表着进步或者复杂化。比如，接纳或者供养共生体是有代价的，对于植物来说就是含碳物质，因此会转移资源。菌根结合出现后带来的气候问题告诉我们，进化不是追求达到一种神秘的"平衡"，而是一种不一定对各方都好的变化。至于复杂化，没有规定进化的每一步都是提升。比如，我们发现菌根真菌全部或部分失去了独自生存的能力。在第九章和结论里，我们还会讲到众多的共生伴随着自主能力的丧失，降低了各方的复杂性。共生并非不可逆：我们发现一些植物丧失了菌根，热带森林的豆科植物失去了根瘤（以一种有趣的方式，它们还清理了球囊菌，用外生菌根的真菌取代这一切）。进化在复杂化和简单化中反复，共生只是其中一个方面。

除了影响相关的生物，共生还可以影响环境生理学，尤其是影响环境的功能。菌根征服土壤就是很好的例子。陆生生态环境不得不等到共生出现后才出现，继而影响气候。这些环境影响有普遍性，但是程度和范围不一。程度低的，比如禾本科植物的内寄生菌，如"肯塔基31"，驱动了生态系统的新功能。用含内寄生菌和不含内寄生菌的禾本科植物在田野或者实验室进行对比，我们发现了生态系统在植物生长发育之外的众多变化。植食昆虫受到影响，吃植食昆虫的昆虫也受到影响：一些物种会消失，一些在没有内寄生菌时大量繁殖的物种则变得稀少。在土壤里，植物死去部分的内寄生菌产生的毒素会影响微生物，改变物种种类，延缓有机物分解……共生的影响对象远不止它的共生体。

作为我们植物之行的结束，我们看到生物"可以是"也"的确是"超过了它基因所允许（或诺许）的总和。共生给予它们表现型的延伸；相对生物本身没有生态或生理事实的抽象化，我们有时更应考虑共生功能体，即微生物们附属的生物体。植物从不孤单，微生物的存在已经融入了它们的形态、功能和生态影响。

这个规则也适用于动物吗？到目前为止，微生物的共生功能是在植物的基础上一步步厘清的。有了这些由共生保护的植物，我们现在可以开始"投喂"动物了！看完这么多草，来点"肉"也不是坏事。

第四章

"请你给我画头牛"

植食性动物的细节

　　在这一章，我们会知道牛消化的不是草，而是共生的微生物；我们会知道共生给反刍类动物提供了不合常理的生态效率；我们会知道植食性动物其他消化道的运转有微生物帮忙；我们会知道脊椎动物为了吃植物得做选择：把微生物放在胃之前，还是胃之后？我们会知道一些粪便会在被排出体外的当天被召回！我们还会知道鲸鱼吃虾剥壳，树懒毛上有颜色的部分是"美味"。最后，我们会知道微生物是如何让脊椎动物吃上植物的……

为什么牛"看火车经过"*？

　　牛是温和的植食性动物，它们有一些特别之处，我们对于

---

* "像牛一样看火车经过"（regarder passer les trains）为法语中的表达，形容心不在焉或者傻头傻脑。——译注

其中显而易见的那些不陌生，尽管不一定知道其意义。首先，它们身躯庞大。其次，它们的味道重（注意，你可能会想到牛栏的味道，但那是因为牛粪太多，闻闻干净的牛！），刚挤出的牛奶也有这种味道，许多人不喜欢，但不一会儿这个味道就消失了，所以很多人还不知道它。有时，我们还会听到它们打长而响的嗝。它们的体温也很高（40 摄氏度——我们的祖辈把它们养在第一层，给农场保温）。最后，它们是温和的动物：不怎么活动，大部分时间都待在草地上，嚼着草，没有比它们看上去更懒洋洋的了——像俗话说的那样"看火车经过"。

这些都体现了牛以草为食的生活方式，一种和共生有关的间接方式。和所有植物一样，草很难消化，因为它含氮量低，由复杂的分子构成。除了细胞内的少量无机盐、糖分和少许蛋白质，草的 90% 的干物质是纤维素和木质素，这些大分子构成了细胞壁，确保草的形态。纤维素由葡萄糖分子聚合而成（其实细胞壁也有其他糖的聚合，如半纤维素和果胶，这里我们不展开讲），木质素则是单宁大聚合。这些大分子不能直接进入动物细胞。观察牛粪可知，牛不能将纤维素或者木质素消化分解成更小的分子。除了将牛粪变色的深色汁液，牛粪几乎都由发白的碎草组成；在显微镜下，用专门的试剂染色后，碎草中的纤维素和木质素……没有改变。也就是说草的主要部分穿过消化道而完全没有被消化！那么牛怎么获得营养呢？

牛的庞大身躯里其实藏着一个叫瘤胃的大口袋，它是牛四个胃中的第一个胃。它占其体重的 8%—15%，容量可达 100 升，在最大型的动物里其容量甚至可以达到 250 升！这个口袋接收吃进来的草，在缺氧的情况下发酵，滋养大量的微生物，占瘤胃干重的 50%。这个微生物群落里有许多细菌（每毫升约 10^{11} 个）和真菌（每毫升约 10^5 个），它们消化植物碎片，特别是纤维素；微生物群落里还有和草履虫一般大小的单细胞生物纤毛虫（每毫升约 10^7 个），它们以细菌和真菌孢子为食。这些微生物由于缺氧发酵，产生大量气体（每天约 1000 升！），有甲烷、氢气和小的碳分子（即挥发性脂肪酸：乙酸、丙酸和丁酸）。

牛身上的气味和刚挤出的牛奶的气味就是来自这些挥发性脂肪酸（它们名副其实，挥发得快），它们被牛的细胞利用以产生能量。它们能满足牛所需能量的 80%，所以牛的血糖浓度非常低，因为糖不是细胞的主要能量来源。微生物的发酵让牛的体温如此之高——被微生物群落加热，这是牛的另一个长处！

气体的产生可以让牛打很长的嗝，排除多余的气体。如果把牛喂得太好，不是没有风险。比如给牛过多食用豆科植物，氮的含量陡增，瘤胃中的微生物群落会加速运作。产生的气体不能排出，气压会压迫食道，这就是气胀。必须马上进行穿刺，也就是刺入体腔到瘤胃放气，如果我们不希望它……炸开！因此，以豆科植物为原料的营养补充剂会加入单宁，这能放缓微生物的消化活动，防止瘤胃气胀。

牛真正的胃（皱胃）在瘤胃的后面，是动物自行消化的一组口袋。紧挨着瘤胃的是网胃和重瓣胃，它们吸收无机盐和水分到血液里，过滤瘤胃汁：大的颗粒通过收缩回到瘤胃，小于2毫米的植物或微生物颗粒随着浓缩的瘤胃汁到达皱胃。皱胃释放一种酸和各种酶，消化微生物细胞中的脂类、DNA 和蛋白。在这个阶段，牛合成溶菌酶。在其他动物身上，这种酶可在眼泪、奶汁或者卵白中杀菌，因为它能溶解细菌的细胞壁。在牛身上，溶菌酶有好几种，它们共占消化酶的 10%，这种酶（可以进入细菌细胞内部）专门消化微生物。然后到了小肠，胃酸在这里消失了，其他的酶继续消化微生物，让小肠吸收简单的脂类、氨基酸和核酸（DNA 的组成部分），甚至还有糖类。至于草的碎片，它们经过了重瓣胃以后就不再改变，保有它们原有的组成和形态，因为牛自身无法消化纤维素和木质素：牛粪可以证明！

这样看来，在植食性动物的外表之下，牛消化的其实是微生物：它是微噬菌体，牛的（大）部分消化道"吃"的是自己用草培养的微生物。

在前面的章节，我们厘清了微生物在植物中的结构，展示了共生是如何给植物赋能和让其彰显自己的能力。从第四章开始，我们把这些观点延伸到动物身上。"动物的第一章"主要讲微生物共生使得植食性脊椎动物获得营养。我们将描述牛的消化过程，描述瘤胃里的微生物群落如何供养和保护它的宿主，还有共生给予牛的鲜为人知但出众的生态力量。然后我们会看看其他和牛类似的在消化道培养微生物的动物，其中有发生在消化道更后段的小肠的，比如马。我们会看到一些动物因为生理扭曲而不能保证共生营养的效率。

互助才能都有吃的

你们会跟我说，瘤胃的共生也太搞笑了，一部分微生物竟然被吞噬了！然而，我们要考虑到微生物在瘤胃汁里是如何繁殖的：唯一的细胞通过细胞分裂形成大量相同的细胞，这些相同的细胞形成一个个细胞组。牛既是微生物的庇护所，又给它们的兄弟姐妹提供食物。而一些细胞能保存下来是因为另一些细胞"自尽"给牛供养，那些留在瘤胃里的微生物继续繁殖形成和被消化掉的细胞一模一样的后代。这让"自尽的细胞"间接有了后代，它们的"自尽"给牛供养的同时也帮助了它们的后代！我们想想就会发现，相同的过程也发生在我们的身体里：大多数细胞（表皮的、血液里的等等）死而无后，但是我们的生殖细胞能产生和这些细胞基因相同的后代。当然，对于我们来说这在共生里是新的机制，即共生一方的一部分被另一方吃掉……是为了让"它自己"更好。

其实，牛给瘤胃里的微生物群落竭力提供植物原料，在长时间的咀嚼中保持供给，只是表面上看不出动静。这就是反刍，每天持续 8—10 小时，反刍动物因此得名，包括其他的牛科动物（比如野牛），鹿科动物（比如马鹿和狍），山羊、绵羊、长颈鹿和羚羊。反刍过程中，回流的机制（注意观察其脖子下部）把一部分混着草和微生物的瘤胃汁送回动物的嘴里。咀嚼时，牛把碎草再弄碎，增加其和混在一起的微生物的接触。牛每天咀嚼 3 万次，咀嚼肌消耗掉从食物获得能量的 1%。下次你吃牛脸肉的时候，别忘了是共生让你能享受这么好吃的肉。

反刍也混入了一种大量分泌的唾液，把重瓣胃吸收的水分再带入瘤胃：每天有 100—200 升水被这样带回瘤胃里。瘤胃在发酵时升温，这个混合过程能给它降一点温；它也可以混合水和碎草，在 85% 是水的瘤胃里，碎草倾向于浮在水面。瘤胃壁的收缩（每分钟一次）帮助水和草实现混合，不仅搅拌了所有的物质，也把气体送出体外。反刍过程中，唾液带来磷酸盐和尿素等碳酸盐，中和发酵产生的酸。我们通过排泄作用将这些废物排出，而牛和我们不同，不通过尿液将它们排出：牛将废物分泌在唾液里，给瘤胃里的微生物群落"施肥"！反刍后，牛咽下唾液，把掺入唾液的这一小组微生物送回瘤胃微生物的大家庭。反刍也能让牛在找到草的时候将其迅速吞下，把咀嚼步骤推迟，这对野生牛躲避捕食者有帮助。

瘤胃里的微生物利用草和尿素，每天生产 1—3 千克的蛋白质，这些蛋白质再由牛消化。微生物还会加入植物中少见的维生素（比如维生素 B 和维生素 K），让牛可以"健康"吃素（而我们人类吃素的时候则需要营养补充剂）。因此，反刍是一种培养微生物并为动物准备营养大餐的艺术。

然而，就像下面这个故事所说的，微生物的功能不仅仅是营养供给方面的。我们经常种植豆科的小灌木，前一章讲过，由于共生，它们的叶子富含氮，因此可以改善反刍动物的营养。在热带地区，来自中美洲的小灌木银合欢就是一例。奇怪的是，当它被引入澳大利亚时，对当地的牲畜表现出毒性，尤其是对山羊。原来，它富含生物碱——含羞草酸，被山羊消化后产生的衍生物会引起脱毛、甲状腺失调、生长延缓和生育力丧失。然而，这种分子一般对牲畜无效。为了弄清楚这个悖论，20 世纪 70 年代，一位澳大利亚研究员雷蒙德·约斯去了夏威夷和印度尼西亚，因为在那些地方种植银合欢和将其用作饲料都没有问题。他把印度尼西亚牲畜的瘤胃汁转移到澳大利亚牲畜的身体里后，它们恢复了对含羞草酸的抵抗力：因为当地没有银合欢，引入澳大利亚的牲畜丧失了能抵御含羞草酸的细菌。对于当时的生物界来说，约斯的操作很外行，他应该是自掏腰包付的旅费……不过，凭经验把瘤胃汁从一个动物移植到另一个动物身上却是古法：从 18 世纪开始，我们就给患厌食症或者不再反刍的反刍动物进行这样的移植手术。该方法如今还常被饲养者采用，这证明在我们知道接种的是什么之前，经验论就已经知道要接种了。

20 世纪 90 年代，我们分离出负责分解含羞草酸的细菌，其实它是以含羞草酸为养料的。为了纪念约斯，我们把它叫作约氏联合菌。这种以毒素为养料的细菌在瘤胃里不是个案：产甲酸草酸杆菌以草酸盐为食，草酸盐是植物的常见成分。它让大黄有酸味，干扰钙、镁和铁的吸收，让它们留在小肠里。一般而言，瘤胃里的微生物没有把植物毒素全部分解，不过是让它们不产生作用，就像生成氰化物的化合物，微生物就这样把毒留给了自己……保护是相互的，这些微生物大部分时间不能忍受氧气，在瘤胃外不能生存。

由此可见，牛所需营养主要依靠发酵产物和消化共生微生物，共生微生物在瘤胃里受牛的保护和供养。把牛理解为微生物消费者即可解释饲养者的一些行为逻辑。例如，有时我们认为把肉厂残余的肉骨粉给牛吃是"违背天理"的，因为牛吃草。当然，如果肉骨粉因为疏于管制（在英国撒切尔时期奉行极端自由主义）做得不好，没有充分加热，会造成卫生事故，比如我们知道的疯牛病。但是从技术层面来说，只要肉骨粉是卫生的，就是废物再利用，而且其实从 19 世纪开始人们就这么做了！既然牛消化微生物，我们就应该知道什么适合这些微生物。这些微生物以草或其他微生物为食，对于纤毛虫来说，吃其他微生物，这让它们有肉食性动物的样子……此外，如果可以，反刍动物会食用动物蛋白，将其中的氮加到唾液尿素中，成为"机会主义者"：如果产奶需要很多的氮资源，牛会吃自己的胎盘；鸟类学家知道，鹿科或驯养的反刍动物会吃雏鸟。

牛的生态奇迹

在非洲、欧洲和亚洲，牛亚科动物被大量驯化，因为它们可以吃许多不同的植物，生物量的收益很高。让我们来看看这个高收益的概念。当 A 以 B 为食，收益一般在 10% 左右。10千克的草，换来 1 千克的牛；10 千克的牛，换来 1 千克的人。原因有两个方面：首先，一部分的 B 没有被 A 吃掉（没有被吃掉的或者最后排遗到牛粪里的草，又如我们盘子里的剩菜以及我们的粪便）；然后，一部分的物质到达体内后不被用于生物量，而是被用于呼吸获取能量(呼吸把废物以二氧化碳的形式排出)，用于代谢和活动（尤其是等待下一次进食）。简而言之，B 的90% 被 A 抛弃或者转化成了能量，只有 10% 转变成了 A 的生物量。因为牛吃细菌，而细菌吃草，所以它的 10% 的收益是基于细菌，也就是……吃进去草的 1%！当牛消化的是纤毛虫时，这个数字更小，因为纤毛虫吃的是细菌，即牛对于吃进去草的收益是 1%！

反常的是，计算表明 10 千克的草可以换来 1 千克的牛：如果我们相信它是植食性动物，那么这很正常，但是当我们已经知道它怎么进食后，这就奇怪了。老实说，微生物在自己周围释放消化酶，比我们浪费得少，但是它们较好的收益（可以到30% 甚至是 40%）不能被完全解释。而共生，特别是牛和微生物间建立的关系，给这个反常的收益提供了三个解释。首先，按照共生的定义，双方已经共生在一起了，因此，不需要消耗能量让吃者靠近被吃者，而牛去吃草不算在内。牛躺着打瞌睡就平和地完成了反刍，体现了这一巨大节省：它不需要追着微生物跑，牛和微生物这个集团获得食物只要"付"一次能量就行了！其次，因为把尿素和磷酸盐循环到了唾液里，牛把废物带回它自己的食物的生产过程中：这些废物不再是生物量损失，因为它们进入了食物。和微生物配合的第三个形式是短链脂肪酸，由牛细胞利用它产生能量，实际也是在废物利用。它本来是微生物形成生物量过程中的废弃物（发酵后的废物），却成为牛的食物来源，也就是说牛翻了微生物的"垃圾"（是那90%废物的一部分）！至于氮，唾液中尿素的一部分其实来自微生物发酵产生的氨，氨在肝脏中循环形成尿素。

以微生物产生的废物为食特殊得可疑，结合间接利用自身循环的废物，牛似乎翻了不少"垃圾"才达到理论上的10%的收益，当然，没有算得这么细。因为共生的高能效让牛和植食性动物有一样高的回报，我们把牛当植食性动物驯养就不足为奇了。此外，许多生态系统的能效低，需要靠机械化和施肥才能有回报，从我们的祖先开始，最不具污染性的获利方式其实是养牛，如果环境贫瘠一些，就养羊。唯一的问题是：反刍动物（或者应该说是它们的微生物群落，我们会在第十章简要地谈这是如何实现的）释放甲烷，这是微生物发酵的产物，它们自己用不上，每天却能生产500升……家牛贡献了人类活动甲烷排放的三分之一和人类活动引起温室效应的 5%。此外，甲烷也是牛代谢的损失，我们现在也在寻找通过调节牛的饮食限制甲烷的产生的方法，比如增加谷物和富含蛋白的植物。

在牛身上，营养功能在双方共生生态中高效完成，也为互相保护不遗余力。

微生物在胃前还是胃后？

许多动物有消化植物细胞壁的能力，是因为在消化道之前（上游）培养了细菌，就像牛一样，培养细菌的器官被称为"前胃"，因为微生物出现在胃之前。当然，所有的反刍动物都是前胃发酵动物：牛、羊，还有森林里的鹿科动物（春天的时候，生长中的植物富含糖类，狍的瘤胃发生酒精发酵让它们兴奋，这能解释它们的行为异常和偶尔的不怕生）。除了反刍动物以外，它们的近亲骆驼（如大羊驼、羊驼、单峰骆驼、双峰骆驼）和河马也是前胃发酵动物，尽管它们不反刍。上述这些动物都属于偶蹄目，其共同的祖先可能已经是前胃发酵动物了。鲸也属于这一目，但是须鲸的发酵室只占它体积的 2%！这种情况下，它当然不是为了消化草，因为须鲸滤食浮游生物中的小型甲壳类动物，即磷虾。它们发酵室中的细菌能产生一种可以消化甲壳质的酶，因为甲壳类动物壳中的这种分子是加了氮的纤维素，难消化，起保护作用。须鲸应该是遗传了远祖的微生物群落，如今用它们来……剥虾！

除了偶蹄目，一些袋鼠、灵长目和贫齿目（如树懒）动物也有前胃消化功能。严格地说，它们不反刍，而经常把发酵室的食物返流再咀嚼一下，然后再次吞下。这一过程中，我们在一些树懒身上发现了一种有趣而复杂的共生，辅助氮和磷的供应：它们的毛上有细裂纹，通过毛细作用蓄水，让藻类得以安家，尤其是绿藻。这种溶液培养解释了为什么它们的毛是灰绿色的，这提升了它们在树叶中的拟态能力，以躲避天敌。它们厚厚的毛吸引了小苍蝇在里面躲藏和交配，还留下了粪便。这些粪便给藻类提供了氮和磷。树懒舔毛的时候能从这些共生藻类中获取更易吸收的氮和磷（主要是氨基酸），这很好地补充了它们的植物性饮食。

还有一种鸟是前胃发酵动物：南美洲的麝雉。在当地不同的语言里，它被叫作"臭鸟"，因为它体内微生物发酵的味道浓烈。它的腹部很大，因为发酵室占了体积的30%，它也因此行动不便；它的羽毛有毒，用来抵御攻击，也被美洲印第安人用来狩猎。一些恐龙也可能是前胃发酵动物，比如用"鸭形嘴"吃叶子的鸭嘴龙和几种最早的陆地脊椎动物。

那其他植食性动物怎么消化呢？很少有动物是在体内没有细菌的情况下进行消化的：熊猫就是一例，它们只吃活细胞的部分（占植物干重生物量的10%），自行消化。它们的肠道也有一些细菌，可能也会消化一小部分纤维素——不会超过几个百分比。这种抛弃细胞壁的单独消化效率较低，需要消耗大量的活细胞组织：每天，大熊猫要吃大量的竹叶，相当于它们体重的 15%—40%（而牛每天只吃相当于其体重 10% 的草）。

但大部分植食性脊椎动物和吃大量植物的杂食性动物在胃的下游有细菌。这些细菌位于大肠前段（或者结肠）的一个憩室，称为盲肠，其发达程度不一（我们将在第七章再讲人类的盲肠，它极不发达，部分退化为阑尾）。在显微镜下观察小鼠盲肠细胞取样，会发现各种大小和形状的细菌，其密度让人惊讶。这种策略称为"后胃"，因为微生物出现在胃之后，它时常伴有长而体积大的大肠，里面也有微生物：牛的大肠只占消化道的 10%，而马的这一比例达到了 60%。

大部分的植食性脊椎动物有后胃共生的特点，比如两栖动物、蜥蜴、鸟类，还有几种鱼，历史上可能还包括大部分的植食性恐龙。许多昆虫也有这个特点，比如白蚁。杂食性动物的部分食物为植物，它们也有盲肠，如啮齿动物：盲肠在脊椎动物的进化过程中出现了不下 32 次！需要注意的是，因为所有动物（从我们人类开始）的肠内都有细菌，它们都有后胃发酵，哪怕盲肠的不发达限制了它的重要性和效率。还有，一些前胃发酵的动物也有一点后胃发酵（牛就是这样），也就是说它们还有盲肠，里面的微生物群落会接收一部分未能被前胃微生物和动物自己消化的食物。不过，我们猜想，在前胃发酵的动物身上，后胃发酵的存在没有那么重要了。

前胃发酵和后胃发酵的意义不同。后胃发酵的动物在微生物加入之前已经把易吸收的物质吸收，把最好、最多的部分留给自己，避免了微生物生物量转换的损失。它们尤其能吸收植物里的不饱和脂肪酸，而前胃发酵的动物一般无法获得它，因为微生物把它们转化成了饱和脂肪酸。在后胃发酵的动物体内，只有动物自己无法消化的部分经过胃和小肠后才会给到微生物。但是，后胃发酵的动物基本没有对食物毒素的防御功能，或者有也为时已晚。此外，后胃共生在消化植物时收益更低，因为没有反刍加之发酵时间较长，分解细胞壁分子的效率变低，所以动物要吃得更多。比较个头差不多的马和牛就很有说服力。马要多吃60%的植物，每天得咀嚼十个小时（牛不到八个小时），但是食物通过得更快，因为在瘤胃的逗留时间短些（马是三十个小时，而牛是五十个小时），消化道的容积也小些，因而马移动起来更灵活。这说明前胃发酵和后胃发酵两种方式都不完美，而这两种方式都能存在于植食性动物中。

在后胃发酵的脊椎动物体内，微生物在消化道（胃和小肠）的下游，这带来一个问题：动物如何获取它们的成分。有四种途径：第一种，微生物产生的酶让它们和宿主都可以吸收一些养料；第二种，一些微生物死去后会释放它们的成分和维生素到消化道里；第三种，一些成分会意外地或被当作废物从微生物体内跑出来，例如，动物可以利用发酵产生的挥发性脂肪酸生成糖类和脂类（人类就是这样，见第八章），哪怕这种能量来源由于缺乏大量发酵——与前胃发酵相比——没有那么重要。但是，我们猜测，后胃发酵动物体内微生物的大部分生物量都流失到了粪便里……这前三种途径不如前胃共生的微生物消化有效。

那是不是真的不能"吃"这些微生物呢？——第四种取得微生物成分的途径就是以它们为食。

某种粪便的高光时刻

一种不太可口的方式的确可以利用微生物产生的生物量：吃粪。显然，在我们看来这很恶心，因为人类的粪便没有太多营养；它们还有可能让我们生病，因为体内所含细菌过多，会影响消化道功能。因此我们避开被粪便感染的食物、饮用水，甚至是浴场。但是动物吃粪是和肠道微生物群落一起演化而来的，它们已经适应了这种方式，不会有生病的风险。此外，它们也不是什么粪便都吃，会避开只剩无用物质的那些。

最有名的例子是兔子。它们的球形粪便很常见，是由很难再利用的干的植物残渣组成的；偶尔，它们会排出颜色更深，更柔软、更小颗的粪便。我们看不见它们，因为兔子直接把它们吞了，完全不咀嚼。其实这些粪便的黏液中含有大量的细菌——每克不少于 1 亿个细菌！从营养上看，这比一般的粪便高多了，甚至比一般食物的平均蛋白质含量高 2—3 倍。这种特

殊的粪便其实是由盲肠排出的，称为盲肠便，而这种行为就称
为食盲肠便。兔子在早上排出盲肠便，此后不久，小肠就会分
泌大量的溶菌酶，我们已经知道，这种酶破坏细菌细胞壁，让
细菌释放细胞内含物。许多啮齿动物，如大鼠和小鼠，也让盲
肠便经过消化道两次，来消化其中的微生物。盲肠便通常是有
一定形状的，但是世界上已知最大的啮齿动物——南美洲的水
豚——会直接舔舐肛门排出的富含细菌的黏稠物。

因为盲肠便通常在消化道出口被重新利用，我们可以实验
性地不让动物吃它，为此我们给它戴上颈圈，不让它接触盲肠便，
我们在金属网上面喂养它，盲肠便会直接掉出去。在大鼠身上，
蛋白质获取率下降，如果我们不补充营养，许多物质会出现缺
乏的情况：维生素 H、维生素 B_2、维生素 B_6、维生素 B_5、维
生素 B_{12}、维生素 K，还有叶酸……由此可见，吃盲肠便获得了
更多的蛋白质，也可以把微生物当作营养补充剂来用——盲肠
便是名副其实的维生素片剂！某些物种的成年个体会把粪便让
给幼小个体，一方面是为了补充营养，另一方面是让它们能有
适合的微生物群落，比如六岁以下的马和某些幼年鬣蜥吃成年
个体的粪便……

填充盲肠和形成盲肠便主要有两种机制，我们暂把它们称
为"冲洗"和"分离"。"分离"是指小肠壁折叠将盲肠上游一
分为二，较小的一侧是从消化道提炼出的细菌黏液，消化道内
的主要物质流向较大的一侧，形成正常的粪便。细菌黏液流入

盲肠，盲肠不时排空到大肠，形成盲肠便。这种分离富含细菌部分的运作特点，许多啮齿动物都有，有袋类负鼠目动物也有。

"冲洗"是指盲肠便从下游回到盲肠内。肠壁肌肉蠕动让粪便成形，把它们推向肛门。同时，力度和频率不一样的反向蠕动让粪便脱水，把挤出的富含微生物的液体带回上游，尤其是带回盲肠。水分在盲肠被重新吸收，通过血液回到体内，参与下一次冲洗。盲肠间歇性地排空，成形的盲肠便在肠的蠕动下被推至肛门，而此时反向蠕动会暂时停止。这种冲洗粪便的方式存在于兔子、马和几种鸟类（鸭科和鸡形目动物）中。

这些鸟类的泌尿系统可以回收氮，鸟的尿液以尿酸结晶态被排入泄殖腔，这个开口也通向肛门。消化道的反向蠕动可以把这些结晶从肛门带回盲肠，途中经过消化道内其他物质（它们则被肠胃蠕动推到肛门），和牛一样，代谢物中的氮可以以蛋白质的形式被微生物回收利用，然后微生物会在盲肠便里繁殖。此外，许多昆虫的尿通过"马氏管"直接排在体内，这样体内的微生物群落就可以利用。

后胃发酵也产生气体，会通过胀气排出。由此我们可以用一句不太讲究的话来总结：前胃发酵会打嗝（打很多，因为发酵很充分），后胃发酵会放屁（一点点）。我们人类也不例外，体内充满了微生物（我们在第七章和第八章再讲），但是胀气或引发的味道都不是我们干的，只是细菌发酵而已……也可能产生甲烷。我们认为，当地球到处是后胃发酵的大型植食性恐龙时，其排放的甲烷使全球甲烷总产量增加了 3—4 倍，当下人类活动也产生这么多的甲烷！它被认为是造成温室效应的气体之一，可能造成了气温上升；在这里，我们再次发现，微生物的共生可以改变气候！

难以置信的体外瘤胃！！

和我们第六章要讲的昆虫相反，脊椎动物体外没有消化共生体，除了树懒身上的藻类。还有一个虚构的例外是鼻行兽，它们的鼻子类似螺旋钻，可以在木头上钻孔，以钻屑为食。按照 1961 年哈拉尔德·斯敦普克的描述，它们属于哺乳动物，即鼻行动物目，主要分布在 Hi-lay 群岛（太平洋上，发音为"哈伊艾伊"）。它们的特点是鼻子与众不同（名字由此而来，希腊语 rhino，意为"鼻子"），用来进食。然而，1956 年，这个群岛因为火山喷发被吞没（早于斯敦普克的研究发表）。但是几个物种（包括 *Nasoperforator leguyaderi**）大概是因为浮木的关系，漂到了太平洋另一个岛屿——桑托岛。它最近被我所在的博物馆以"严谨"著称的同事弗朗兹·于里扬和吉悦姆·乐观特"发现"。

他们给我的团队送来的鼻子标本显示，有非常多样的原生

---

* 这是 2012 年愚人节法国国家自然历史博物馆发布的虚构物种。——译注

动物和细菌。它们被分泌的黏液供养，在鼻子外面形成了极其腐臭的黄绿色覆盖层。它排放的尿素及其衍生物和其他细菌代谢物导致了浓烈气味的产生。尽管它个头非常小，但这气味可以让远处的动物察觉它的位置。这些微生物群落覆盖在木屑上，进入动物体内后，消化纤维素，溶解木屑。其中有"发现"新的微生物种，为了纪念其中一位发现者，我们把一种原生物命名为 *Trychonympha lecointrei*。

总的来说……

植食性动物很少是孤单的。对于植食性脊椎动物而言，它们消化道的微生物群落作用重大，既能消化植物的复杂分子，又能补充营养，尤其是氮和各种维生素。这解释了为什么我们不能是纯素食主义者：我们体内的微生物不能给我们提供如此之多可以平衡素食的养分！前胃发酵时，微生物群落还能防御植物中有毒的成分。植食性脊椎动物的消化过程体现了动物和微生物的惊人配合，其中，动物既是环境本身，也是和微生物共生的直接参与者，通过供养和各种机制管理微生物的繁殖和发酵过程。

前胃和后胃的消化共生都是进化的胜利，因为80%的哺乳动物是植食性动物！植食性恐龙很有可能就是以共生的方式消化食物。事实上，被消化的主要是纤维素（还有细胞壁里和纤维素一起的其他复杂糖类分子），因为消化木质素需要氧气，而只要消化道里有一点点氧气，微生物立马就通过呼吸作用消耗了。我们将在下一章了解如何通过共生消化木质素。当然，所有脊椎动物都有消化道微生物群落，但是和植食性动物比，肉食性动物和杂食性动物的微生物群落要更单一、数量更少，例如我们将在第七和第八章讲到的人类。

我们在动物身上也发现了和菌根（第一章）、种子内的内生菌根（第二章）以及根瘤（第三章）一样的趋势：同样的共生在进化中出现在不同的物种里，模式和结构不完全一样，但是在整体的功能上相似。让我们以这重复的进化来作结，我们也称其为趋同进化。趋同进化不只是在共生中表现（比如，我们知道多肉植物能适应干旱，但它们属于不同种类），共生也有趋同进化的倾向。它告诉我们进化不仅仅是偶然。诚然，结构和功能的出现是偶然，适应环境与否是未知的。但能保留下来的就不是偶然的坚持了：偶然的突变提供了许多可能性，是自然选择优胜劣汰，留下了适应环境的那些。总而言之，我们观察到的都不是偶然，而是经过了非随机的选择的。适应环境的不同策略持续地进化出相似的功能和结构，即趋同进化——比如我们关注的共生类型。

消化道和根际是另一种趋同进化，它们的相似性没有那么明显但非常惊人。这两者各自对于动物和植物来说都很重要——它们都能从环境提取养分，并直接和环境接触。宿主在局部产生影响和变化，聚集许多各式各样的微生物群落，来帮助供养。这两者也很脆弱，因为它们把活的组织暴露在外环境中：两种情况下，微生物都能起到保护作用。同样地，消化道和根际都偏好同时有营养和保护功能的共生，它们也被病原菌觊觎。我们在第八章会就这组平行的功能展开说说。

最后，如果你觉得这些动物内脏的细节有些倒胃口，那么，请扪心自问，这是不是文化上的原因？我们在第七章和第八章再来重新审视这个反应，因为无视动物及其消化道内的微生物将带来风险和代价。我们已经开始总结下一章了：微生物帮助脊椎动物适应素食，但其实动物的很多适应都是和微生物相关。那现在就让我们看看几种水下的极端适应情况吧。

第五章

艰难环境的生存之道

微生物帮助动物适应海洋极端情况

在这一章，我们会去南部的海洋，会发现它们不如想象中怡人（如果没有共生）；我们会知道珊瑚在它们的生态系统中充当着植物的角色，会知道它们比其他动物更符合"植物—动物"的头衔；我们会知道在深海难以生活的环境中也有动物存在，而它们已经不像动物了，有时更像植物；我们还会知道一些植物的根里有贝壳！最后，我们会知道微生物如何为奇特的海洋动物开启自养适应模式……

南部蓝色海洋里的挨饿者……

海洋的颜色多变。我们喜欢热带海岛周围蓝色透明的海水，谁不想在那儿度假呢？然而，在法国的海岸地区，水更绿，而且通常没那么透明。这是因为一方面在我们这儿的海水富含由河川径流带来的无机盐和从岩石脱落的残骸；另一方面是菌根的关系（第三章）。这些物质让水不那么透明，也便于单细胞浮游藻类繁殖，于是海水的蓝掺入了它们的绿。相反地，因为远离陆地，南太平洋岛屿周围的海洋没有无机盐而呈蓝色，因为这里仅有水本身的颜色……形同生物荒漠。不管对藻类还是藻类的消费者来说，都没什么可吃的。

查尔斯·达尔文在乘坐小猎犬号环球旅行时，对观察到的珊瑚礁惊讶不已，并将其写在 1842 年出版的《珊瑚礁的构造和分布》（*The Structure and Distribution of Coral Reefs*）里。其中，他描述了一个以他的名字命名的悖论：尽管海水如其颜色所示缺乏养分，珊瑚虫却大量繁殖，其石灰石骨架形成的珊瑚礁蕴含大量的生物量。这也在没有沿海河流的大陆附近被观察到，比如澳大利亚的大堡礁：浅蓝的海水和大量的珊瑚礁。在这些珊瑚礁里，物种极为丰富多样，贝类、鱼类，还有甲壳类。珊瑚礁只占地球面积的很少部分，其形成的生态系统却容纳了 35% 的已知海洋物种！它产生的生物量不仅巨大，而且按单位面积算，每年它产生的生物量还是最高产的热带雨林所产生生物量的 1—2 倍。令人惊讶的是，珊瑚虫不能忍受大量的矿物质：达尔文已经认识到河流带来的物质消灭了珊瑚虫，正如今天人类活动造成的侵害是使珊瑚虫局部面临危险的因素之一。珊瑚虫在热带地区清而浅的水里生活，但是水如此贫瘠，它们是如何做到的呢？当环境变得营养丰富时，为什么它们会丧失竞争力？如何解释达尔文悖论？

回到珊瑚虫本身。它们属于刺细胞动物门珊瑚纲，由连续萌发出的小生物群体形成，每个小生物有一个口盘，周围有触手，身体有一层保护性骨骼。它们的繁殖促使珊瑚礁的岩石结构的形成。让我们把焦点暂时放在这些生物上：骨骼内是胚层，有两层细胞。内胚层里面是消化循环腔，占据了身体的中心，它的细胞上有金色的小点点。豆科根瘤细胞有细菌，相似地，内胚层细胞有单细胞藻类，在此也被装入了一个共生体膜里：这就是用于光合作用的内共生！

这些藻类的确可以进行光合作用，因为它们含有吸收光的叶绿素和类胡萝卜素。它们属于双鞭毛虫门，也是浮游生物的组成部分。它们大量存在于珊瑚里，占活细胞量的三分之一，每平方厘米的珊瑚有一到几百万个！其实不需要跑那么远去观察，我们沿海的许多海葵是珊瑚虫的近亲，它们体内也有藻类，它们的身体色彩绚丽，比如蛇锁海葵。在珊瑚虫的中心，这样的共生解释了达尔文悖论，因为藻类帮助珊瑚生存，反之亦然。

关于微生物和动物结合的第二部分，会用海洋里的例子补充我们对二者共生的认识，它们对动物功能的改变比植食性动物更多。在本章节，我们将看到珊瑚虫如何生活，如何通过藻类在贫瘠环境中自我保护。而且，它们不是唯一"借助"藻类光合作用的海洋动物。我们还会看到，在水下更深处有靠细菌养活的动物，海床溢出的流体给细菌供养，它们从大海床到沿海地带无处不在。这些例子告诉我们，不仅动物被共生深度改变，生态系统的形成也是共生的结果。

"勤俭持家"的共生体

在珊瑚虫细胞深处，有小的金色藻类。我们称之为虫黄藻（xanthelles，来自希腊语 xanthos，意为"黄色"，因为它们富含类胡萝卜素），它们为珊瑚虫提供了营养补充。它们光合作用产物的一大部分（根据物种不同，比例为 30%—90%）会转移到宿主细胞里，介于两次捕食之间……也就是说非常频繁，因为周围无食可捕。内共生藻类没有细胞壁，宿主细胞释放的未知因素让虫黄藻的细胞膜可以渗透。于是虫黄藻释放出糖的衍生物丙三醇、脂肪酸和光合作用的其他产物。这为宿主提供了至少一半的能量，所以某种意义上说，宿主间接地进行了光合作用。正因为这点，它才属于清澈的海水……我们这里的海葵可以随波逐流换地方吸附，虫黄藻让其吸附在水更加清澈的地方；这种性质在没有虫黄藻的海葵身上不存在，是一种基础但非常合理的行为改变形式。

偶尔，它们也可以捕到一些小型猎物，这些猎物能带来蛋白质、磷、硫化物，都是动物所需……也是虫黄藻所需。其实，珊瑚虫细胞代谢产生的废物没有被排出体外。如果通过实验清除虫黄藻，珊瑚虫将和你我一样，排出含有氮和磷等废物的尿。然而在共生里，这些废物不再被排出，而是进入虫黄藻，成为肥料！作为回报，虫黄藻产生了宿主细胞可以利用的氮分子和磷分子，比如氨基酸。有人认为光合作用产生的氧气有助于呼吸作用，但更有可能的是，多余的氧气会带来压力，所以没有虫黄藻的珊瑚虫和海葵有很发达的抗氧化功能。不过，代谢的另一废物——动物呼出的二氧化碳——促进了虫黄藻的光合作用。

以为离开消化道就告别了粪便和废物，读者又将为（非常）美丽的南太平洋中突然出现尿液和呼吸的废物而感到痛苦！这种交换解释了另一种共生的作用，即海葵或珊瑚和小丑鱼的共生。这种鱼生活在能引起人患荨麻疹的海葵触手间，以它们的粪便为食；相应地，小丑鱼游动时排出的尿液被海葵的触手回收，给虫黄藻提供矿物质——氮和磷！听好了，除了方式有点粗糙，珊瑚共生（或者小丑鱼共生）是一个回收的小奇迹，特别适合在贫瘠的环境中生存。所有进入珊瑚共生体系的物质就不再被排出了，它们被虫黄藻和宿主循环往复地利用。

就这样，珊瑚虫一点点地积累环境中稀少的资源，然后不再释放，在它们的生态系统中聚集了丰富的资源。回收废物，觅食成本消失（即变成共生后，动物不再需要为食物奔波），这是我们已经在前一章牛的身上看到的适应贫瘠环境的特点。达尔文悖论的答案竟然是这个共生，它建立了珊瑚生态系统，在一个本应没有生机的地方。

珊瑚，植物的模仿者！

在珊瑚虫所在的生态系统里，它们的确是陆地生态中植物的对照物：产生生物量，然后被其他物种吃掉。它们和陆生植物惊人地相似：一方（珊瑚或者真菌）在氮和磷稀少且分散的环境中将它们汇集，而另一方为双方进行光合作用。只是它们的外"包装"变了，一边是植物的，另一边完全是动物的。不仅如此，在两种情况下，共生都能保护双方。对于珊瑚，虫黄藻被保护于细胞深处。它们都已经没有了能自我保护的细胞壁，这层厚膜在它们独立或者实验室分离培养时，起到定型和保护的作用：宿主细胞保护它们，避免经受撞击、袭击、毒素和外界的捕食者的威胁。珊瑚虫和海葵还经常产生化合物，它可以保护双方，避免强光和强紫外线，这是生活在明亮环境要面临的情况——在一些时间段阳光对藻类来说过强了。这种避光化合物保护让人想起地衣中真菌产生的光保护物质。在这两种情况中，一些波长的光被反射，另一些被吸收后以热能释放，环境中的有害或者诱变辐射被净化。

同样地，虫黄藻促进绝大多数珊瑚和几种海葵都有的保护性骨骼的产生。它们的光合作用将二氧化碳从水中的碳酸氢根离子（HCO₃-）中释出。因为钙离子的存在，释出二氧化碳的副产物石灰石：

$$2\ HCO_3\text{-}（可溶于水的碳酸氢根）+ Ca^{2+} \rightarrow CO_2 + CaCO_3（石灰石）$$

这刚好和你们为了除掉水垢，把富含二氧化碳的饮料（气泡水就行）倒在水池里发生的反应相反：

$$CO_2+CaCO_3（石灰石）\rightarrow 2HCO_3\text{-}（可溶于水的碳酸氢根）+Ca^{2+}$$

简单地说，当我们把二氧化碳加到水里，石灰石溶解；当我们把二氧化碳从水里分离，石灰石形成。除了虫黄藻光合作用的塑造，珊瑚虫自身的机制也在建造共生的保护性骨骼，确保骨骼大概和阳光的朝向一致。珊瑚共生建造了珊瑚生态系统，不仅提供食物，还帮助塑形！让人想到树林里的树……我们把这些物种称为"建筑师"，因为其他物种居住在它们构建的环境之中。在创造新的生态系统上，这又似乎可以和菌根共生做比照。

这些动物因为共生可以进行光合作用。我们在这里又看到了"混合"，像第一章中既有光合作用又有菌根真菌供养的一些植物:共生联盟自己产生一部分含碳的养分,再"借"一部分(我们称其为混合营养)半光合、半捕食。一些珊瑚呈树状或者分枝,不难让人联想到植物,因为和植物一样,它们也在寻找光源。它们的身份本来是动物,功能上又多少有植物的特点,这给我们的前辈制造了难题。17 世纪时,植物学家加斯帕尔·博安说它们是"植型动物",是既非动物又非植物的第三种存在,同时具有动物和植物的特性。1824 年,让-巴蒂斯·博理得圣文森(1778—1846)给它们和海绵动物创造了单独的界,名字很好听,叫 Psychodiaires(词源上的意思是"双灵魂的物种",即动物和植物)。我们在第九章会再讲到这种共生向光合作用的"蜕变",因为在植物出现时内共生也扮演了角色。

这种共生有适应具体环境的特性:虫黄藻有不同类型,每种适应不同程度的光照。珊瑚的部位不同,各种虫黄藻的占比就不同,这是为了适应具体的环境光线。当我们把阴面移到阳面或者反过来,我们看到虫黄藻占比会发生改变。虫黄藻整体上根据收到的光线进行调适,并会随环境改变而进行动态调适。这种灵活性可以导致一种极端现象,叫"珊瑚白化":在特定的压力下,珊瑚虫会排出所有的虫黄藻,然后失去颜色。有时,珊瑚虫可以在白化后存活,因为找到了更加适合的藻类,但这种现象通常说明它达到了生理极限,正面临死亡——它的白色骨骼会留下来。珊瑚白化现象越来越频繁,因为水的化学改变和温度变化,这和当下全球变暖有关。这些改变让相对恶劣条件下，珊瑚共生发展形成的平衡面临危险。全球将近 10% 的珊瑚虫已死亡，存活的一大半都面临危险……

植物—动物：活在阳光下

和前面已经分析过的共生一样，其他动物也在趋同进化中向这个方向靠拢。首先，某些海葵和池塘里的珊瑚虫近亲绿水螅会与绿球藻形成内共生。在淡水中进行光合作用的内共生里，这种绿色藻类是最常见的。这种共生对于藻类来说是一种趋同进化，有多方的参与，但是相似的共生也关系到许多不同的动物。它们在绿球藻或者虫黄藻的帮助下可以间接进行光合作用，因而有时被称为"植物—动物"：本来是动物，为了养分借助共生体模仿植物。依旧是珊瑚生态系统中的例子——砗磲。当这些巨大的贝壳类动物打开贝壳，会放出鲜艳的肉质膜。其实，肉质膜中含有虫黄藻，它们在光合作用中会促进石灰石的形成，所以贝壳可以变得非常重（可以重达 200 千克），以前在教堂被用作圣水池 *。有一种双壳纲动物已经绝迹了，它是固着蛤。它生活在侏罗纪和白垩纪之间，因为贝壳很厚且生活在浅水，因此可能和藻类有关：它们的一瓣壳是巨大的锥体，上面的另一瓣壳像个巨大的阀门。我们推测，它们会打开上面的壳，让藻

---

* 在法语中，砗磲的俗称和圣水池是同一个词（"Bénitier"）。——译注

类进行光合作用。另一些现存的双壳纲动物体积要小很多，属于脊鸟蛤亚科。它们不再需要打开贝壳获得阳光，因为贝壳上一些区域的石灰石结晶细腻，呈透明状，虫黄藻都聚集在这个动物温室的窗子下面！

离我们再近一些的是沙滩上的卷身罗斯考夫蠕虫，它们是不到 1 毫米长的绿色小扁虫，经常出现在退潮的流水中。这些植物—动物会在感受到捕食者震动时迅速躲到沙下，或是自发有规律地躲避涨潮。在它们的组织细胞里有绿球藻，只要生活在沙滩上就可以进行光合作用！它们属于无肠纲，无肠纲的小虫们都是植物—动物：单细胞藻类为它们供养，它们以表皮获得的无机盐和代谢产生的含氮和磷的废物做交换（似曾相识）。因此，成年的无肠纲动物（Acoeles，该词来自希腊语 a，意为"没有"，和希腊语 koilos，意为"腔"）没有消化道。它们不再是混合营养的，而是完全依靠光合作用。如果哪天你在沙滩遇见了卷身罗斯考夫蠕虫，靠近它们你会闻到强烈的气味，那是藻类产生的防毒化合物——二甲硫醚，它让蠕虫和藻类不可食用，让共生体得到保护。

鲜有植物—动物体积大还能动，因为这种共生体的供能有限（在物质贫乏的环境中，我们经常会找到植物—动物）；此外，它们通常很薄，这是为了让光线通过，便于藻类进行光合作用。但是有一个例外，其功能有点不一样：美洲的斑点钝口螈产的卵含有单细胞绿藻。我们认为，藻类光合作用产生的氧气和其他代谢物对胚胎发育有益。

　　非常多的单细胞生物在体内收养了藻类，但它们的出现和趋同进化无关。它们也生活在贫瘠的环境中，共生体的回收利用至关重要，我们只举三例。在热带贫瘠的水域中，水面悬浮着的一系列住着藻类的单细胞生物中，有我们的第一例——等辐骨虫。1.7亿年以来，这些小的单细胞生物大量生活在贫瘠水域，它们有一个小而装饰精美的硫酸锶骨骼，偶尔能捕获其他浮游细胞，其余时间靠体内棕囊藻的光合作用生存。第二例是在不太深的热带水域，有彩色的大沙粒：它们是小的变形体，体内有各式各样的藻类——绿藻、红藻、虫黄藻、硅藻……总而言之，像节日般多彩。光合作用给这些变形体建造了一个钙化壳，让其看起来像沙粒。这些生物和货币虫、粟孔虫一样属于有孔虫门，形成了活的沙，直径可以超过1厘米。地质学家对它们很熟悉，因为钙化壳的累积形成了岩石，其中一些被用于建筑：胡夫金字塔就是用四千万年前形成的货币虫石灰岩建造的，巴黎的大型建筑如卢浮宫和巴黎圣母院，则是用了同时期的粟孔虫石灰岩。这些彩色的沙和珊瑚一起形成了石灰岩，钙化作用的确是共生的一个特色。本书会以约讷省的峡谷作结，那里的石灰岩是由晚侏罗纪的巨大珊瑚礁形成的。

　　最后一例带我们回到我们法国的海岸。罗斯科夫生物站的研究员们发现了数量惊人的大型浮游生物，它们属于放射虫，有一至几厘米大！我们知道放射虫大多很小，没见过这么大的，它们被装在一个二氧化硅保护壳内，与藻类形成内共生。到目前为止，对它们的研究还很有限，因为它们透明而脆弱，无法对其进行完好无损地采样；然而，它们的 DNA 出卖了它们，谨慎研究后人们发现了它们的丰富多样（占海洋生物总量的5%！），覆盖世界各地，包括我们的海岸。这些放射虫和大量藻类共生，在贫瘠水域有优势。我们还可以举出更多的单细胞例子，或者是有藻类内共生的各种大小的生物，这种内共生在进化中出现了几十次，我们将在第九章了解它的重要成果。

深海里也有细菌的扶持

让我们前往深海继续海洋之旅。这里远离光线，只有来自海面零星的垃圾。远离大陆的海面也没有什么生机……总而言之，这里没有什么可吃的，因此深海的生物通常也是罕见的，生物量很贫乏。1977 年，在加拉帕戈斯群岛附近海域，深潜器被派往深海探索洋中脊。这些海底的山脉会在海洋中部通过熔融产生岩石，形成表层的地壳，构成深海。事实上，一次地质探险成了一次意外的生物发现之旅，接着这一发现在所有海域的洋中脊重复出现，在当时震惊了全世界。

在无尽的黑暗之中繁衍着异常丰富的生命，生物量充足，每平方米拥有 10—100 千克不等，而我们原以为它是沙漠，生物量可能为其实际的百分之一……所以，我们称其为海底生命绿洲。除了鱼类、甲壳类和大型贝壳类，巨型管虫是最有名的生物，它们长而白的管状躯干固定在海底，上面是鲜红的鳃羽，里面充满了血红素。海底的热液循环也让绿洲更加壮观，因为热水从海床开口喷出，形成白色烟柱和黑色烟柱，颜色取决于遇到深海冷水（4摄氏度）沉淀析出的矿物质。渗入地壳的海水被加热，和海底岩浆房接触获得各种气体，烟柱上升过程中，因为高温而夺取了岩石中的许多化合物。烟柱中有大量的硫化氢、氢气、金属还原剂（如亚铁），还有甲烷。

对于一些细菌来说，这些热液绿洲非常适合生存，因为这些物质可以被海水中的氧气氧化，这个过程产生能量，细菌可以利用能量将二氧化碳转化成有机物，相当于黑暗中的光合作用。实际上，我们已经在第二章见过这类细菌，它们生活在海边泥滩植物的根系里，靠的是无机化学反应。这些"化能"细菌的能量来自一种无机呼吸，在形成烟柱的周围岩石上形成了生物薄膜。但是，从能量角度来看，这种代谢的回报很低（例如，比光合作用的低很多），因为它经过许多步骤，需要大量的无机物，但生成的生物量相对有限。这些生物薄膜之薄就是证明。既然这些细菌产生的生物量有限，周围的大型动物又靠什么为生呢？

让我们来观察一下热液绿洲动物繁盛的代表——巨型管虫。它们高度为1—3米，每平方米的数量为150—200个，像一床床地毯。它们属于动物生长速度最快的那一类，2—3年就能长到成年的高度……但是，它们的身体让人困惑，因为没有消化道！在它的体内有一个大的组织器官，每个组织细胞内住着大量细菌，它们被包在一层膜内，形成内共生，就像虫黄藻或豆科植物根瘤里的细菌。这个大型器官被称为营养体（trophosome，来自希腊语 trophein，意为"营养"，和希腊语 soma，意为"结构"），有大量细菌，占管虫体重的 35%。这个特殊的器官让人们长久以来不知道巨型管虫的准确分类，相比形态上的相似，它的分类是通过基因比对确定的，它们属于环节动物门，类似蚯蚓和血虫。

细菌通过化能合成为巨型管虫提供养分，同样地，巨型管虫也为它们提供养分。细菌利用氧气氧化硫化氢，用其能量和二氧化碳产生糖分——给自己，同时也给巨型管虫。巨型管虫不但以细菌产生的化合物（琥珀酸、氨基酸［如谷氨酸］）为食，它的细胞还可以消化一些细菌。这有点像我们对牛羊牲畜的利用：挤奶为了奶，屠宰为了肉！它头上的"红羽毛"是和海水交换的器官，用这个充满血红素的鳃提取细菌需要的气体（氧气、硫化氢和二氧化碳），然后把它们运送到营养体。我们（在关于把植物放在花瓶里的时候）说过，硫化氢浓度太高时有毒：在巨型管虫体内，这种气体在血液里和血红蛋白结合，使其不是游离状态，不然会损害组织。巨型管虫的血红蛋白比其他动物的要大，增大的部分是用来固定硫化氢的，因此气体在运输中没有伤害性。血红蛋白把混合气体（硫化氢和氧气）运到细菌处，细菌进行代谢，释放能量。硫化氢氧化产生的硫被血液带回鳃羽，释放到体外。

　　和珊瑚一样，动物呼吸产生的二氧化碳被循环利用；此外海水中的二氧化碳也被提取，为的是给细菌产生糖分提供最佳条件。海水本身并不具备条件让所有必需物质集中浓缩，共生让化能合成细菌比在生物薄膜中更加高效。巨型管虫的鳃羽采集海水中的硝酸盐，细菌用其来生成氨基酸，供给双方。这里，我们再次看到和前一章植食性动物类似的互相营养模式，但是这里动物的形态和营养的改变更多；和一些植物—动物一样，它只提取水溶性分子。至于对贫瘠环境的适应，它的机制和珊瑚虫与菌根的组织方式类似：一方（动物或者真菌）集中环境中分散的资源献给另一方（细菌、虫黄藻或者植物）；另一方生成糖分，为共生体供给能量。在海底生命绿洲里，资源集中促进了细菌的生长，这远远超过那些直接从水里获取资源的游离细菌。我们再次看到了牛和珊瑚虫具备的两种机制：废物利用（在这里，特别是动物呼吸产生的二氧化碳）和共生对动物觅食能耗的限制（像珊瑚虫一样，定点生长）。

带有细菌代谢的动物

　　化能合成细菌的呼吸作用也具备保护动物的特点，使其免受黑色烟柱吐出物质的伤害。硫化氢、亚铁或者其他金属对细菌有用，对动物有害，不过它们的氧化形式温和无碍。化能合成细菌呼吸，将它们氧化的同时实际上完成了解毒！名为 *Alvinella pompejana* 的一种蠕虫生活在烟柱壁的洞穴里，那里的温度可达 80 摄氏度：在那里，它要经受有毒的流体和烟柱里不停坠落的富含重金属的结晶，这让人想起火山灰，因此这种虫被称为"庞贝蠕虫"。它看起来像是自力更生，有可能是它吃自己周围的细菌形成的生物薄膜；然而，它身上有大量丝状细菌形成的毯状覆盖物，厚度可达 1 厘米：它们有保护功能，可能可以防热，但肯定有解毒的功能，能氧化中和烟柱的有毒物质。对于这种虫来说，共生纯粹是起保护作用。

热液绿洲还有许多其他动物也是由共生供养：化能共生出现在不少于九类不同动物中，参与的细菌有十五种，印证了前面章节已经提及的朝相同共生的趋同进化。腹足纲软体动物鳞足螺又被称为"鳞角腹足蜗牛"，因为硬化的鳞片覆盖了它身体的柔软部分。这些鳞片和它的螺壳由不同的金属硫化物构成，将它们堆积结晶可能是用来防毒的。因此，它可以被磁铁吸住！表面的细菌促使有毒物质更快地转化成保护性的盔甲。它的消化道已萎缩，但是在食道附近有一个大的腺体，占体重的 10%，里面充满了内共生菌和化能合成细菌。为了养活它们，它有一个发达的鳃，和巨型管虫的鳃羽一样，与水进行交换；它还有一个巨大的心脏（占身体体积的 4%），可以给细菌输送大量的血液——一个为了细菌而有"大心"的动物。有趣的是，鳞足螺排出的是富含矿物质的粪便，这应该是腺体里共生细菌排出的废物。

共生在双壳纲软体动物中同样常见，其中一些动物的身长可达 20—30 厘米。它们的消化道已退化，而鳃超级发达，鳃细胞里住着内共生菌。想要了解双壳纲动物的鳃，只需要打开一只牡蛎：其中蓝灰色有条纹的薄片就是它们的鳃，长得有点像衬裙。当牡蛎在水下打开贝壳时，鳃会垂在水流中，让它获得足够的氧气用于呼吸。深海偏顶蛤是贻贝的近亲，它们大量聚集在营养丰富的水流旁，赭色的贝壳成堆：水流进入打开的贝壳，把养分带给鳃。这其中有一种叫亚速尔深海偏顶蛤，来自大西洋深海热液绿洲。它体现了共生的适应弹性，因为该物种在鳃里混合了两种不同的内共生菌，一种可以氧化硫化氢，另一种可以氧化甲烷。两种细菌的繁茂程度和海水里的相关成分呈正相关，这让它可以更好地使用占主导地位的资源。鳃里有细菌能避免把硫化氢带到体内。另一种叫壮丽伴溢蛤的双壳纲动物，它生活在水流不那么大的地方，它身体延伸出的"足"弥补了这一不足。足伸出贝壳，像贪吃的舌头一样，深入脱落的下部地层中，那里流动的液体富含硫化氢：足里循环的血液带走硫化氢，把它带到鳃里的细菌处。硫化氢附着在一种专门负责运输的蛋白上，避免组织细胞遭受毒害。至于氧气，它来自进入贝壳的流水，通过血红蛋白在血液循环。

这些动物的祖先兴许也以环境中获得的细菌为食，要么如腹足纲吃生物薄膜，要么如双壳纲通过鳃的帮助过滤水。也许是这种捕食关系让共生这样更紧密的联系可以重复出现。此外，虫黄藻和绿球藻也应该是这样演化而来的（我们将在第九章看到，未被消化的细菌通常是内共生的源头）。细菌如今住在动物体内而不是被消化掉，地位从猎物变成了有机工厂。相应地，动物开始不再获得气体或水溶性物质，以致它们的消化道经常退化（深海偏顶蛤还保留着，但是在壮丽伴溢蛤身上消失了）。它们在祖先认为极端且无法生存的环境下通过共生得以适应和得到保护，尽管供养让其外形变得无法辨认。

除了它们的适应，这些生物聚集资源，双方互相供养合作无间，生产了大量的生物量。它们和细菌生物薄膜一起给没有共生体的各种动物提供营养。我们可以引入海底绿洲的生态系统，如珊瑚生态系统一样，其他动物数量是次要的，首要的是这些自产有机物和自己给自己提供养分的细菌。

冷泉和有根的动物

海底探索发现了荒芜境地的另一个例外：那是1983年在墨西哥湾的一次潜水中发现的，也是共生环境。那里和热液绿洲的情况不太一样……然而，那里的生物多样性、生物量令人不可思议。在这些环境里，从海床渗透出的物质可以养活细菌，但是不能直接给动物供养。生态系统因这些冷的流体（低于40

摄氏度）而得名，叫"冷泉"，这个名字听上去有点忧郁。海底岩石产生的压力将流体排出，其中含有硫化氢、甲烷和其他碳氢化合物。这是由于一个海洋板块运动到了另一个板块的下面，就像巴巴多斯岛周围的情形，这又像亚马孙河或者密西西比河这样的大河河口处厚厚的沉积物，即只要是沉积物受到压力的地方。因此，冷泉深浅不一。热液绿洲一般位于1500—3500米的深度，而冷泉可以在任何深度，甚至可以离海面非常近。

　　这里的许多动物不再有消化功能，也不再捕食。这里的共生双壳纲很多样，它们来自至少五个种类：芒蛤科、满月蛤科（后文还会讲到）、囊螂科、索足蛤科和贻贝科。贻贝和深海偏顶蛤都属于贻贝科，深海偏顶蛤也在冷泉中生活。这里同样有巨型管虫（西伯加虫科），包括惊人的管虫（*Escarpia*）和羽织虫（*Lamellibrachia*）。它们和巨型管虫简直一模一样，无论是外形还是功能，只是它们生长得慢，因为冷泉的养分浓度比热液绿洲的烟柱要低——如果羽织虫长到了巨型管虫的长度，那是因为它们已经生活了一到两个世纪。

　　一个意料之外的适应能力优化了它们对硫化氢的采集。硫化氢对细菌有用，但是量不够多。在最开始的时候，哪怕用再大的力气，也无法把它们同岩石分开。后来，我们发现，这两种生物有根状的延伸，它们形成复杂的网络，远离岩石表面的躯干，钻进岩缝。这些延伸把在进入海水之前的岩石里的流体吸走，这就像植物的根！它会向着物质而去，有点类似于壮丽伴溢蛤的"足"，但是效率更高。这种特别的管虫和羽织虫为了寻找硫化氢而扎根于海底地层，还通过鳃获得海水中的氧气和二氧化碳（还有硝酸盐），它们更像植物，因为植物的养分同样来自两处：土壤和大气。

不仅如此，羽织虫属不仅拥有"根"的形，还有类似"根际"共生的细菌。这些内共生菌氧化硫化氢，产生的硫酸盐由羽织虫的"根"排放到岩石上。周围的细菌会利用硫酸盐进行代谢：硫酸盐代替了氧气，让它们能呼吸。这种代谢将硫酸盐转化为可以再次被羽织虫利用的硫化氢。

一般而言，据观察，沉到海底的废物可以在分解的过程中给共生的动物群栖息。船上掉下来的食物、鲸的遗体、河流带来的枯木在一段时间内会释放出化能合成细菌所需的流体。细菌分解生物量的过程没有氧气，释放出类似冷泉物质的化合物（硫化氢、甲烷），一旦和含氧更高的水接触，这些化合物会为化能合成细菌和宿主动物提供养分，这和深海偏顶蛤的例子一样。我们还认为，从字面上说，这些沉到海底的废物奠定了海底共生生物进化的道路，把海面或者沿海的动物带到了海洋深处，渐渐地，它们像踩着石头过河一样转变，转变过程中从环境获得了在此生活必需的细菌。

在离开海底之前，再来看最后一条虫吧——食骨蠕虫！它们利用细菌，从鲸遗体的骨头上获得养分，但方式和其他西伯加虫科动物的不一样。它们的名字在拉丁语里的意思是"食骨的"，但是我们也称它们为僵尸虫，因为它们没有眼睛、嘴巴和消化道，只有一个用来呼吸的鳃和大量类似根的枝形物。枝形物钻到鲸的尸骨里，通过分泌酸分解骨头。这些深入骨头的"根"含有各种共生菌，帮助消化，尤其是提取骨头里混杂的复杂蛋白质。

在离我们稍微近一些的沿海泥滩，和化能合成细菌结合的双壳纲动物存在于富含有机物的沉积物里，如红树林、沿海淤泥（前文已经提过）和海草。最后一种是实实在在的海底草原，长满水下植物，比如大叶藻和海神草，地中海边的人对它们在海岸的残余很熟悉。这些草中生长着许多不同的动物，尤其是身处幼年阶段的动物。例如，海马就生活在这里。海草扎根的淤泥细腻，富含有机物。淤泥里的厌氧菌和鲸遗体里的一样，新陈代谢释放出对根有毒的化合物（硫化氢、亚铁……）。这些化合物为化能合成细菌供养，不论是游离态的还是和小型双壳纲满月蛤科动物内共生的。但是共生牵涉植物：我们在第二章已经谈过，在淤泥里根际的化能合成细菌如何与来自根的氧气反应，一边解毒一边供养。在众多海草下面，类似的共生关系在海草和满月蛤间建立。植物不但通过根和茎的细胞间隙提供来自海水的氧气，还通过叶子的光合作用提供氧气。有了氧气和沉积物中的硫化氢，根际满月蛤将硫化氢转化成对海草无害的硫酸盐，为此化能合成细菌供养，从而迂回地为自己供养。实验表明，根际双壳纲动物与植物改善了双方的生长，原因其实是第三个共生体——藏在满月蛤科动物内的化能合成细菌。

总的来说……

　　在不友好的海洋环境里，动物有看不见的陪伴。共生可以为它们大幅拓展可生活的空间，如贫瘠环境里的珊瑚虫和海底无用流体环境。在这两种情形下，同一种共生（和单细胞藻类或者化能合成细菌）在不同动物种类中形成，这些共生大概都是从进食开始的，因为它们的祖先很有可能以微生物为食直到有一天将它们"驯化"。换句话说，这些祖先获得了以俘虏的方式训练和培养它们的技能，不再需要以它们为食，而是通过它们产生的物质获取养分。

　　混合型的细胞甚至是混合型的器官出现了，比如营养体。这种混合型结构重新定义了动物：它们经常没了消化道，转为固定生活，由于不用移动，它们进而没了首尾的区分（比如，西伯加虫和巨型管虫一样没有头部）。因为有了这些微生物的陪伴，这些动物部分或完全具备了自养能力，即不需要（或者不太需要）从环境中提取有机物。它们因和微生物的结合获得新的特征，这是共生进化创新的一例。

　　它们对生态环境的影响和有菌根的植物征服陆地的描述一致。我们从以生物薄膜为主、零星小型动物为辅的生态系统，过渡到生物量富足、大型动物多样的生态系统，所有这些共生都帮助生态系统摆脱了纯微生物模式。我们观察到的影响有：让有生产有机物能力的一方和有汇集环境资源能力的另一方进行合作；共生效率高，因为动物不再需要捕食，还可以回收内共生体产生的废物；最后，双方之间有互相保护的作用。

　　让我们告别这和我们生活如此不同的异地，观察一下它们的适应过程是否处处适用。共生的适应性也悄然存在于我们周围陆地的许多动物身上。除了第四章已经讲过的植食性动物，我们现在来观察微生物是如何帮助昆虫实现如此惊人的多样化。

营养插件

昆虫世界里的微生物

这一章，我们会知道蚂蚁集体种植真菌而白蚁效仿它们；我们会发现三方共生，会知道昆虫能"造纸"或在真菌的帮助下摆布植物；我们会知道藏在昆虫体内的细菌和酵母菌帮助它们适应各种进食方式和生活方式，时而粗糙，时而非常专业；我们会知道一些微生物实际上是食物补给。最后，我们还会知道，和昆虫共生的真菌和细菌是如何专门化，直到失去自主能力以及它们的基因！

蚂蚁们的"高速公路"

熟悉美洲热带地区的人都知道这一幕：树叶和各色花朵的碎片在地面上摇摆，排成长龙前进着……凑近看，这些植物碎片其实是被一群昆虫举在空中，它们是切叶蚁！还有维护秩序的参与其中：大个头的工蚁有 1 厘米长，负责搬运植物碎片，小个头的兵蚁保驾护航。更特别的是，个头小于 1 厘米的会待在植物碎片上面。它们负责保护碎片，防止会飞的侵略者从空中袭击同伴，尤其是试图在工蚁身上产卵的寄生蝇。工蚁们首先从树和下层植被上切下叶子或者花的碎片——工蚁的上颚非常发达，"切叶"（leafcutters）直接成了它的名字。在法属安的列斯，它们被称为"木薯蚁"。那么，这些植物碎片是去哪儿呢？

队列众多，有时长达数百米，最后都汇集到蚁穴。路线越来越宽，越来越没有遮挡。在最宽的路线上，一些工蚁挖路堤，保障通行。到草地上，这些路线成了黑色的条纹，条纹因行进的蚁队而摇摆。因种类不同（爱特蚁族有 200 余种），蚁穴的大小不一。一些种类的蚁穴小到只有一个核桃那么大，一百来只都住在同一个房间；美洲切叶蚁属的蚁穴巨大，其中心区域为半地下的，直径可达 40 米，旁边的附属穴最远可达 80 米，整个蚁穴可达 6 米之深！里面住着以百万计的切叶蚁。穴道将各个房间连成一张网，房间里地是平的，拱顶挑高，和那些单间蚁穴差不多。叶子碎片就是在这些房间里被享用的……不过不是被切叶蚁们享用。

对于它们来说，植物有着和植食性动物（如第四章的牛）同样的问题，因为植物里除了细胞中的一小部分可以同化，大部分都是由纤维素和木质素组成的细胞壁，难以消化……其实，这些蚂蚁没有困扰：它们只吸取叶子里的汁液，补充饮食（我们待会会了解）。在房间里，"园艺师"小工蚁把碎片切得更细，然后放到一个白色的堆子上，那都是以前的碎片，上面长满了真菌。如此以往，新鲜的叶子碎片给真菌提供了温床，真菌的酶不仅会消化纤维素，也会消化木质素。碎片的再切割相当于反刍，增大了植物碎片和微生物以及它们的酶的接触面积。同样地，这里的湿度和氧气都能被调节：蚁穴的上方十几厘米处有些通风口，可以将高温少氧的气体排出。通风帮助了真菌对木质素的分解，因为这是一个氧化过程，需要大量的氧气；而反刍动物的消化道通风不够，因此无法进行这一过程。

蚂蚁们的"高速公路"只是蚂蚁世界消化共生看得见的部分。这和我们栽培双孢蘑菇是一样的：它们以堆肥为营养来源，而我们不能消化堆肥。

第六章也是动物和微生物结盟的第三部分，它主要讲述昆虫与微生物共生的多样性。我们将看到微生物怎样在昆虫生态里起作用：有参与社交的，如一些蚂蚁和白蚁；在大多数蚁类中，微生物只是在个体层面起作用。它们让微生物出现在最意想不到的地方，其营养来源之多样，有时也会让人意想不到。我们当然会看到微生物如何帮助它们获取营养，也会了解它们如何充当建设、防御或者攻击的工具。最后一步是，参与的细菌和真菌被昆虫改变到何种程度，以至于它们非常依赖昆虫，有时候，它们甚至成为昆虫的特别附属器官。

蚁穴里的三方共生

在蚁穴里，蚂蚁们供养真菌。这些真菌数量巨大：一个美洲切叶蚁群每天的植物消耗量相当于一只成年牛！在美洲热带地区，美洲切叶蚁属的蚂蚁吃掉了森林里 12%—17% 的树叶，它们也生活在其他环境中，那里的农业损失有几十亿欧元。然而，它们对质量有把关：如果真菌因叶子有毒或有残余的杀虫剂而生长变缓，蚂蚁们就不再利用这一资源，并把温床里受感染的部分去掉。为此，在蚂蚁的队列中经常有彩色的花瓣碎片，因为植物的这些器官有过渡性质，有毒物质少，特别有利于真菌生长。蚂蚁们会在温床里添加它们的排泄物，其中包含肠道内含氮（尿酸）和磷的废物。如同牛的唾液，蚂蚁们的排泄物也给微生物提供了含氮和磷的"肥料"。

这些真菌为白环蘑属，是环柄菇属和大环柄菇属的近亲。它们都是以森林的枯叶为生。它们要么是最近才和爱特蚁族的蚂蚁共生的品种，要么是几百万年前由扦插繁殖而得。白环蘑属能分解树叶细胞壁的化合物——纤维素和木质素。

温床最初的部分呈白色，是因为上面覆盖了如毛毡一样的菌丝。蚂蚁吃菌丝末端突起的部分，我们称之为菌丝球。这种变形和蚂蚁的饮食有关：菌丝在实验室单独培养时没有菌丝球；但是，当科学家试验性地不停折断菌丝，变形便出现了。菌丝球富含糖、脂类，以及从蚂蚁废物回收利用的蛋白质，给蚂蚁提供营养。除了用于养菌的树叶细胞液，成年蚁还吃这些菌丝球保证日常所需。幼虫和蚁后不出蚁穴，完全以此为食。如同牛一样，消耗一部分的微生物是保障动物的代价。菌丝球的一部分酶直接进入"园艺师"小工蚁的消化道：这些酶可以消化植物碎片，然后再通过粪便回收，尽管它的保存原理依然神秘。

和蚂蚁共生的真菌从未在自然界中被单独发现，没有了培养它们的蚂蚁，它们一点儿竞争力都没有。事实上，蚂蚁帮助真菌对抗竞争者，将它们"斩草除根"：首先，小工蚁清理新到的叶子上的污染；然后，它们把被污染的部分搬到穴外或是隔离间。然而更重要的是，它们能释放抗生素，阻止有害微生物繁殖，不然可能会出事故：有种寄生菌（*Escovopsis* 属真菌）不能被蚂蚁食用，如果大量繁殖，它可以摧毁整个蚁穴！清理如 *Escovopsis* 属真菌一类投机分子的抗生素其实并不是蚂蚁的产物，它们需要求助于另一个共生体。

蚂蚁的部分外皮上有层白色的毡状物，这在小工蚁身上尤其多：上面长有小的腺体，养着伪诺卡氏菌，它们属于放线菌门，有长菌丝。我们在植物共生中见识过固氮菌（第三章的弗兰克氏菌）。放线菌能产生抗生素，我们人类自己也使用一些放线菌产生的放线菌素和链霉素。伪诺卡氏菌产生的抗生素对 *Escovopsis* 属真菌尤其有效。外皮腺体的分泌物为细菌提供养分和帮助排出产生的抗生素的液体。如此，第三个合作者以更隐秘的方式参与了共生。

在蚁群形成之初，蚁后会带来它自己外皮上的细菌，和上颚间或嘴里憩室内的菌丝。它挖出第一个房间，在里面排出粪便，然后把真菌吐在上面。接着，它产下第一批卵——它们会成为工蚁，长大后保障真菌的生长。真菌靠蚂蚁一代代的继承生长，而蚂蚁外皮的腺体能偶尔从环境中获取新的伪诺卡氏菌菌株。

种真菌的蚂蚁们

除了爱特蚁族的蚂蚁，许多其他种类的蚂蚁也在进化中"发明"了真菌培养，但是它们更为低调。我的一位同事伦萨依斯·布拉提斯研究蚂蚁和植物共生，乍看之下，这个共生体好像和微生物无关。在热带雨林，许多植物在收留蚂蚁后形成了一种保护机制，与温带螨虫保护树叶的机制（见第二章）类似。这些植物有虫菌穴，蚂蚁和幼虫住在里面，根据植物种类的不同形成茎上的洞或叶子上的褶。这些植物也会在茎叶上产生蜜汁，让成年蚁从中获取营养；某些情况下，成年蚁会将茎叶上的小突起作为"低幼"食物喂养幼虫。相应地，这些蚂蚁保护植物，攻击触碰植物的昆虫和植食性动物，它们不论体形大小，很快就知道要躲开！蚂蚁的积极性高，因为它们在保卫住所和口粮。那么，真菌在哪里呢？

我的同事发现（或者说总结得出，因为前人有过描述），在虫菌穴的一隅，紧挨着细胞壁，有黑丝绒般的毡状物。近看，这是真菌的菌丝……我们通过比对大量植物和蚂蚁共生体的DNA将其鉴别：每次，都是少见的刺盾臭目品种。这再次印证了趋同进化：和蚂蚁以及真菌结合的植物来自超过十二个不同的科属，如荨麻属、琉璃苣属、胡椒属、薄荷属、咖啡属、西番莲属，还有兰科、豆科甚至是蕨类植物！蚂蚁也是来自不同的种属：山蚁亚科、琉璃蚁亚科、家蚁亚科、针蚁亚科和拟家蚁亚科。尽管植物和蚂蚁的种类都不同，可令人惊讶的是在已知的共生体中，第三方都属于刺盾臭目！是什么让刺盾臭目适应了该种共生至今仍没有解释。

蚂蚁貌似把许多废物堆在真菌上，包括粪便和蚁蜕。同时，它们有规律地吃菌丝，菌丝总是保持它的形状。不仅蚂蚁以菌丝为食，添加同位素标记（重同位素氮-15）的实验表明，植物也会收到氮，尽管真菌没有进入植物组织内。在整个共生中，这些刺盾臭目似乎在"氮经济"中扮演了重要角色，帮助植物和蚂蚁回收利用动物的废物。

事实上，刺盾臭目对与蚂蚁的合谋并不陌生：它们也和其他蚂蚁建立了"纸质关系"。不少种类的蚂蚁产生一种纸浆，这是为了在地面或者植物的茎上建有保护功能的走廊。借着地表的凹凸或是植物的绒毛，它们建起隔墙，通过唾液把咀嚼过的植物废物黏合在一起。但是最终的黏合剂是刺盾臭目，不管是自生的还是接种的，它们在里面生长，用菌丝保障整体结构的紧密。在法属圭亚那地区的小灌木 *Cordia nodosa* 上，一种名为

Allomerus decemarticulatus 的蚂蚁用纸浆建了潜伏处！这些纸结构模仿植物茎的形态，将其包裹，蚂蚁们分散其中，随时准备冲向大意停留的昆虫。它们施计将昆虫捕捉，从窝的最底部把它的腿抓住，杀了它之后就地分尸，然后用来喂养幼虫。有了潜伏处，它们能捕到比它们单个体形大 1000 倍的猎物。

社会共生

除了美洲的蚂蚁，还有其他社会性昆虫培养微生物，以便从植物中获得营养，如白蚁。大多数的白蚁有一个独立的帮助消化的微生物群落，位于消化道底端，充满细菌和大型鞭毛虫。它们通过发酵帮助消化纤维素，和植食性动物的后胃共生机制（见第四章）类似。此外，和所有昆虫一样，尿液会到达肠；这些微生物会收到动物尿液，一些细菌可以对消化道中的氮进行固定。可惜的是，和所有后胃共生的动物一样，微生物形成的生物量没有被消化就从肠道排出。对于它们来说，如果没有通过社会性的盲肠便对微生物产生的生物量进行回收的话，共生没有社会性。每个个体在肛门产生含有微生物的小液滴，其他个体过来取走并食用。这样，每个个体都可以获得肠道消化微生物，哪怕不是自己的！

然而，对于大白蚁亚科的非洲白蚁，共生被移到了体外，和蚂蚁一样完全社会化。这个亚科约有 330 个种（占了白蚁种类的 15%)，它们的消化道被简化，微生物群落变小……因为蚁穴里有培养真菌的温床。工蚁切碎枯叶，以之为食，消化能消化的部分，然后把粪便排在蚁巢伞的温床上。如同蚂蚁，它们的粪便中含有代谢废物，因此有真菌用得上的氮和磷，还有枯叶里难以代谢的聚合物：当然有木质素和纤维素，还有棕色的单宁蛋白化合物，它们形成于树叶衰老时，限制蛋白质的可消化性。如同切叶蚁，蚁巢房间网络的形状和白蚁穴的开口形成空气对流，调节蚁穴内的湿度和氧浓度。

　　白蚁也通过食用真菌的菌丝末端突起补充营养。但此处观察者是可以直接用肉眼辨别真菌的，因为一些白蚁会在雨季爬到橙黄鹅膏菌上面。橙黄鹅膏菌通常数量多，体形大（可达几十厘米）。它们可食用，在非洲是美味。蚁巢伞从蚁穴中长出，可以在菌褶上独立产生孢子，而白环蘑属和刺盾臭目物种不具备这种独立性。当然蚁巢伞需要武装自己才能从蚁穴深处长出来，它们的顶端有一个硬的尖角，为穿孔器，帮它开启自由之路，从温床一直到地面。白蚁将产生的孢子搜集起来，用于温床接种，在蚁穴底部或者是留到更晚些时候，当然我们仍不太清楚这是怎么操作的：也许是通过消化道，这样的话每颗粪便就是一个新的接种体。这和爱特蚁族蚂蚁截然不同，它们忠于蚁后带来的祖传真菌；白蚁的群落常常一开始（有时甚至在晚些时候）就和新真菌合作。在大白蚁亚科的两次进化中（小白蚁属蚂蚁和好斗大白蚁），和爱特蚁族一样，它们和真菌的结合变得更加紧密：真菌不再形成孢子，只由最初的蚁王蚁后带来。

因此，在以下社会性昆虫中发生了真菌培养的趋同进化：美洲切叶蚁、非洲白蚁和与不同热带植物共生的蚂蚁。这些共生有其特别之处，它们和微生物的结合是在群体的基础上，有社会性属性。这是我们对共生的新认知，不过我们会在第十二章谈人类时再次遇到它。真菌就像是这些昆虫共享的"体外瘤胃"，负责为整个群落消化它们不能消化的植物成分。而昆虫又通过它回收自己产生的废物。过程中可能有坐享其成的第三者（有虫菌穴的植物或者放线菌门菌）加入共生：共生不再是一对单独的共生体，它有时会加入互助的大群落中。

攻击植物的真菌

培养真菌的行为不只出现在社会性昆虫中，一些益虫传播真菌的方式更加粗鲁——直接攻击植物。让我们暂时先回到欧洲人把松树引入南半球的例子，在那里，它们被真菌跟随，有时能被种活。20 世纪 40 年代的新西兰和 20 世纪 50 年代的澳大利亚，植物的流行病肆虐，造成高达 70% 的树木死亡。始作俑者是一种膜翅目昆虫，也就是从欧洲引进的松树蜂，但不是单独引进而来的。

雌蜂通过产卵管将卵产到树木体内，产卵管尖而硬，可达其身长的三分之一。卵被产下后，被帮助它的附属物包围：产卵管旁有一个小的储菌囊排出真菌菌丝片段；附近的一个腺体释放黏液，保护真菌和卵，还对树的局部组织有毒性。这种真菌系淀粉韧革菌属，在树木体内生长，为幼虫补充营养，尤其是维生素。此外，该真菌能杀死幼虫周围的树木组织，使其避免受到植物化学防御的直接攻击，免遭毒害。在雌蜂幼虫的最后阶段，外皮的褶皱会聚集充足短小的菌丝，为的是传播真菌。昆虫变态发育为蛹后不再运动，其后再慢慢发育成会飞的成年蜂。雌蜂脱胎于幼虫的外皮，产卵管的储菌囊装满了真菌。共生的故事又可以再次开始。没有真菌，幼虫不能发育；而对于真菌来说，它也不能独自传播。因此，致病力是因共生而出现的性质！

在昆虫的进化历程中，和攻击植物有关的"个体"培养真菌的情况多次出现，特别是鞘翅目，它们的幼虫或／和成虫住在树木体内。筒蠹虫科和大蕈虫科的雌虫也是靠产卵口附近的储菌囊传播酵母菌（和我们面包坊用的酵母相近）。在实验室，幼虫不能独自在树木内生长，但是只要培养了这类酵母，幼虫就会长得很好。在鞘翅目的小蠹亚科和长小蠹虫亚科中，与真菌的紧密共生独立出现了不下七次。我们整体上将这些树上小的鞘翅目称为"小蠹科"，它们在树皮下面开凿通道（读者也许见过被通道精美"雕琢"过的树皮），可以在里面自由行进。在这里，储菌囊根据不同的情况出现在雌虫的不同部位（有胸部、下颚、鞘翅基部等等）。填充和释放真菌通常需要运动。这些昆虫开辟的通道内有一层共生真菌的菌丝，如绒毛般，有"众神

144

之食"（即神话中奥林匹斯山上神的食物）的称号。其实，它们是小蠹科各个阶段的必需食品：成虫在树木里面开凿通道，只是为了培养真菌！某些昆虫甚至会在通道里准备木屑和粪便的混合物，促进"众神之食"的生长，同时没有悬念地回收利用废物中的氮和磷。某些情况下，抗生素保障"众神之食"的排他生长；这些抗生素和切叶蚁一样，由象鼻虫科表皮上共生的放线菌产生。

　　这些真菌属于不同种类，其中有许多来自长喙壳菌目，是有名的植物病原菌。一些长喙壳菌目也会和象鼻虫科的其他种类进行共生，但没有那么紧密，但"众神之食"的共生可能是祖传的。这一松散关联解释了 20 世纪 70 年代以来荷兰榆树病在欧洲的传播，其中的致病因子是长喙壳科中的榆树枯萎病菌，它由几种小蠹科昆虫传播。它们以树木的活细胞为食，不吃真菌，只是传播它们。小蠹科受益于病原菌，通过接种病原菌让树木组织细胞变弱，无从抵抗它们的进攻。这种卑鄙的互动像是一种协调进攻，昆虫传播真菌，真菌帮昆虫打开了通往食品柜的路。这是象鼻虫科的一种先天优势，亦即"众神之食"共生重复出现的起点。而真菌本身则丧失了自己传播的能力；当然，它能以其他形式传播，短菌丝或孢子，都适合附着在除菌囊或者小蠹科昆虫的毛上面。

　　许多双翅目在植物上"独立"培养真菌时用的是最后一种方法，主要是在瘿蚊科的毛瘿蚊和波瘿蚊。这些昆虫不会杀死宿主的组织细胞，相反地，幼虫会激发组织细胞的增生，形成一个有营养和保护功能的球状物，我们称之为瘿。比如，树莓瘿蚊让树莓的茎变粗，形成椭圆形的瘿。尽管大部分的瘿是昆虫引起的，但是在这里是真菌引起了它所寄生的植物的增生。瘿的中心处是幼虫，内部有真菌形成的毡状物，幼虫以之为食。雌虫在飞走之前，会在储菌囊里装上真菌的碎片，以便后代接种。

真菌的培养几乎只出现在昆虫世界，除了人类（见第十二章）和北美沿海的一种小的腹足纲湿润拟玉黍螺（它损坏叶子来传播真菌，之后再回来食用）。在昆虫世界，进化通常很慢，要经历很多次才能趋向依靠真菌的帮助获取植物资源。当然，有些昆虫能侵害植物，利用纤维素或者自己形成瘿。在这里又出现了第三章提到的——共生是一种创新动力。在我们提到的昆虫派系里，共生对昆虫能力的加持令人不可忽视，让它们可以占据植物这个新的生态位。

在进化的过程中，真菌通常丧失了自我传播能力，必须依赖昆虫。但是这种依赖在一些细菌和酵母菌的依赖面前不值一提。现在就让我们来看看这些藏在昆虫体内的微生物和昆虫更加内在亲密的共生吧。

和细菌一起管理垃圾食品

蚜虫把口针插入植物导管吸取汁液，光合作用产生的糖在导管中流动。这种养料很清淡，糖和水分充足，但含氮量很少。蚜虫需要大量的汁液来满足对含氮物质的需求……一些种类的蚜虫每天的汁液摄入量超过它们自身体重的 100 倍！和其他吸取汁液的昆虫一样，它们通过肛门排出一种含糖的液体，那是多余的水分和未经利用的糖。这种液体有时会吸引益蚁，常常让植物变得黏黏的。氮的问题不仅是数量上的，也是质量上的，因为和其他动物（包括我们人类）一样，蚜虫不能合成一些氨基酸。它们的身体需要十余种氨基酸，因此我们称之为"必需氨基酸"：色氨酸、赖氨酸、蛋氨酸、苯丙氨酸、苏氨酸、缬氨酸、亮氨酸、异亮氨酸、精氨酸和组氨酸。但是，汁液里面没有这些氨基酸！谁知道汁液如此不营养是不是一种自我保护呢？

4000 余种蚜虫都以汁液为食，它们利用了一个微生物解决方案：在体内 60—90 个巨型细胞中充满了内共生菌，每一个巨型细胞包裹在一层共生膜里。一只 0.5 毫克的成年蚜虫体内有 600 万个细菌！它们从母体继承：巨型细胞中靠近卵巢的部分，在产卵前会释放细菌进入受精卵。如果我们用抗生素让蚜虫失去细菌，它们会长得不好，而且会不育。然而，我们也可以用实验的方法，在它们的食物中加入必需的氨基酸，这样可以将这些症状最轻化。这些细菌的基因（我们还会再讲到）证实了它们的氨基酸合成能力。此外，蚜虫给细菌回收自己的含氮废物，减少氮的损失。这种方式，读者现在已经非常熟悉了。这些细菌也产生维生素，包括维生素 B_2。为了纪念保罗·布赫纳

(1886—1978)，我们将它们命名为布赫纳氏菌。布赫纳是德国动物学家和细胞生物学家，一生致力于动物（尤其是昆虫）和微生物的共生研究。1953 年，他用德文出版了一部奠基性著作《动物和微生物的内共生》（*Les Endosymbioses des animaux avec les microorganismes*），后文中，我们还会再提到他。

在以下喝植物汁液的动物中，蚜虫和布赫纳氏菌的共生关系不是例外：蚧壳虫（蚧总科）、粉虱（粉虱科）、木虱（木虱科），还有半翅目下的一个亚目颈喙亚目类。这个亚目包括叶蝉科（飞虱）和蝉科（蝉亚目；下次再听到蝉鸣，想着细菌也在那里！）。蚧总科下的胭蚧科因为"俄罗斯套娃"般的细胞构造而与众不同：它们的细胞里住着细菌 *Tremblaya*。罕见的是，这个细菌里还有另一个细菌 *Moranella*。合成基本氨基酸不同步骤所需的基因在昆虫或者其中一种细菌内：嵌套的三者都无法独立合成任意一种基本氨基酸！合成的过程中，中间产物会在"俄罗斯娃娃"的各层中游走……

在颈喙亚目里，细菌 *Sulcia* 补充基本氨基酸和维生素。进化过程中，众多新的细菌伙伴让情况变得复杂，布赫纳称之为"共生奇观"。如果只记住一个重要的改变，那就是叶蝉科里的美洲 *Proconiini* 族擅长利用来自根的汁液，而这种汁液的糖分和维生素都很少。所需的维生素比动物体内的更多样，由细菌 *Baumannia* 提供，它能合成这些维生素和其他根的汁液没有的重要物质（生物素、叶酸……），辅助 *Sulcia* 细菌的工作。汁液是非常特殊的食物，之所以专以某种汁液为食，可能是因为细菌提供的营养补给。

另一种特殊的食物是血。血富含糖和蛋白质，但缺乏 B 族维生素（硫胺素、叶酸，以及噻唑，等等）。一些成年后吸血的昆虫在幼虫期通过其他食物积累 B 族维生素，如蚊子的幼虫以浮游生物为食；另一些终身吸血的昆虫则依靠细菌来合成。用了抗生素后，它们会衰弱，繁殖困难，除非给它们补充维生素 B。舌蝇依靠舌蝇威格尔斯沃思氏菌，头虱依靠 *Riesia* 细菌，床虱依靠沃尔巴克氏体属细菌。这些共生并不只是互利，除了伙伴关系，细菌们也是宿主的寄生助手。它们再次完美展现了趋同进化：在每一种情况下，我们都观察到，细菌产生的营养补充物通过雌性代代相传。

还有一些昆虫用酵母菌补充营养：鞘翅目下的窃蠹科和天牛科以死掉的植物碎片为食，缺乏营养。红毛窃蠹吃家具和建筑用的木材，药材甲和烟草甲以干粮（如谷类，香料，植物碎片如烟草或稻草）为生。这些物质因为没有活细胞而缺少营养，而且时常有毒，因为尼古丁或香料分子或多或少有杀虫的功效。然而，通过杀菌处理，没有酵母菌的昆虫对这些有毒物质更加敏感，例如烟草甲因为酵母菌可以忍受尼古丁。其他的非正常现象表明酵母菌能为昆虫提供维生素，尤其是类固醇。这些胆固醇类分子对于动物和真菌细胞膜的形成是必需的，这类分子在植物中少见，在细菌里完全没有，这也许解释了酵母菌的存在原因。稻虱科的某些蚜虫也有相似的机制，与其共生的酵母菌接近第二章的 *Neotyphodium* 属真菌，也提供类固醇。最后，作为共生回收的最终例子，这些酵母菌回收宿主的废物——尿酸，形成氨基酸，补充营养。

鞘翅目的共生酵母菌名为 *Symbiotaphrina*，和食用酵母接近，也和使人类致病的白色念珠菌接近。它们位于消化道憩室的细胞里，靠近卵巢，便于给卵细胞裹上酵母菌。幼虫孵出后，将酵母菌吃下，这种共生从而传给后代。

不断增加的微生物接入

这些例子说明昆虫们如何以代代相传的方式获得了细菌基因，让它们适应特殊的进食。这种如插件般的共生方式带来了新的功能延伸，或是新的匹配能力。昆虫种类多样，进食方式也很多样，通常这都是微生物的缘故。超过 20% 的昆虫种类有可以遗传的细菌，比如复翅新类（如蟑螂）、半翅目、同翅亚目、鞘翅目、双翅目……

这些细菌的大部分属于肠杆菌目，经常出现在消化道。有内共生菌的细胞有时会形成独立的器官，位置根据情况而异：消化道或开或闭的憩室，或者是和消化道相关的独立器官，又或者是在身体的其他部位，甚至有细胞或者微生物直接游离在昆虫体液里。这些位置和细菌的来源让人猜想，许多内共生菌是在进化中从消化道的微生物获得的。有许多和消化道共生的过渡情况，比如说蟋蟀的内共生菌位于消化道表面，仅由一层膜将其与食物隔开。此外，我们曾提到，有时幼虫是通过进食的方式获得母体放在受精卵附近的微生物。总的来说，昆虫们让消化道细菌的功能变得特殊而且可以代代相传：它们在自己体内获得"插件"，然后把它安在自己的细胞里……

但昆虫的内共生系列还没结束。前述的是主要内共生菌，存在于每个个体中，从母体获得，依附于昆虫；除此之外，通常还有次要内共生菌，尽管它们也是代代相传而得，但不存在于每个个体中，而出现在不同昆虫种类中。这些细菌很多样：在豌豆蚜体内，除了主要内共生菌布赫纳氏菌，我们还知道有八种次要内共生菌，其中有七种存在于烟草粉虱中。但是每个个体有零种、一种或两种该昆虫的次要内共生菌，个体之间的次要内共生菌也不同。这些次要内共生菌所扮演的角色各异，有防御性的和适应环境的。

比如，共生菌 *Hamiltonella* 和防御捕食者有关。昆虫在幼虫阶段，尤其是那些比较"安静"的昆虫，它们的最大风险之一是被小胡蜂寄生。这种拟寄生物在幼虫体内产卵、孵化并以其为食，昆虫幼虫也会因此走向死亡。而 *Hamiltonella* 菌有种病毒，可以杀死拟寄生物的幼虫，其中机制目前还不清楚。此外，胡蜂会避开有这种细菌的昆虫，估计是这种细菌改变了某些气味信号，它有预防功能的抗干扰装置！*Hamiltonella* 菌也能保护蚜虫。对于有 *Hamiltonella* 菌的蚜虫，其捕食者瓢虫难以消受，避开了周围看上去类似有 *Hamiltonella* 菌的蚜虫。有趣的是，有 *Hamiltonella* 菌保护的蚜虫遭到攻击时，不会太挣扎：它们把保护族群的任务交给了共生菌。

豌豆蚜一般是橙色的，它体内的另一种次要内共生菌立克次氏小体让它产生更多的醌（绿色单宁衍生物），为昆虫提供保护色。其他的次要内共生菌（*Regiella* 菌、螺原体和其他立克次氏体）也能保护昆虫避免受到寄生真菌的伤害。如果没有这些细菌，真菌一旦在昆虫表皮繁殖，便可以侵蚀昆虫，导致其死亡。一些保护是针对物理风险的。在加利福尼亚州，为了抵御中央谷地的高温，蚜虫体内有大量的沙雷氏菌；此外，一种抗生素疗法也让它们对高温敏感。有时，次要内共生菌涉及对食物中毒素的耐受。对于豌豆蚜，*Regiella* 菌在三叶草个体中的浓度高于其他豆科植物，如果我们移除 *Rigiella* 菌，以三叶草为食的豌豆蚜在植物毒素的影响下会丧失生殖能力。

最后一个例子是关于一些主要内共生菌在进食中的保护者角色。比如，臭蝽能摧毁黄豆的收成，这只是因为其主要内共生菌的存在。如果我们将它体内的细菌和邻近物种筛豆龟蝽的细菌对调，也就对调了其对黄豆的敏感度。本来在黄豆上生长缓慢的筛豆龟蝽将快速发展繁殖，而臭蝽却不再繁殖！这说明臭蝽的主要内共生菌可以解黄豆释放的毒，这与豌豆蚜的次要内共生菌让其适应三叶草是一个道理。主要和次要内共生菌的重叠功能除了对进食的保护功能，还有和营养补充相关的功能：一些没有布赫纳氏菌的蚜虫可以存活，因为次要内共生菌能保证基本氨基酸的合成。

从共同进化到退化……

我们认为，次要内共生菌可以成为主要内共生菌的起点。尽管有时候它们的区别较为模糊（它们是统一体），有几点区别显示了它们在亲近程度上的差别。首先，次要内共生菌不总是存在，因为它们不像主要内共生菌那样在任何情况下都至关重要。诚然，次要内共生菌经常会稍微降低繁殖能力：它们只会在利大于弊的环境中保存……仅此而已。其次，次要内共生菌在亲子代间的传递相当有效，但不总是通过母体：在许多蚜虫身上，*Rigiella* 菌和 *Hamiltonella* 菌是通过雄性传播的！第三，它们在不同种类的昆虫中存在，让人猜想这些细菌可能也可以从一个种类传到另一个种类；虽然我们不知道这如何实现，但是主要内共生菌不会（或者几乎不会）这样。最后，次要内共生菌有时和主要内共生菌共同聚集在特定细胞里，但经常是不规律的，个体间的密度差异非常大。总的来说，主要内共生菌整合度要高些，也更规律些。

主要内共生菌的基因组也佐证了它们的整合度之高。当我们通过比较基因画出主要内共生菌的演化树时，我们发现其竟和宿主昆虫的演化树一样。这并不意外，因为当它们和昆虫的远祖开始共生时，它们便严格忠于宿主，以接入的方式代代相传。它们的演化史也就是宿主的演化史。次要内共生菌的情况则不同，它们有时更换宿主，有时可能会丧失宿主。

但最惊人的是基因组的"瘦身"：和独立的细菌相比，它们的基因组严重退化。给个参照，小而简单的细胞外细菌，例如我们肠道内的大肠杆菌，有500万个碱基对（它们形成的脱氧核苷酸序列即DNA），约5000个基因。次要内共生菌有宿主的帮助和保护，虽然丧失了许多不再必需的基因，但是仍然有超过100万个碱基对（至少有上千个基因）。相反地，主要内共生菌长久以来严格依附于宿主，它们的基因组严重退化。布赫纳氏菌的碱基对只有近64万个（900个基因），和舌蝇威格尔斯沃思氏菌差不多水平。颈喙亚目的内共生菌 *Sulcia* 只有24.6万个碱基对（380个基因）；木虱科的内共生菌 *Carsonella* 的碱基对跌到16万个（180个基因），仅为大肠杆菌的三十分之一！的确，在一个长期稳定的安全居住环境，许多基因变得多余：和细胞壁有关的，和识别环境有关的，和抵抗外界生存压力有关的。此外，内共生菌能引入宿主细胞的组成成分，布赫纳氏菌甚至引入宿主细胞的细胞膜成分！内共生菌，尤其是主要内共生菌，适应了依靠宿主供给的生存模式。

不久，主要内共生菌会剩下最少的基因，包括合成蛋白质的基因，用于维护共生体、能量代谢和DNA，以及维护DNA

合成蛋白的基因。在某些情形，如舌蝇威格尔斯沃思氏菌、
Sulcia 菌和 *Carsonella* 菌，一些维护 DNA 和蛋白合成的基因消
失了，我们推测，这些必需蛋白质可以从宿主细胞获取！我们
知道的是，在豌豆蚜体内，宿主细胞产生的蛋白质至少有一种
进入了布赫纳氏菌。这种对某些蛋白合成的极度依赖，也许存
在于布赫纳氏菌的其他功能中，甚至是其他的内共生菌……这
是很明显的隶属关系。

这些基因组不仅经历了退化，也有了专长，由于酶用于合
成宿主所需的氨基酸或维生素，因此编译酶基因"必须"坚持，
这是分工明确的标志。布赫纳氏菌的两小段 DNA 有大量的"副
本"，称为质粒，质粒携带的基因可以分别合成色氨酸和亮氨酸。
在 *Carsonella* 菌或者舌蝇威格尔斯沃思氏菌体内，用于合成基本
氨基酸的基因约占基因组的 15%！

主要内共生菌在细胞内经历了漫长的进化：1.5 亿年前蚜虫
就和布赫纳氏菌结合了，*Sulcia* 菌和颈喙亚目则在 2.7 亿年前结
合了。如此长的进化历程促成了它们的互相依赖和细菌的专长，
这也在次要内共生菌中萌芽。一方面，昆虫不能承受抗生素疗
法；另一方面，细菌没了宿主细胞什么也不是，成了特定的接入，
而它们之间的依赖在进化的旋梯上一步步上升！在进化中一方
影响另一方，反之亦然，我们把这种进化叫作共同进化。我们
将在第九章看到，比起内共生和共同进化，对细菌的依赖如何
走得更远。

总的来说……

昆虫从不孤单，无论是个体（从消化道一直到细胞内部），还是集体——当昆虫社会性培育真菌或交换盲肠便时，它们一直陪伴左右。微生物的陪伴提升了它们的可能性，就像软件里的插件。

英国种群遗传学家约翰·霍尔丹（1892—1964）曾被问到他的研究让他从上帝那里学到了什么，他风趣地答道："如果他存在，他会格外爱慕鞘翅目。"诚然，已知的鞘翅目有35万种，而已知的昆虫种类才近100万种（相当于已知动物种类的四分之三）。我们推测昆虫的种类在400万—8000万种之间。霍尔丹的回答很有趣，有理又无理。"无理"是因为上帝可能会对微生物爱得更无节制，它们的种类数目可能是昆虫的10倍之多！"有理"是因为确实有很多昆虫，所有自然科学的学生都为之抱怨。但是，这两者又有交集：微生物共生是让昆虫生态位多样化的机制之一，有时会如杂耍般多样。昆虫的超级多样性的部分原因是它们与微生物共生的结合能力，像自适应插件一样。总而言之，昆虫的多样性也包含了微生物的多样性。算上每种昆虫身上的独有细菌，无论是内共生、外壳还是消化道，可以预见与昆虫共生的细菌种类是昆虫种类的3—4倍！对此，我不会意外。

不仅如此，我们认为，这些共生菌可以直接帮助昆虫的多样化。的确，昆虫和微生物相互适应；但是，在同一种类的不同群类中，共同进化的方式和途径可能不同。如此，两个群类的个体最后可能无法交配，因为杂交品种不会拥有双方上一代的全部基因，只能适应那些传给它们的共生体！这一过程会让它们与其他群类共生体不匹配，从而孤立群类，让它们不能轻易地杂交，导致独立种类的出现……当然，我们依然不知道，昆虫的超级多样性在何种程度上可以由这一简化新物种出现的机制解释。

保罗·布赫纳有本名为《动物，微生物的饲养员》（*Les Animaux, des éleveurs de microbes*）的书于 1960 年以德文出版。他在书中多次谈到昆虫和它们的饲养场：有时是集体的，有时是个体的，还有遗传与否之分……方法多到可以成集。机制多样的背后是交织的关系，共生双方带着防御和获取营养的动机相互融合。读者现在对微生物共生的这两种动机已经很熟悉了。昆虫体内共生的反复出现表明微生物插件在进化中容易频繁出现。读者也许还记得本书开篇介绍的有关发光的共生：各种鱿鱼和鱼类通过调节细菌数量发光，使用了如此之多的发光插件……

很明显的一点是，不同机制互补之后可以传递给下一代，而在下一代变得更有效，以至于双方最终亲密地关联，一起发展，共同进化。微生物就像是昆虫的卫星——类似之前说的插件。我们在第十章会再谈共生传承的问题。最后，经过了几千万年甚至几亿年的共同成长，双方从共同进化转变成相互依赖，就算这个现象是对称的，对内共生菌的基因损害仍在继续，将来也许它们将无法独立繁殖，甚至无法在细胞外生存……而更极端的情况可能是某些内共生菌丧失制造自身蛋白质的能力！然而，这还不是相互依赖的极点，第九章会向我们展示它（我们在书的结论部分也会再谈谈相互依赖）。在共同遗传和相互依赖之间，我们似乎第一次看到了两个生物如何最终变成一个：这种共生融合，即一方不能没有另一方，各自几近失去独立性，我们在第九章也会再次谈到。

在此之前，还剩下最后一个待观察的动物——人类……尽管我们势必要用鼠进行实验。现在我们得观察人类这种动物和微生物有关的部分，接下来的两章都是关于我们人类自己的。

第七章

受控于微生物的人（1）

从无处不在的微生物群落说起

在这一章，我们将探索身体的表皮和不同部位；我们将知道常规清洁的缘由，知道不洗手的男生和勤洗手的女生都有问题；我们将通过肠道微生物群落，了解我们在生态系统和进化史中的位置；我们将为阑尾正名，重新认识哺乳，以及了解出生后微生物群落的来历。最后，我们会意识到我们从不孤单，因为有和我们细胞数量差不多一样多的微生物陪着我们。

人体微生物缘起

安东尼·范·列文虎克（1632—1723）是荷兰商人。除了好奇心和创造力，实在想不到有什么能让他成为第一个为微生物学奠基的人。范·列文虎克实际上是卖床单的，他用简陋的显微镜检验床单线圈和线的质量。他完善了显微镜的光学部件，

160

尽管它依旧简陋和不便，但可以把观察物放大到300倍。在生意之余的闲暇时间，他在镜头下观察各种标本：不同的水、植物的浸出液、醋，还有唾液、粪便和他自己的牙垢！第一次，他描述了微生物和他自己身上的微生物，因此，从微生物学的开端起，人类就看过了自己的微生物群落。

让我们穿越一下时空：近十年来，DNA序列检测的新方法大量出现。通过基因识别的方法，要在一个不易区分的微生物混合物（如一滴水、一块皮肤、一撮土，或是粪便采样……）中识别各种生物变得容易；而且，将基因分门别类后，我们可以推测其中可能发生的代谢作用和生化机制。我们说宏基因组学（"宏"来自希腊语meta，意为"超越"），因为我们将超越单一生物的传统基因组研究。宏基因组学可以描述和动植物尤其是和人类关联的微生物之多样性。该研究工具揭示了一个世纪的培养研究都没有发现的事实：和众多动物一样，人类身上超过80%的微生物不能通过复制获得。宏基因组学可以进行精确和常规的研究（以前曾被禁止），还引发"微生物群落"（我们在第四章介绍过）术语的流行。

我们人类不是随便和谁结合的。除了少数的真菌（酵母菌），我们身体里的细菌主要属于八大类，尤其是厚壁菌门（其中有乳杆菌属）和拟杆菌门，二者各占30%；随后是放线菌门和双歧杆菌属。这并不算多，如果我们考虑到已知细菌有六十余大类，而土壤里有二十余类细菌是常事。我们的微生物群落是从环境中"挑选"的,因素多样,我们待会会举例:有生物性的（如性别或者年龄），有文化性的（如生活方式、卫生和饮食习惯），也有混合这两方面的（如母乳或者奶粉喂养会改变小孩的微生物群落！）。

　　到目前为止，我们已经知道不同的动植物在不同的生态环境中如何有了微生物结构。本章和下一章接着讲动物的例子，即人类的微生物群落。在第七章，我们将首先描绘微生物群落的多样性及其在人体各个部分的表现：皮肤、口腔和肠道……我们将在结尾展示人在童年是如何获得微生物群落的。在第八章，我们将更加详细地讲解肠道微生物群落的复杂角色。让我们先从身体外部开始"参观"吧。

皮肤：有屏障作用的微生物薄层

　　我们的皮肤上有大量细菌，哪怕经过揉搓和清洁，微生物群落形成的隐蔽、不连续的生物薄膜依然还在，里面有细菌和酵母菌,如马拉色菌。这些微生物依靠我们的分泌物和死皮为生，它们有时会进入皮肤深层，到达发根或皮肤腺。皮脂腺分泌皮脂覆盖皮肤表面,皮脂里有相对厌氧的微生物,如痤疮丙酸杆菌。

　　皮肤保护得最好的部位(臀下皱襞、乳房下皱襞、鼻翼、腋下、肚脐……）通常较湿润，在这些地方，有一个微生物群落，它的组成几乎不变。这些地方的微生物群落以棒状杆菌和葡萄球菌为主，因环境湿润而十分活跃，偶尔明显的汗液味道就是它产生的。刚洗过澡的身体其实是没有气味的，皮肤微生物群落产生的气体形成了我们的体味（就如同宠物一般，身体的异味都是由微生物引起的）。脚的皮肤是一种极端情况，尤其是在人类社会，鞋袜让脚的皮肤温度高且湿润，而气味（有时浓郁得像奶酪）主要由短杆菌分解死皮中的角蛋白形成。这种蛋白富含硫氨基酸，短杆菌释放其中的硫，形成挥发性的甲硫醇，即脚气味的分子。我们会在第十二章的奶酪中再次遇到短杆菌和甲硫醇！我们的脚也携带其他真菌，其中有些是病原菌，也可以为气味"做贡献"。这些气味会被寄生虫利用：蚊子可以根据我们呼出的二氧化碳找到我们，也可以根据皮肤上微生物的产物（比如丁酸、乳酸或者甲酚）。个体的皮肤微生物数量越多且种类越单一，就越能吸引蚊子。"吸蚊肤质"其实某种程度上是吸蚊微生物造成的！

　　和这些湿润皮肤相对的是外露的干燥皮肤（上肢、臀部、手……）；相对湿润的皮肤而言，这些部位的微生物细胞数量要少一些，但种类更多样。这些部位的变化很大，因为它们更容易接近，也就更容易被感染。手的微生物群落很多样，每平方厘米可以容纳 1000 万个细菌，种类逾 150 种。美国学生的研究显示：起主导作用的手（左撇子的左手或者右撇子的右手）的微生物多样性和另一只手不同，这反映了其表面和环境的接触不同。此外，女性的手和男性的手也不同：一般而言，女性手上的微生物更多样。这可能和肥皂以及化妆品的使用有关，因为洗手的间隔时间和使用产品的性质都会影响微生物的多样性，导致两性间的差异……反常的是，在这个研究中，女性洗手更勤，而这应该会减少微生物多样性：这些说明，差异也可能是由性别引起的。

这些微生物参与了保护皮肤。一方面，微生物们从疑似病原菌处获取营养物质；另一方面，它们起到抗生素的作用。痤疮丙酸杆菌通过发酵毛囊皮脂腺分泌的皮脂形成挥发性脂肪酸，从而形成屏障抵御多种微生物，也帮助散发"没洗干净"的味道。皮肤上的一些葡萄球菌也产生抗生素：表皮葡萄球菌分泌苯酚，苯酚有广谱抗生的作用；路邓葡萄球菌合成一种抗生蛋白，能摧毁金黄色葡萄球菌。10%—30% 的人类为金黄色葡萄球菌健康携带者，但是一旦失控，这些细菌可以引起皮肤疾病，如疖子和瘰疬，也可以侵入组织，损害器官或者引起败血症。皮肤微生物群落里埋伏了潜在的病原菌：除了金黄色葡萄球菌，还有马拉色菌之类的酵母菌，如果大量繁殖，可以引发皮炎（发红、发痒、湿疹……）。在"健康"的微生物群落里，病原菌受到抑制，毒害性小，但是除掉起屏障作用的部分微生物，会让它们重获自由。杀菌皂的滥用就是一例，比如在医院环境中，频繁洗手会反常地引发真菌病。

　　除了竞争和抗生素，我们在小鼠身上证实了微生物群落在皮肤免疫系统里的另一个功能。人人都有微生物群落，但是近几十年来我们已经能培育没有细菌的小鼠，即无菌鼠：自第一代小鼠剖宫产出后，它们接下来都代代生活在无菌环境中。这些无菌鼠让我们了解微生物的功能，并可以通过引入一种微生物测试其反应，包括来自人类的微生物。可以说，在接下来的段落里，它们会频繁出现，因为它们连同宏基因组学提供了这一章和下一章的素材。无菌鼠的皮肤上没有微生物。一旦在它们的皮肤上接种利什曼原虫试剂，无菌鼠会有局部轻微的反应，并染病……然而，在正常鼠身上，皮肤会有更强烈的反应，并且一般不会染病。如果在试验前接种表皮葡萄球菌，它们能在无菌鼠皮肤上正常生活，也恢复了无菌鼠的正常防御功能！通过正常鼠和无菌鼠的比较发现，这不仅是一个细菌屏障那么简单，葡萄球菌能局部激活有免疫功能的淋巴细胞，增强它们对感染的反应能力。这样，皮肤通过竞争和抗生素进行直接保护，也通过伴随免疫进行间接保护——我们会在下一章再讲身体其他部分的伴随免疫。

　　是不是突然没有那么想疯狂地勤洗手或者时刻抹免洗洗手液了！那么去角质这种残暴对待皮肤生物膜的行为呢？……不要忘了，我们与祖先一脉相承，而他们几乎是不洗浴的！当然，还是要知道保持皮肤清洁的好处，但要有度。正常的清洁是只在合适的时间洗手，如饭前或者睡前。要接受轻微且有保护作用的"干净的脏"，而不是以虚幻的无菌状态为目标，那只会最先遭殃。我们的皮肤微生物群落里，住着被周围环境抑制的病原菌，这就是"干净的脏"：有不干净的东西，但是没有危险。

身体的开口

让我们向身体的开口前进，那里的湿度和分泌物对微生物更友好。微生物日积月累，当分泌物从这些地方排出时也会排出微生物，比如耳道的分泌物。鼻腔和支气管的分泌物也是一样，不过量更大，部分会在吞咽后回到胃部。众所周知，生病的时候，这些分泌物会增加，便于排出入侵者。所以感冒时鼻涕增多，让人不舒服；气管和肺部生病时，咳嗽以超过 200 米每秒的速度将分泌物排出。食物残留也同理，人们会将细菌和粪便一起排出（我们不久将讨论肠液对此的帮助）。但还有另一种调节方式，存在于阴道和胃：大多数细菌不耐酸，这两处产生的酸能抑制微生物的活力，不利于微生物环境的多样化，使一些耐酸且无害的微生物得以生存。

阴道的分泌物和无氧环境有利于厌氧嗜酸微生物群落（如乳杆菌、双歧杆菌……）的生长，可以使酸度达到皮肤的 10 倍。它不仅耐酸，还创造酸性环境！事实上，阴道微生物群落不丰富（和后面的数据对比），有 300 多种，而且变化不大，除了生理期或者妊娠期会略有波动。然而，取决于行为习惯和文化背景，个体之间会有差异。这可以解释一项美国的调查发现。该调查表明，女性的阴道微生物群落取决于受教育程度！硕士学历的女性阴道微生物群落以乳杆菌为主，而没有该学历的女性阴道里有丰富的奇异菌属、普雷沃氏菌和双歧杆菌！

消化道的入口也有一道酸性屏障：胃黏膜分泌物让胃的酸度是皮肤的 1000 倍。因此，只有百来种细菌生活于此，每种的数量很少。最有名的是幽门螺旋杆菌，它可以引起胃癌。这是微生物界的"双面人"之一，能好能坏：一方面，它能引起胃溃疡，可以演变成癌症；另一方面，它能局部调节酸度，得以在胃里存活，因而减少了胃酸回流和其可能对食道的不利影响（尤其是……食道癌的风险）。但是，一些细菌可以穿过这道屏障在消化道里繁殖，我们后面还会再讲。

至于口腔和鼻子，它们位于胃酸屏障的前端。因为与外界接触，口腔的细菌多样且多变。其中大部分都被生物膜缠住，避免因吞咽进入胃：口腔黏液有 800 多种细菌，牙间隙有 1300 种；与唾液接触多的生物膜里细菌的多样性要低于牙垢的。所以亲吻是充满微生物的，一个法式深吻的细菌交换量不低于 1000 万个！鼻腔黏液的细菌多样化水平差不多（900 种），黏液也是和外界接触的。生病时，我们可以从鼻涕中知道它们的颜色；它们的细胞色素呈黄绿色，用于呼吸，所以黏液在繁殖初期是黄色的，达到繁殖顶峰时好似绿色。

口腔里的微生物群落的表现不一定让人舒适，这体现在味道和气味上。它会在人们进食片刻后修改食物的味道。放一小颗糖在嘴里让它溶化：起初的甜会被持久的淡酸味替代，这来自细菌对糖的发酵。当牙齿的生物膜变厚，产生的酸会溶解生物膜下的牙齿，形成龋齿。除了牙垢，这种酸会被唾液清理掉（吞掉一些唾液！）。一些气味也会改变，比如甜椒和白苏维翁葡萄酒（其实，两者的味道和化学成分很相近）。还有洋葱，口腔里的梭杆菌会从先前不那么明显的气味中释放出衍生的气味，因为和它们相关的分子被留在了液体中。梭杆菌将它们转化成可挥发的硫化物，并在几秒钟后出现，让气味更明显。它会持续超过一分钟，足够细菌的酶改变起初的气味。这个过程类似于解毒。

然而，说到气味，我们的口腔微生物群落也很"出名"：90%的口臭是由于细菌在氧气不足的角落对唾液中的蛋白质进行发酵而形成的。发酵的产物含氮或硫，但一般不好闻，它们的名字指明了其常见的出处：腐胺、尸胺、粪臭素、亚精胺和硫化氢（臭鸡蛋味）。它们主要是在舌背的舌乳头间产生，这是舌头朝上的一面，因没有摩擦，易于形成生物膜：所以刷牙的时候，也要清洁这一区域。因为口臭会影响社交，这表明了一些微生物对社交能力的作用……

除了这些传闻和边缘角色，身体开口的微生物群落一直在打击"机会主义者"，预防疾病，这和皮肤相似。比如，在口腔和阴道里，乳杆菌和白色念珠菌存在对抗：只要前者管理好酸度，后者就是良性的；一旦后者占了上风，比如接受了抗生素治疗，白色念珠菌就会排除细菌，繁殖形成有刺激性的念珠菌症（又称鹅口疮）。这里有一个要说明的清洁常识：刷牙保护牙齿，刷舌苔保持口气清新，但不要频繁使用漱口水破坏微生物群落！

杂食性灵长类动物的肠道微生物群落

说穿了，我们人类不过是微生物群落的保护壳。人体大部分微生物群落其实在肠道里：已知种类超过 4000 种（每个个体有大约 500 种）。我们身体里寄居的细菌和酵母菌的重量达 1—1.5 千克。食物在肠道内越往前，食物里的微生物就越多，直到最后，微生物占粪便体积的 60%（即每克 1000 亿个细菌）。在肠胃的收缩推动下，持续的排便有规律地清除不断增加的微型寄居者。微生物细胞的大部分只是经过就被排出，细胞增殖产生的部分子细胞留在肠道内。这些细胞寄居在我们体内，获得养料，是共生居民……

肠道微生物群落也会用气味表达，因为我们的屁就是它们无氧发酵的产物。尽管大多数气体是无味的（甲烷、氢气），但我们还是能找到几种前面提过的气味：挥发性脂肪酸（在第四章牛身上提及），各种硫化物气体（包括硫化氢和甲烷醇），粪臭素，等等。每天我们排出 0.5—2 升气体，通过呼吸（是的，我们呼气时也排出微生物的代谢物），当然主要是通过胃胀气。

胃胀气在社会中经常不受待见……哪怕一些备受争议的艺术尝试有一定的受众，但没有艺术家把他们的事业归功于自己体内微生物群落产生的气体,比如爱尔兰中世纪的派托曼"放屁狂人"（bragetóirs）。还有约瑟夫·普耶尔（1857—1945），不仅声震红磨坊，还到法国其他地方演出，以演奏《月光下》（*Au clair de la Lune*）出名。也曾发视频到网络上，证实屁的可燃性……还有我们在电影《天外来客》（*La Soupe aux choux*）中见识到的放屁对星系际间的影响。

　　人类的肠道微生物群落和杂食性脊椎动物的微生物群落相似。脊椎动物的饮食模式随进化变得多样，与它们现在的微生物群落进行比较后，我们发现两个趋势。其一，进化中相近的物种通常有相似的微生物群落，我们人类的微生物群落就和黑猩猩、倭黑猩猩以及大猩猩的相似。然而，在这些物种之间，微生物群落的差别和距离它们共同祖先的时间远近成正比，佐证了它们之间相似的进化节奏。到了人类,差异性累积要快得多，可能是因为饮食中肉的增加（比如，肉会滋生拟杆菌），以及文明变迁。我们的生活环境和行为在文明变迁中迅速变化。其二，有相同饮食习性的动物在微生物群落的构成和多样性上相似：肉食性动物的微生物群落最单一，杂食性动物的稍多样些，植食性动物的最多样（如第四章所见）。人类也不例外，不偏不倚地列居于杂食动物中。

　　文明变迁没有抹杀人类微生物群落的"动物"特征，但是其中卫生条件的改善，让西方人肠胃里的微生物变得贫瘠、个别化，非常特殊。贫瘠是相对于猿来说的：一个猿携带的微生物种类比十二个人身上加起来的还多，哪怕这些人来自不同的社会！从狩猎和采撷到农耕文明，再到现代文明，人体肠胃中的微生物越来越贫瘠。生活在委内瑞拉的亚诺玛米人自 1.1 万年以来没有和其他种族有过接触，依旧过着原始生活，没有被全球现代文明同化。他们肠胃里微生物的多样程度闻所未闻，只有口腔内的微生物种类与欧洲人相似。这种多样性存在于群落的所有个体身上，无论是其皮肤上还是消化道内。和欧洲人相比，他们的卫生条件决定了微生物的多样性，群居生活方式解释了其普遍性。还是在委内瑞拉，瓜希沃人的生活方式稍有西化，他们身上的微生物多样性和普遍性程度就介于亚诺玛米人和西方人之间。在我们这里，体内的微生物群落都成了一座座孤岛，卫生条件的改善也减少了与微生物的接触……

我们的肠胃：稳中有变的微生物生态系统

尽管有个体和文化上的差异，人类肠胃微生物群落所组成的微生物生态组具有明显的个体差异，其类型被称为肠道型。它们存在于所有个体中，无论其国籍、性别和年龄为何。肠道型通过主导细菌类型划分：以普雷沃氏菌为主导的普氏菌型，以拟杆菌为主导的拟杆菌型，这两种细菌都属于拟杆菌门。还有一种是以瘤胃球菌为主导的瘤胃球菌型，属于梭菌纲。这些肠道型长时间来看相对稳定，尽管个体可以在几个月内换到另一种肠道型。此外，我们在黑猩猩身上也发现了类似的肠道型。对黑猩猩是否存在肠道型还存有争议，因为它们的微生物群落属于中间态，而肠道型的微生物群落更加极端和常见。食物对肠道型起决定性作用：拟杆菌型对应的饮食结构以饱和脂肪酸和蛋白质为主，而瘤胃球菌型与酒精以及不饱和脂肪酸相关（这两种肠道型在西方国家很普遍）；普氏菌型对应的饮食结构以糖和纤维为主（常见于以谷类为食的乡村）。

　　然而，大量的细菌为常见菌种，如大肠杆菌。它经常用于实验研究，在上一章我们曾谈到它的基因组检测。其属名是为了纪念儿科医生特奥多尔·埃舍里希（1857—1911）：1885年，他在粪便中分离出大肠杆菌。每个人体内有几千亿大肠杆菌，所以在地球上有……超过十垓！但是决定我们身份的是其他五千种可选择组合的细菌。比较二十个人身上的细菌发现，80% 的细菌种类是独有的。微生物群落的组成是个人身份的一部分，而且它较稳定，变化缓慢。这个身份带有群体的印记，因为每个人的微生物群落和一起生活的人相似，相似度高于社交圈的人。这可能是因为住在同一处，有人与人之间的接触，甚至是相同的习性。这与环境和基因共同决定的观点是一致的。事实上，在双胞胎或者母女身上，微生物群落也通常相似，至少在一些菌种上（如瘤胃球菌）是相似的。在下一章我们还会了解到，一些易感基因会造成微生物群落的病变。

　　除了易感基因，环境也可以改变微生物群落，尤其是饮食的改变，这也是肠道型和饮食相关的原因之一。环境还包括不请自来的微生物群落，它们来自近邻、家人、朋友等等。将母鼠对调的实验可以证明这一点。一组鼠的后代出于基因的原因，会出现由克雷伯氏菌和奇异变形杆菌引起的肠道感染。如果用这组鼠的母鼠喂养其他没有这些症状的幼鼠，幼鼠们可能获得这些细菌，出现感染。相反地，如果用一个对此不敏感的母鼠喂养对此敏感的幼鼠，它们不会得病，因为接触不到有害细菌。总的来说，微生物群落的发展受易感基因和环境的共同影响。

　　尽管我们的肠道微生物群落长远来说是稳定的，但其中也会有变动，最粗暴的例子就是口服抗生素，微生物群落首当其冲。治疗期间细菌数目和种类急剧下降，那些抗生素耐受的种类会相对增加。这会导致有抗生素耐受的细菌通过粪便进入环境，并将耐受性扩散，导致抗生素的疗效降低。短期抗生素治疗需要一个星期以恢复到治疗前的微生物群落水平，对抗生素敏感的细菌也有这种韧性。就像是森林遭受大火后重生，微生物群落通常会慢慢地恢复。但是，我们发现，微生物的多样性的改变有时会持续，可以持续到服用抗生素后许多年，尤其是持续服用时。再用植物界相似的生态过程打比方，这就像森林大火后荒原和灌木长期覆盖的状态，森林重生受到阻碍或延缓。

　　腹泻是另一种变动情形，这和入侵病原菌的繁殖有关。腹泻在西方环境中已经少见，但是在其他地方还是很常发生。这可能要说一下阑尾。这个器官对应动物的盲肠，不发达。医学上只有提到阑尾炎，将其堵塞时，细菌的滋生有使其破裂的危险，一旦破裂，细菌就会进入腹部引起腹膜炎，有生命危险。阑尾是无用的退化器官，是远祖遗留下来的，他们更偏爱植食，盲肠也应该更发达。有时，我们会趁其他手术之便将阑尾切除，以免后顾之忧。然而，既然有阑尾炎的风险，为什么我们人类还会保留它呢？既然阑尾没有任何优势，那些没有阑尾或者阑尾严重退化的人应该早就是主流了……因为我们已经预设阑尾是退化器官，可有可无，所以没有人真正去研究它的作用或它被切除后的影响。两个独立研究分别指出，切除阑尾增加了，或者相反地减少了患结肠癌的风险。医学界对这一问题依旧没有兴趣，但是微生物学家知道，阑尾里的细菌很多样，由阑尾分泌的液体将其送进盲肠。我们认为，在腹泻频繁的时候，阑尾独立于这些汹涌的流动，可以更快地给肠道接种有用的菌株，像是生态被干扰后的修复者。其他学者认为，在这个地方，免疫系统学会识别好细菌（比如肠胃里的那些），避免过激反应。阑尾的角色和它与微生物关系的关联还需要更多的探索。

在母亲的帮助下，我们如何组装微生物群落

肠道微生物通过口腔进入，所以成功翻越了胃酸的屏障。

婴儿出生前是无菌的，让我们来看看微生物最开始是如何进入的。起初，单一的微生物群落在皮肤、身体开口和肠道形成。与外界的第一次接触很重要：自然分娩的新生儿一出生就会被来自阴道（乳杆菌）和粪便（拟杆菌和双歧杆菌）的微生物感染，因为它们在出生的接触区域，而剖宫产的新生儿避免了这种接触，获得的微生物群落和母亲皮肤上的更接近（这也是接触的缘故），比如各种葡萄球菌……这些最开始的微生物群落有有氧菌，也有可以发酵的，它们能在肠道待几个星期。它们通过呼吸获得氧气，随着梭菌、拟杆菌和其他双歧杆菌等微生物的到来，在组成上转向更严格意义上的厌氧菌。但是，每个身体部位的微生物群落也有其独特之处。

出生后的头几年，肠道微生物群落保护机制的形成和稳定至关重要。它必须完成多样化，也要包含有益菌，如双歧杆菌。这些细菌能抵御病原菌的入侵，特别是通过降低肠道渗透性和控制炎症，从而避免免疫系统做无用过激反应。初生婴儿前几个月的哭啼不仅是表达饥饿，也是表现消化过程的痛苦，或者是病原菌引起消化道紊乱。这提醒我们微生物群落健全的重要性。相反地，早产儿的消化道还未发育完全，微生物群落形成受阻，不够多样化。大约5%的早产儿会出现坏死性小肠结肠炎，即"投机主义"细菌让小肠坏死，其中30%的情况会危及生命。如果我们给早产儿用双歧杆菌预防治疗，病发的情况要减少一半。我们提供的这种有益菌被称为益生菌，对婴儿使用的推广发展迅速：益生菌（乳酸杆菌和双歧杆菌）可以将腹泻的频率和时间降低一半以上！

　　总的来说，婴儿肠道内需要达到一种平衡，既促进益生菌的生长（如双歧杆菌和乳酸杆菌），又限制有害菌的生长（如大肠杆菌、葡萄球菌、梭菌，还有其他病原菌）。当这种平衡受阻，微生物群落会阻碍免疫系统的发展，并增加成长之后患上各种疾病的风险，包括自身免疫性疾病，如哮喘、Ⅰ型糖尿病（我们会在之后谈到微生物群落和这些疾病的关系）。除了早产，阻碍这种平衡的至少有三个因素。第一个因素我们已经提过，即剖宫产。婴儿获得的肠道菌群来自皮肤，这和人类的进化不符，尤其是在身体的该部位和生命的该阶段；我们可以用阴道分泌物来修正剖宫产新生儿的微生物群落，但是这还没有进入常规操作。第二个因素是长期的抗生素治疗，滋生"投机主义"细菌。第三个因素也是最意想不到的，是配方奶粉的使用。在这一点上，母乳更有益。但是原因是什么呢？

　　母乳喂养从两方面帮助形成"好的"微生物群落。首先，乳头表面和乳腺都是细菌的来源：每毫升母乳的细菌含量可达100万个，而配方奶粉和消毒后的奶嘴完全没有细菌。然后最惊人的是母乳中含有益生菌的食物！我们经常谈论母乳中的抗体，它们也的确有助于调节婴儿微生物群落的组成，但是我们忽略了另一个成分。人类的母乳中含有大量的寡糖。它们是母乳的第三大成分（每升15克），排在乳糖和脂类之后，但排在蛋白质之前！因为婴儿不能消化寡糖，长期以来我们忽略了它们的生物作用。配方奶粉中也没有寡糖，因为原料牛奶中没有它们。但是，这些寡糖间接地扮演了重要角色……

相反地，如果母亲营养不良，寡糖的量减少，会导致婴儿的微生物群落不那么健全。如果我们把健康婴儿的微生物群落接种到无菌鼠身上，无菌鼠能正常成长。反之，如果接种的微生物群落来自营养不良的婴儿，无菌鼠的成长就要慢一些。只要给无菌鼠提供健康婴儿的细菌或人类母乳的寡糖提取物，这种不利于成长的状况将被扭转。而母亲营养不良时，情况与健康时相反：母乳缺乏寡糖，微生物群落会变得不利于婴儿的成长。也就是说，寡糖可以"修正"微生物群落，事实上，它们是通过给双歧杆菌和乳酸杆菌供养实现的，这些益生菌能消化寡糖。

比如，婴儿双歧杆菌的 DNA 中有大量的基因可以发现和消化寡糖，这和母乳相适应。在母乳喂养的婴儿身上它更有竞争力，发展得更好。这是人类和一些对微生物群落有利的细菌共同进化的惊人证据。也就是说，在进化中，一方改变另一方，反之亦然。一些拟杆菌也可以利用寡糖；乳酸杆菌没有消化寡糖的基因，但是可以利用双歧杆菌消化寡糖后的产物。有意思的是，早在 20 世纪初，我们就知道喝母乳的婴儿排出的粪便中含有的双歧杆菌是吃配方奶粉的婴儿粪便的 10 倍，但是我们不知道其原因和好处……和益生菌对比，这些寡糖代表了另一种操控微生物群落的方式：它们属于益生元，即间接对健康有好处的分子，通过迂回的效果对微生物群落的组成起作用。

这些母乳的寡糖还有第二个功能，是起直接保护作用：一部分的寡糖和肠道细胞膜上分子相似，病原菌一般与其结合，进而攻击。这样的话，寡糖通过引诱的方法困住入侵者，让它们不能附着在真正的目标上。如今我们在配方奶粉里加了动物或植物来源的寡糖，主要是因为不知道如何合成母乳中的寡糖——被进化论证的最优选择！但是添加后的效果不一，时好时坏。在哺乳的过程中，人的微生物群落进入了一次共同进化。世界卫生组织建议婴儿前六个月采用母乳喂养，可以改善健康情况，促进身体和认知的成长，以及增加成活率；肠道菌群对此贡献巨大！因此，我们出生时，母亲给我们提供了益生菌（我们的第一个微生物群落来自阴道细菌）和母乳中的益生元。

断奶后，微生物群落的发展继续。父母都很清楚，因为婴儿粪便的味道改变了：当食物没有母乳容易消化时，细菌们要"处理"这些不同的物质，会产生难闻的硫化物或氮化物。微生物群落也继续纳新，这与嘴接触的物体（"别把手指放进嘴里！"）、食物、大人的亲吻和抚摸有关：我们仿若看见抚摸经过时的微生物！但是肠道菌群在幼儿身上不稳定，变化多，而且每个幼儿的情况不一样，哪怕是双胞胎。直到两三岁的时候，它的组成才逐渐稳定，有了成人微生物群落的特点。微生物群落稳定所需的时间和幼儿学会说话或走路的差不多！接着，微生物群落还会演变，但是变化少一些，幅度也小一些，直到成年时它

178

完全稳定，只会在两种情况下变化：长期的饮食习惯变化和短暂的突变，如使用抗生素和腹泻。随着年龄的增长，过了六十岁，微生物群落"又回到婴儿时期"，它的组成开始多变且无序，和当年没什么两样。

总的来说……

我们从不孤单，我们和细菌的共存兴许更亲密。通过细菌DNA的检测甚至能在健康的人体组织中也发现几个细菌。我们自问这个发现的意义：是信号错误（因为检测方法的灵敏度调到了极限，对污染很敏感）？还是一群因灭门逃亡的入侵者？或者是神秘常客？值得注意的是，在某些疾病情况下，它们的数量会增加……胎儿也会受到轻微的入侵：胎粪中有一些细菌。也许，在未来，盘点我们的微生物群落的时间会更加漫长，而我们的身体深处也没有我们现在认为的那么无菌。

在下一章深入探讨肠道菌群的角色之前，我们先来盘点一下。我们的身体，从表皮到最深的腔体，是一个非常多样的微生物生态系统。我们时常会读到，人体拥有的细菌数量是人体细胞的10—100倍。这个仅依据20世纪70年代的唯一推算而得以传播的说法最近有了新的估算：一个中等身材的人，肠道内有10万亿个细菌，皮肤上有1万亿个细菌；身体的其他腔体内总共有大约1千亿个细菌。这里没有包括酵母菌，因为其数量较少。而这个人自身有 10 万亿个细胞，如果将红细胞算在内的话（红细胞比较特殊，比一般细胞小且没有 DNA，数量巨大，占人体细胞的 85%）。这样看来，数量差不多，但已经很惊人了——不要忘了，细菌细胞比人体细胞小多了，同等数量的细菌细胞体积更小。但是，如果不算红细胞即只算有 DNA 的细胞，1 个人体细胞对应大概 10 个细菌。这个比例因个体和阶段不同而有不同。当个体大小相同时，女性的红细胞数量少于男性，但是肠道细菌数量持平，也就是说，从数量上看她们体内的细菌占比更大。排便后，体内的细菌大量排出，我们人体细胞短暂地在数字上占优势，不过细菌繁殖会马上再次夺回优势。

最终，我们会在第九章发现，其实每个人体细胞的结构里都各自带有百来个细菌，这一发现将让我们丧失任何优势。但是和细菌数量比，其种类多样性更惊人：我们已知能在人体生活的细菌超过 10000 种。我们的生活习惯已经将这种多样性进行了大量的修改，让我们每一个人都像是一座与众不同的岛屿；我们西方人的卫生习惯能帮助我们预防疾病，让微生物群落不能自然生长。皮肤过度清洁、剖宫产、使用配方奶粉，甚至是切除阑尾……我们自认为比大自然做得更好，也的确解决了一些问题，但是现在看来，这些对微生物群落有副作用。诚然，抗生素疗法、剖宫产和配方奶粉还是有必要的，这是个人和治疗上的选择，不能全盘否定。但是，这些方法在创建时未能考虑到微生物群落，这也是希望微生物学家有一天能给医生讲课的原因之一。未来，也许辅助疗法能缓解它们对微生物的副作用。2016 年，美国食品药品监督局已经禁止销售二十余种杀菌剂，特别是三氯生和三氯卡班。这两种杀菌剂出现在 2000 多个品牌的抗菌皂里。

也许，我们以后可以像打理花园一样打理我们的微生物群落：我们种下需要的种类（益生菌），通过改良和"施肥"促进它们的生长（益生元）。往宽了说，饮食就是一种形式的益生菌；目前已经有一些推荐的日常注意事项了，包括适度清洁的卫生习惯，合理使用抗生素，还有饮食——注意摄入膳食纤维，每天吃 5 种果蔬，因为我们的膳食纤维摄入量只有推荐摄入量的 50%。读下一章的时候要好好想一下。

杀死所有的微生物也不能让我们避免病原菌。幸亏有了其他的微生物，我们世世代代才能削弱、排除和耐受病原菌。这里就出现了一个观念，即一定程度的"无用"细菌是有利的。我将这个观念称为"干净的脏"。

找回我们和微生物的和谐关系对后面的世代至关重要，尤其是我们西方人（我们会在本书结尾再讲到），因为改善健康的愿望都取决于此。如果你们在阅读前文时表现出极度的厌恶，那么你们是在否定或摒弃自己的一部分——这和文化有关。然而，微生物和我们的身体不可分割，和生命息息相关。让我们再回到哺乳的例子：如此亲密的时刻，在母亲的哺育下，细菌和人一同完成了共同进化……婴儿和母亲其实也是不孤单的！

　　这就是我们的微生物群落的全貌了，哪怕接下来我们会看到消化道微生物群落在数量和角色上占主导地位，在我们的身体里，无论是结构上还是功能上，微生物都无处不在。现行的许多研究方法都把注意力放在消化道，让我们忘记了微生物无处不在。这种把目光聚焦在一处的方式，就像是局限在我们体内微生物的一个泡泡里。然而，正如书中最开始几章讲的植物一样，我们的身体也是一个微生物组织，微生物与我们的身体你中有我，我中有你。在关于动物的章节里，我们主要讨论了和动物生理结构相关的微生物群落（瘤胃、营养体、培养真菌），但在它们的身体内部，微生物也无处不在：皮肤、其他不同部位……在人体里，和生理结构最相关的微生物群落应该就是在消化道了，那我们现在就来看看。

第八章

受控于微生物的人（2）

"法力无边"的微生物群落

　　这一章我们将大量观察小鼠和人类；我们将了解自身如何与微生物共同完成消化，而微生物又如何在肠道之外引导食物；我们将看到微生物群落如何有意无意地改变它们寄居的身体，正如我们布置公寓、买家具；我们将了解微生物如何介入一些病理，如何成为我们生长发育中的必需品，甚至影响我们的行为。最后，我们会发现自己其实是微生物的"玩偶"。

我们的肠道：共生消化系统

　　直到今天，我们仍无法想象如何用实验证明微生物对人类的作用。小鼠依旧是理解和测试的替代物，特别是实验室培育的无菌鼠。通过对比实验，这些无菌鼠可以告诉我们，微生物群落尤其是肠道微生物群落的功能。无菌鼠消化吸收营养物质的效率低下，为了保持和正常鼠相同的生长速度，它们要多吃20%—30%的食物，而粪便中还有大量未被利用的物质！它们的肠壁很薄，肌层欠发达，供血不足；它们的腺体细胞数量少，产生的消化酶也少。无菌鼠告诉了我们微生物群落在消化功能和肠道结构上的重要性。

对于人类也一样，微生物群落是消化系统的联盟军。作为后胃发酵的动物，我们不能消化我们的共生体，因为它们在胃的下游，但是我们可以利用它们在活着或者死后释放到肠道的分子。和许多动物一样（见第四章和第六章），我们的微生物群落产生基本氨基酸（特别是色氨酸、酪氨酸和组氨酸），维生素（维生素 K、维生素 B_9、维生素 B_{12}、维生素 H、维生素 B_1、维生素 B_2……），还有如吡哆醇的其他有用分子……此外，细菌注入肠道的消化酶也促进消化。拟杆菌门就是以产生不同的酶著称，如多形拟杆菌。该普通肠道菌能分解我们无法消化的植物细胞壁的多种成分。日本人经常食用红藻（如寿司用的紫菜），体内的平常拟杆菌能消化这些藻类细胞壁中的复杂多糖、琼脂和紫菜聚糖；西方人因为不常食用红藻，体内没有这种细菌，所以不能消化这些糖类。

人体内的细菌利用一部分的食物和消化产物进行发酵，但我们会回收同化它们发酵产生的短链脂肪酸。丁酸被肠道细胞利用，产生能量，用于呼吸作用（肠道细胞可以利用血氧）。乙酸盐和丙酸盐在肝脏转化成糖和脂类。和第四章的牛一样，我们也会回收一些发酵产生的气体！但是，这只占我们总能耗的5%—10%（而不是80%）。

在消化脂类的过程中，胆盐的肠肝循环将身体和微生物群落联系在一起。因为胆汁的缘故，肝通过胆汁将胆盐排到小肠；当家禽或者鱼类的胆破了，肝脏和肉质发苦就是因为胆盐。胆盐的成分由两部分组成：一部分是亲脂性（即可以和脂类混合）的甾体，一部分是亲水性（易溶于水）的牛磺酸或者甘氨酸。一半亲脂，一半亲水，这不就是肥皂！这些有机清洁剂有两层功效。第一，它们将食物中的脂类分散成小液滴，就像是把洗洁精倒在了餐盘的油渍上：亲脂的部分和脂类结合，亲水的部分让其有水溶性，便于和环境中的液体交换。因此，脂类接触消化酶的机会增加。第二，它们可以控制微生物的繁殖。对于许多细菌来说，这些成分有毒仅仅是因为它们会分散细菌细胞膜上的脂类分子。细菌如拟杆菌、梭菌或者大肠杆菌会采取自我防御，用它们的酶将亲水部分和亲脂部分分开，让胆盐的清洁的特性因此消失，不仅如此，这些细菌还可以吃掉亲水的部分！到肠道的末端，90%的亲脂性甾体被重新吸收。它们回到肝脏，肝脏重新利用它们合成新的胆盐。在这个循环游戏中，每个甾体分子每天经过肠道大约8次。其乒乓效应不仅仅作用于细菌：从胆盐释放出的甾体有激素的作用，胆盐及其衍生物的平衡可以调节体内的脂类和糖类的代谢（我们将在后文中谈到和肥胖的关系）。此外，这个平衡关系也能调节肠道免疫系统

186

的反应。胆盐的肠肝循环见证了微生物群落和免疫系统（后文也将谈到）的复杂关系，也见证了微生物群落和人体的强大生理功能整合，因为脂类的消化是共生中出现的功能。

肠道微生物群落的共生加持让我们能真正地消化食物……但这种帮助不仅仅是消化这么简单。

肠道微生物群落改变了其所在的身体。在第八章，我们将继续前一章探索我们体内微生物的功能。我们将描述它在食物消化、食物中毒和营养吸收利用中的正面角色，也会对应地揭示它在功能紊乱时的反面角色，如糖尿病和肥胖。我们将看到，微生物群落如何保护我们（包括直接作用于侵略者以及免疫系统的成熟）。然后我们将探索免疫系统为什么可以对微生物群落产生耐受。最后，我们将探讨肠道微生物群落对成长发育整体的影响，和对行为以及社交产生的影响。我们还会经常绕个弯讲一下疾病，其实它反过来解释了健康；当每次我们需要做试验的时候，大鼠或小鼠也会再出现。

面对食物毒素的共生保护

正如前几章讲过的动物的例子，我们体内的微生物群落可以解食物的毒，这其实也是一种自我保护。比如，对大豆苷元的耐受，这还是和消化红藻多糖一样，与文化相关。大豆里的类黄酮是致癌的，它能模仿一些类固醇激素，改变细胞的功能，它是天然的致内分泌紊乱者……一些老的大豆品种对西方人有毒，这是始料未及的，因为大豆对于亚洲人来说是健康食品。然而，许多亚洲人体内的微生物群落里有一种细菌，可以将大豆苷元转化成 S-雌马酚。这种衍生物可模仿激素，但作用要正面一些，能防癌和缓解更年期症状，尤其是脱钙。60% 的亚洲人（比如中国人、日本人、韩国人）具有这种细菌，而在西方人中，这个比例只有 25%，因为获得它的途径是要和具有该细菌的个体共处……

但是，通过微生物群落改变食物分子是把双刃剑，因为无法保证它的功效只是正面的。2008 年中国的三聚氰胺奶粉事件就是一个例子，使用它是为了偷偷地提高食物中氮的含量，这个指标一般反映了食物中蛋白质的含量。不幸的是，三聚氰胺加速肾脏里的结晶，可能引起病变，这些结晶并不是三聚氰胺形成的，而是它的衍生物三聚氰酸，这正是由敏感个体肠道中的克雷伯氏菌产生的！因此，三聚氰胺的毒性是来自细菌对它的改变……

另一个值得我们在饮食选择上注意的例子，是心血管疾病和饕餮大餐有一定的因果关系。一些细菌将肉类中的肉碱和脂肪中的磷脂酰胆碱转化成三甲胺，然后肝脏将三甲胺转化成氧化三甲胺。然而，氧化三甲胺会促进脂肪在循环系统沉积（即

188

动脉粥样硬化），引起心血管疾病。如果把有血管疾病史的小鼠的微生物群移到无菌鼠身上，我们会发现，给这些鼠吃大餐，它们的氧化三甲胺转化率将上升，动脉粥样硬化加剧，而同样的食物对无菌鼠影响甚微。这个例子中，微生物群落和宿主互动形成氧化三甲胺，这便是"共同代谢产物"，即产物由共生双方联合代谢形成。

这样看来，改变食物的不仅有我们自身的代谢作用，还有微生物群落的参与，它也对部分衍生物起决定作用。在服药的时候，微生物群落影响特别大，因为微生物群落可以把药物转化成有效或无效的衍生物。正常情况下，因为和硫酸盐或糖的结合，这些衍生物更加容易溶解，加速将其和尿液一同排出。地高辛是一种治疗多种心脏疾病的强心药，但有些病人对该药没有反应。因为这些人的肠道里有一种细菌，叫迟缓埃格特菌，它能让地高辛失效，变得更容易溶解并迅速排出体外……在药典和医药处方中，微生物群落应该要被考虑，这再一次说明微生物群落是我们身体的一部分，包括其代谢。未来，也许医学界会将微生物群落纳入其中综合考量，根据每个个体包括微生物在内的状况，开出相应的药和剂量……

微生物决定我们身体里食物的去向！

在微生物群落对食物消化及其去向的影响中，需要强调的是它对代谢疾病的影响。这些疾病困扰着现代社会的人类：肥胖和糖尿病。对于这些疾病和微生物群落关系的研究，明确了微生物在基本消化功能之外，还扮演着宏观调节人体代谢的角色。

和肥胖息息相关的是参与消化的微生物。其种类单一，性质不同，这尤其体现在厚壁菌门和拟杆菌门的数量比：在身体肥胖的人群里，该比例为 99∶1；而在身体纤细的人群里，该比例为 90∶10。我们在小鼠试验里有同样的发现，证明了微生物群落和肥胖的因果关系。我们用能导致正常鼠肥胖的食物喂养无菌鼠，无菌鼠体重基本不变，脂肪也没有增加。一旦我们给它们接种来自正常鼠或肥胖鼠的微生物群落，情况就会发生改变。食物不变，它们都将增重，体脂增加；而接种了肥胖鼠微生物群落的那些鼠，这一现象将更加明显。

导致肥胖的微生物群落的出现和基因有关，也和环境有关，尤其是高脂高糖的饮食习惯。值得一提的是，如果肥胖人士节食成功，厚壁菌门和拟杆菌门的数量比会回到正常值！这再次说明高纤维饮食的意义：高纤维饮食不仅能量低，还能促进抑制肥胖微生物群落的繁殖，比如普氏菌型（该肠道型在农村地区人口中常见）。该菌型中的普拉梭菌在西方人中很罕见，细菌量只有非洲狩猎人群的十分之一。据观察，剖宫产儿童的肥胖发生率翻倍，可疑对象是微生物，可能是母亲皮肤上的微生物群落（我们在前一章已经提过）使其衍生出导致肥胖的微生物群落。

　　导致肥胖的微生物群落可从食物中获得更多的能量，粪便中能量残留减少就是证据：和体形瘦的人的微生物群落相比，它能产生更多的短链脂肪酸，由宿主吸收。但是微生物群落不仅仅影响食物消化的数量。体形瘦的人的微生物群落，通过其产生的短链脂肪酸对整个身体起调节作用。在纤维素发酵的过程中，丁酸的形成（比如由普拉梭菌产生）促进了瘦素这种激素的产生。瘦素负责调节脂肪的存储，并通过控制饱足感调节胃口。当食物进入人体时，身体会观察其经过细菌代谢的产物……胃口和脂肪存储的调节是由宿主和微生物群落合作完成的，至少对体形瘦的人是如此。微生物群落的改变或者过度营养的进食，能篡改这个"良性"发酵途径，让身体对进食不再产生饱足感，脂肪开始病态囤积。

　　相反地，导致肥胖的微生物群落可产生大量的乙酸盐，尤其是当食物很油腻的时候。乙酸盐直接作用于脑部，效果与前述大相径庭。它刺激迷走神经，产生的激素放任进食和脂肪的存储。比如，迷走神经刺激胃产生饥饿素，引起食欲；刺激胰脏产生胰岛素，促进细胞内血糖转换，从而促进脂肪存贮。导致肥胖的微生物群落还降低一种物质的分泌，正常情况下，这种物质抑制脂蛋白脂肪酶的形成。这种酶把血液中的脂肪堆积在体内，尤其是脂肪组织（即我们的"赘肉"）。也就是说，导致肥胖的微生物群落通过脂蛋白脂肪酶促进脂肪的存储。

　　前文中我们提到，微生物群落的酶从胆盐中释放胆固醇；

血液中胆盐和胆固醇的平衡起到激素调节的作用，调节糖类和脂类的代谢。这种平衡被导致肥胖的微生物群落打破，促进了脂肪的存储。肥胖还会导致其他并发症，尤其是消化道炎症，这和微生物群落产生的一些物质有关，比如细菌细胞膜上的脂多糖。如此看来，整个人体的生理都在被微生物改变，然而反过来说，生理的健康运作也取决于微生物群落。

过去的五十多年里，动物饲养者的实践其实就是利用了这个肥胖原理！他们发现，少量的抗生素可以促进动物的生长。这种操作备受争议，因为它促进了抗生素耐药性的普及。然而，它在当时是个谜。我们发现，当把这种剂量的抗生素用在实验鼠身上，除了产生轻微的卫生效果，它们的微生物群落发生改变，朝着……更容易肥胖的方向。厚壁菌门的细菌越多，粪便中残留的能量越少，对脂肪存储的控制也越少……尽管无法考证，动物饲养者应该是促进了能引起肥胖的微生物群落的形成！我们在上一章讲给婴儿补充益生菌，体现的其实也是这种机制，因为这些细菌帮助生长，就像是促进肥胖的微生物群落。一些人为此担心，认为在儿童饮食中使用益生菌没有章法，也没有考虑它们的长期作用：如果益生菌在短期内对孩子的成长有利，那它们在孩子长大后不会有健康的隐患吗？谁又知道，增加能导致肥胖机制的细菌不是埋下了肥胖的种子？争议很激烈，但是我们仍缺乏数据的支撑和更宏观的思考。

微生物群落变化还会引起其他代谢失调，包括 II 型糖尿病。

这种糖尿病也是肥胖并发症，在法国有大约 350 万名肥胖症患者。患者的细胞对胰岛素有抗性，不能调节血糖；许多器官（包括眼睛）会受损，死亡风险增加。在这种情况下，微生物群落发生改变，其成因可以用粪便微生物移植实验来解释。我们通过灌肠，将健康捐赠者的粪便微生物导入患者体内。捐赠者通常是近亲，患者通常会提前接受抗生素疗法，削弱被取代微生物的竞争力。六周后，接受了近亲粪便微生物移植的 II 型糖尿病患者因为微生物的暂时改变，开始重新对胰岛素产生反应。但是，这种方法的效果不持久：病菌和糖尿病在一年后又回来了。追根溯源，还有另一个原因，可能是由基因引起的，但是微生物群落是症状的诱因。

最后，我们来看另一种生理状态——怀孕。怀孕时的代谢和患糖尿病时的接近：越临近围产期，身体越有胰岛素抗性。血糖积累改善胚胎的营养。10% 的孕妇会发展出真正的糖尿病，即"孕期"糖尿病。它通常在分娩后消退，但是也可能变成 II 型糖尿病。此外，孕期脂肪增加，为胚胎和乳汁分泌做准备。然而，微生物群落也随着这些变化而变化，其组成在孕期越来越像糖尿病患者微生物群落的组成。把孕晚期的微生物转移到无菌鼠体内，其脂肪和胰岛素抗性比使用孕初期微生物的增加得更加明显！微生物导致（即使它不是主导原因）孕期的生理变化，严重时甚至会引起病变。

因此，我们的生理和肠道微生物有着错综复杂的关系，尤其是在生病的时候。但是，这些观察也证明了微生物在身体健康时的作用。我们可以对微生物疗法抱有憧憬，但我们不应该抱有幻想：微生物不能"决定"一切，如前文所说，它只是传送带。环境和基因都改变它，因此，微生物移植产生的效果通常不长久。也就是说，我们并不是完全被微生物指引，而是彼此互相作用的；"我们"的生理构造如同共生。

这些（有时不知不觉）治疗微生物群落的方法

我们其实不知道，关于肥胖和糖尿病的治疗，至少有两种方法和微生物有关：使用二甲双胍和缩胃手术。二甲双胍的商品名为库鲁化锭，是一种降糖药，能降低对胰岛素的抵抗，减少肝脏的糖异生。然而，它也能改变消化道的微生物群落及其功能，尤其是提升丁酸的形成。我们通过前文知道丁酸有益于饱足感形成和体脂调节。在小鼠身上，二甲双胍对代谢和微生物有相似影响：它滋生嗜黏蛋白阿克曼菌。这种细菌在人体内也有，但在体瘦的小鼠身上更多。口服型阿克曼菌可以让小鼠有降糖和减脂的效果！由此看出，二甲双胍的作用一部分是通过改变微生物群落实现的……

缩胃手术通过移除三分之二的胃来治疗肥胖，手术后几个月，不仅体脂降低，由肥胖引起的糖尿病也可能减轻。但这种方法也存在一定的副作用。长久以来，我们以为减少将近80%

的胃容量仅仅是让食量下降……手术其实也对肠道菌群带来了重大改变。肠道菌群变得更加多样（体胖者的肠道菌群没有体瘦者的多样），含有更多的罗斯氏菌。实验中，将罗斯氏菌接种到啮齿类动物体内，它们的体重会减轻。此外，在宏观上，手术改变了宿主和微生物群落的交流。前文已经说过，细菌能将胆盐转化成类固醇，胆盐和类固醇的平衡调节着身体对脂类和糖类的代谢。这种现象主要和一种蛋白质有关：它是细胞受体，存在于不同组织，能感知胆盐。让我们把观察转移到肥胖的小鼠身上——它们在接受缩胃手术后，体重也会减轻；但当其细胞受体被抑制时，手术效果不再……它们的微生物群落也不再改变！和缩胃以及其引起的胃功能变化相比，微生物群落的改变和体重减轻的原因要复杂得多。缩胃手术影响了细菌活动，从而改变人体机能；人体机能的改变又反过来影响和改变微生物群落……缩胃手术改变了微生物群落和人体的互动，促使其形成了更有益的运作状态，又产生了一例共生。

在完全弄清治疗机制之前就在临床采用，这似乎让人担忧；在这两个例子中，我们在经验主义实践中不经意地重新认识了肠道菌群，它们的存在不可或缺……于健康而言，检测微生物群落一方面可以反映病理状态，这种反映甚至可能是在症状出现之前；另一方面，它能在未来需要时做出行动。目前，对人进行微生物移植还属于初级阶段（我们还未使用微生物移植治疗肥胖），也许移植或接种修正菌株会进入未来的药典。无论如何，在 2013 年，美国食品药品管理局已经批准将微生物移植作为药物。和所有治疗手段一样，微生物移植也可能会有风险和不利影响（如转移病原菌），这仍待探索。当然，我们也可以设想在实验室挑选和培育一些种类，将其作为"广义"的益生菌使用。但是，我们离实现这个设想还有一定距离。化疗会极大地改变微生物群落，法国目前研究的一个思路是在化疗前进行微生物群落取样，在化疗结束后将其重新引入病人体内。事实上，就算将微生物疗法加入现行医疗手段中，我们也不要天真地将其当作最理想或最独特的治疗手段。

微生物群落，一种"谍对谍"式的保护机制

然而，在另一个领域里，微生物移植已稀松平常，即对几种严重腹泻的治疗。人体里健康微生物是抵抗引起腹泻的细菌的最佳防御系统，这也证实了微生物的保护功能。腹泻由单一的有害细菌引起，它们（大多数情况下是短暂性的）通过竞争排挤体内一般的无害细菌。它们变得强大是因为利用了因发炎或者一般细菌缺失而产生的分子。例如，连四硫酸钾是发炎的副产物。这种硫化物可以帮助沙门氏菌利用一般细菌不利用的乙醇胺，这样一来，它们就不用和一般细菌竞争。但是，竞争是一种有效的保护机制，我们给一般细菌提供补充品（一臂之力），可以预防和治疗腹泻。给新生儿吃益生元就是这个原理，

这对成人也有效。旅行时，人的微生物群落会遇到异国的入侵者，即有"旅行腹泻"的风险；以复杂多糖为基础的预防措施，可以对一般的无害细菌起到保护作用。

在艰难梭菌引起的腹泻的情况下，竞争很难挽救一般细菌，如此一来移植就变得有意义。艰难梭菌一般量少无害，但如果数量增多，会引起严重的复发性腹泻。有时，它们可以损坏肠道，甚至需要手术切除，和前一章讲到的早产儿坏死性小肠结肠炎类似。抗生素只能减轻症状，并且会复发得更严重，因为存活的艰难梭菌会找到肠道的"空处"，在抗生素结束后重新繁殖……21世纪头十年，绝望之中，我们开始试验移植健康捐赠者的微生物群落，移植前最后使用一次抗生素进行清理……移植的微生物安扎下来，症状慢慢减轻：新的微生物在和艰难梭菌竞争时取得胜利！粪便移植是目前减轻症状最有效的方法（减轻了95%的病例，而抗生素疗法只减轻了40%的）；这种微生物的选择性移植兼有器官移植、微生物接种和生态系统重建的特性。

这说明我们的微生物群落在帮助消化道抵御病原菌入侵上举足轻重。除了这些化学性质的保护，我们的微生物群落还可以抵御生物的入侵——如你们所知，这经常伴随共生。这种保护机制多种多样，这里列举四种主要机制。第一种是微生物群落和病原菌争夺资源。我们知道，抗生素会减少我们的微生物群落，给入侵病菌机会（要吃酸奶帮助恢复消化道细菌）。这里我们又看到生态学有名的理论，即物种多样性越高，入侵者越有可能碰到"你死我活"的对手。微生物越多样，保护机制越好。过分讲究卫生削减了西方人微生物群落的多样性，对此我们只能自认倒霉！第二种是抗生素引起的多种直接反应，比如一些大肠杆菌菌株产生大肠杆菌素，这种小蛋白分子会让其他细菌的细胞膜穿孔而亡。第三种是微生物群落直接干扰病原菌入侵机制，例如一些双歧杆菌可以阻止志贺氏痢疾杆菌的毒素进入肠道细胞。这种细胞内病原菌会引起腹泻便血（痢疾）。

微生物群落训练我们的免疫系统，使之成熟

当我们把无菌鼠移出无菌环境，它们极有可能遭遇消化道感染，这就是第四种也是最后一种保护机制。无菌鼠的肠道免疫系统是衰退的：正常情况下，80% 的免疫细胞聚集在肠壁，随时准备反击入侵；在无菌鼠体内，消化道免疫组织发育迟缓，几乎没有淋巴细胞，因为周围的淋巴结都未发育成熟……和免疫相关的基因也完全没有表达，如分泌保护肠道黏膜抗体的基因。但是，如果我们给它们移植微生物群落，或者一种细菌（如脆弱拟杆菌或大肠杆菌），这些情况会得到改善，至少在幼年鼠身上是这样的。在正常鼠的体内，微生物群落的存在能完善免疫系统，使之成熟。让免疫系统成熟的信号可以很多样：细菌被消灭或者细菌细胞膜的脂多糖分子可以让无菌鼠的免疫系统成熟，细菌代谢产生的分子（如包括丁酸在内的挥发性脂肪酸）

也可以。

　　菌群导致的成熟不能和简单的免疫反应混淆，因为它是一种加强型反应机制，不是一般的免疫激活；生物体能对入侵做出更快、更强的反击。这让我们联想到，第二章中植物根部共生体也能加强免疫的反应能力！这种相似不止于此，因为我们还发现，在任何情形下，这种影响有另外两种表现。第一，这种反应可延伸到整个生物体：研究表明，无菌鼠接收菌群或者拟杆菌脂多糖后，面对入侵时能在全身更快地复制淋巴细胞。第二，这种影响不仅是做出反应，也可以缓和某些反应：当炎症出现在无菌鼠的肠道，甚至是出现在肺部等其他器官时，淋巴细胞中的"自然杀伤"细胞会被激活，并大量涌现。但是，如果我们给无菌鼠接种菌群，这种反应会更平和。相对于简单激活，菌群在此引入了复杂的调节和免疫系统的"成熟"模式，这只能通过共生获得。

　　现代社会过敏性疾病和自身免疫性疾病的出现，反过来证明了菌群在免疫系统"成熟"中的角色。这些让免疫系统攻击自身的疾病部分源自一种基因，是与生俱来的，但菌群也可以致病。例如，克隆氏症（发炎性肠道疾病，可能发生于其他器官）或肠易激综合征（消化困难，伴有腹痛、头痛、疲倦，甚至忧郁）都和菌群的改变有关。我们把健康菌群移植到这些患者身上后观察到，25% 的患者的症状暂时得到缓解。有趣的是，在两个健康菌群捐赠者中，一个人的菌群对患者无效，另一个人的对

40% 的患者有效。也许今后会出现"合格"的菌群捐赠者……

过敏性疾病（如哮喘）在 20 世纪的西方社会大量出现，"过敏"一词在 1906 年出现！过敏是由免疫系统对没有大碍的过敏原因子过度反应造成的。然而，过敏发生率在发展中国家和我们的乡村要低很多，比如，城市儿童的过敏发生率比乡村儿童的高 3 倍。狗可以传递各式各样的细菌，养狗也能降低儿童过敏的发生率，尤其是降低 12% 的哮喘发生率。虽然在儿童体内我们找不到来自狗的细菌，但是家里有狗的儿童的菌群比没有狗的要多样，这应该是狗大量接触了家里各种物品的表面造成的。胃里有幽门螺旋杆菌，哮喘的发生概率也会降低一半；在小鼠身上做哮喘反应试验，那些接种了幽门螺旋杆菌的小鼠的症状轻得多……

总的来说，菌群刺激淋巴细胞，淋巴细胞降低炎症的程度，抑制那些触发炎症的淋巴细胞，如前面提到的自然杀伤细胞：哮喘和自身免疫性疾病就是由于菌群让这种抑制失效。一种流行的健康理论认为，现代城市的卫生整洁阻碍了免疫系统的正常发展。过分消毒的西方生活模式导致消化道菌群缺乏多样性，发展缓慢，经常受到抗生素的制约，有时造成免疫系统不可逆转的功能不健全或反常。我们免疫系统的发展经历了历史的选择；显然，今非昔比。因此，我们的身体不能总是对新的条件做出与之相适的反应……

健康理论事实上推动了有效疗法的出现。在芬兰有一个著名的实验：给孕妇和她们的小孩服用干酪乳酸菌。和安慰剂组比较，孩子两岁时患湿疹的频率减少一半。我们对清洁的执着还波及了家畜，例如和放养的猪相比，圈养的猪有炎症时情况更严重，脂类代谢问题更突出；放养猪体内的微生物群落更加多样化，有保护功能的乳杆菌尤其丰富。健康理论和"干净的脏"不谋而合：一定程度的脏对于免疫系统的正常发展和运作是必要的。

除了肠道菌群的直接防御，免疫系统的发展调节让其保护功能更加完善，并推及全身。这让我们想起前一章皮肤上的防御机能和第二章的植物免疫机能：任何情况下，直接防御和宿主调节协力提供保护。

我们如何对共生菌群产生耐受？

免疫系统的成熟让其反应更灵敏，但不影响对肠道菌群的耐受。让我们花点时间看看这至今仍无法完全理解的私密耐受空间：在七八米长的肠道内，菌群形成的防御网足有 250 平方米！对菌群的耐受意味着和菌群保持距离。首先，它们自己产生一种黏液，将其与肠黏膜细胞分隔开；黏液在肠道中会越变越厚，细菌也变得更稠密。靠近菌群表面的黏液聚集着有益或者不太有害的细菌，如双歧杆菌或者普拉梭菌，它们从黏液中吸取养分（在化学成分上，养分和前文提到的母乳中的寡糖相似！）。这些细菌有两个作用：一方面，它们给黏液表面形成生物膜，屏蔽其他细菌，尤其是病原菌；另一方面，它们让黏液表层发酵，释放丁酸。丁酸除了前述的积极功效，还会促进黏液的分泌。这一点上，它们和其他如多形拟杆菌的细菌一样，这些细菌直接刺激分泌黏液的细胞。因为刺激不足，无菌鼠几乎没有黏液。菌群从黏液吸取养分，又促进其形成，这个良性循环取决于黏液。细菌不能过度利用黏液，因为一旦没有了它就失去了保护，这里我们再次发现食物中纤维的重要性，因为形成生物膜的细菌也可以从中获取养分，同时纤维可以防止黏膜变薄。相反地，缺乏纤维的饮食会有细菌损害肠黏膜的风险。

黏液深处靠近肠道细胞的地方，细菌被完全排除。免疫球蛋白 A 和对细菌有毒的小蛋白分子让这里成为不宜生存的"无菌之地"，再无畏的细菌也会被驱走。在这些抗菌蛋白中，防御素穿透细菌细胞膜，聚集形成管道，细胞内物质外溢致死，如大肠杆菌素。黏液在此有赏（表面形成生物保护膜）、有罚（在深处杀死无畏的细菌），保护了肠黏膜。

我们还需要明白，位于肠黏膜另一边的免疫系统为什么没有时刻处于警戒状态。免疫系统是用来防御细菌入侵的，肠道内的细菌代谢物理应启动免疫系统，即时刻处于发炎状态。至少有两个机制让其得到缓和：学习和局部减轻。第一，免疫系统是有学习能力的。小时候，免疫细胞主要在位于颈部以下的胸腺学习，排除那些对身体不利的病原体。另一个学习地点是肠壁，排出那些对菌群中无害细菌释放的分子有反应的细胞（部分参与学习的是微生物）。此外，我们的阑尾可能是这个学习过程中的最佳地点之一。第二，免疫反应是看情况的：在消化壁内，局部减轻是由微生物群落和宿主共同决定的。例如，拟杆菌的脂多糖能激活免疫细胞，宿主也会对相似的局部反应释放有调节功能的小蛋白（细胞因子）。一些细菌可以通过产生的丁酸直接抑制炎症，如普拉梭菌。然而，在组织细胞深处，吞噬细胞、潜伏等待穿过黏膜的入侵者，一旦遭到病原菌入侵就会做出免疫反应。就这样，在和肠道菌群的接触中，消化道学会常规调控无用的炎症。

导致菌群耐受的机制目前还不清楚，但看起来应该是一种共生功能：调节黏液的形成、学习、局部反应的调节……这一切都源自共生体的互动。需要重新审视免疫系统局限于排除病原菌的看法：不仅在肠道局部，还在任何有微生物群落的地方，免疫系统更像是微生物群落的放牧人、看守者（且不具备攻击性）。微生物不能全部被剔除，免疫系统也扮演了筛选和耐受共生菌群的角色。同样地，微生物释放的分子并不总是有攻击性的：在某些情况下，如有细胞病变的分子出现时，它们会起到防御作用；但在另一些情况下，它们仅扮演对话的角色，比如免疫系统的成熟和调节过程……微生物释放信号不总是坏事，我们和微生物的关系也不仅仅是防御。

微生物影响小鼠的发育和行为……

是的，读者此时会觉得，免疫系统的形成有微生物群落的功劳，从本质上说这是有逻辑的，因为它的功能恰恰是管理微生物。然而，事实上微生物对人体发育的影响要更复杂，让我们再次用小鼠做实验。

这个实验把两块木板十字交叉并置于高处：一块木板的两边安有高的隔墙，能遮住周围环境；另一块木板则保持开放。一般来说，小鼠会避开没有遮掩的木板……众所周知，它们是躲在阴影下生活的。而把实验对象换成无菌鼠，它们却会到处跑！如果把无菌鼠放在一个半遮阴的围栏里，它们也会比正常小鼠在有光线的地方待更长的时间。看护者了解它们的简单行为：好动、不怕生、不焦躁、记忆力有问题等等。但是，一旦我们给幼年无菌鼠接种正常的微生物群落，它们的行为就会趋向于正常小鼠的行为。这种行为的恢复情况没有在成年无菌鼠身上观察到，说明这种差别来自微生物群落，而且微生物群落只作用于发育早期。

其实，在无菌鼠身上，神经系统的功能特别不一样……它们的神经递质减弱得要快一些。神经递质在神经元之间传递信息，这种信息传递发生在两个神经元相接触的突触。微生物群落的缺失改变了大脑内许多基因的表达，其中一些基因和焦虑、突触重建和稳固的能力相关。同样地，给幼年无菌鼠接种微生物群落可以使其神经恢复正常，但这不适用于成年鼠。微生物群落对无菌鼠神经系统的影响是普遍而广泛的，例如它们的嗅觉组织对气味的反应异常……因此无菌生活非常不一样，微生物群落对发育的影响不局限于免疫系统和消化系统。

微生物群落也可以修改小鼠的行为，但这种修改不大且可逆，举两个例子。抗生素疗法改变小鼠的行为和微生物群落的改变有关：它们变得不那么胆怯，行为更加有试探性，表现得和无菌鼠一样。一旦停用抗生素，这些变化马上消退。为了摆脱抗生素的影响，另一个方式是移植微生物群落。不同鼠种的行为不一样（有些害羞，有些爱冒险），我们把它们的微生物群落分别移植到同一种类的无菌鼠体内。尽管无菌鼠们的基因是相近的，但它们的害羞程度不一，这和提供给它们微生物群落的对应鼠行为相符！因此，微生物的种类影响鼠的行为。

微生物群落是如何影响神经系统的发育和运作的呢？至少有三种途径。第一种是直接产生激素类似物和神经系统调节分子，如神经递质。例如，血清素是一种多功能分子，它调节情绪以及健康（百优解之类的药物可以促进血清素的合成）。微生物可以大量合成血清素。当无菌鼠获得一个菌群，它的血清素含量就可以提高3倍！原因有两个：一方面，菌群会刺激产生血清素的细胞（90%位于消化道）；另一方面，一些细菌可以自己产生血清素，并释放进入鼠体内。由消化道细菌产生可能影响神经系统的激素和其他化合物太多，如褪黑素、乙酰胆碱、多巴胺、γ - 氨基丁酸……它们足以占领神经系统，和来自消化道的合成物一同起作用。除了这种直接影响，神经系统和免疫系统也频繁互动。我们已知免疫系统依赖于微生物群落，免疫系统就是第二个途径，负责完成一部分与神经系统的对话。我们对这个途径的认识仍有限。

当小鼠体内有鼠李糖乳杆菌时，它们不那么容易抑郁。这个例子阐明了第三个途径。要知道一个啮齿动物是不是抑郁，通过问话是不可能知道的，我们采用了强迫游泳测试，评测其面临溺水威胁的求生能力。动物被放进一个装有水且无法逃脱的玻璃容器里，我们记录它不挣扎的时间。这段被动的时间用于推测动物的抑郁程度，当给它服用抗焦虑药或者抗抑郁药时，被动时长会缩减。这个时长对于有鼠李糖乳杆菌的小鼠也会缩减：这种细菌产生的压力激素减少，小鼠的神经系统在神经递质γ - 氨基丁酸的作用下发生改变。但是如果我们切断已接种该细菌的小鼠体内连接消化道和大脑的迷走神经，我们将无法在它们体内观察到这些反应，无论是行为上的还是生物化学上的！细菌代谢产物可以影响小鼠消化道的 500 万个神经元（我们人类有 2 亿个！），从那里将信息传到迷走神经，然后传到中枢神经系统。

一旦迷走神经被切断，能给无菌鼠带来行为改变的细菌移植将完全失效，如前文提到的能让它们表现出害羞或大胆的细菌。我们研究了消化后发现，迷走神经是细菌的作用对象，似乎也是它们的媒介。小鼠的肠道菌群和中枢神经系统有大量的沟通，我们将其称为肠脑轴。它们的沟通既通过化学途径，又通过神经途径。

有没有微生物影响我们人类的行为呢？

但人类呢？人也有肠脑轴，我们慢慢开始弄清这个事实。肠脑轴对人的神经系统发育、心情和行为可能都有影响，尽管这很难通过实验证明。把抑郁的人的菌群接种到小鼠身上，小鼠的行为发生了较大改变，它们会变得抑郁（用著名的强迫游泳测试证明）；相反地，接种没有抑郁的人的菌群，它们则没有任何反应。一场卫生灾难揭示了细菌可以改变人的心情，而这再次证明了细菌的影响。2000 年，加拿大沃克顿发生洪灾，迫使居民饮用被污染的水。一些人出现不同程度的肠胃不适，他们中的多数在接下来的几年里出现抑郁和焦虑，而这和灾难后遗症无关。我们认为，这是由细菌感染引起的，特别是空肠弯曲菌。这种细菌和抑郁症相关，将它植入小鼠体内会使它们在强迫游泳测试中的表现变差。

另一些细菌扮演的角色则相反，它们有镇静的功能，甚至能使人快乐。如果我们还记得细菌在合成血清素中的作用，这就不意外了。在第一个实验中，我们给女性用酸奶的形式服用不同的益生菌（包括乳杆菌），每天两次，持续一个月。我们观察她们的大脑在看到愤怒或者恐惧的面部表情图片时的反应，在与情感和痛苦相关的大脑区域，和服用安慰剂组的女性相比，接受益生菌组的女性的大脑活动要少一些。在第二个实验中，我们给服用双歧杆菌（长双歧杆菌）的男性进行压力测试和记忆力测试：他们分泌的皮质醇（压力荷尔蒙）比接受安慰剂组的要少；此外，他们的视觉记忆力得到加强。在第三个实验中，结合瑞士乳杆菌和长双歧杆菌可以减缓小鼠（强迫游泳实验）和健康人类的焦虑……

我们离制造幸福或者明白这些观察现象后面的机制还很远，但是，正如激素，微生物群落影响我们的身体运转、精神状态和对世界的认识。这给微生物移植疗法留下了"精神"副作用的可能，所以如果要使用它，还需要更多的测试。虽然用细菌指引大脑运作和心情还为时尚早，但是可以促进精神健康的益生菌已经被称作"精神益生菌"了。

此外，微生物群落可以影响人与人之间的关系和社交。社交生活影响我们的微生物群落（见前一章），反之亦然。让我们再回到动物上来，因为微生物群落缺失调整了它们个体之间的关系。和正常鼠相比，无菌鼠对放入它们笼子里的陌生鼠伴没有那么好奇：正常鼠对陌生鼠伴会给予更多关注，而无菌鼠对陌生的或者认识的鼠伴的兴趣持平。信息素一般由动物自己产生，微生物也可以产生这种分子，以调节个体关系。包括犀牛、狐狸和鼬类动物（如伶鼬）在内的许多动物用粪便的味道划分

208

地盘，并部分使用微生物群落产生的分子做标识！调节昆虫聚合所需的产物部分来自微生物。沙漠蝗虫以群体迁徙的方式生存，严重威胁北非和中东的农业（是古埃及的七灾之一）。它们的消化道细菌产生愈创木酚，这种信息素能让它们的群体聚合到一起。寄生在树上的鞘翅目（如 *Dendroctonus* 和 *Ips*，它们都属于第六章讲过的小蠹亚科）似乎会释放马鞭草烯酮，驱赶无关紧要的同类。这种抗聚集的激素来自有虫洞酵母的针叶树树脂的改变。微生物群落对果蝇的影响，包括通过信息素选择交配对象：当我们把以糖蜜为食的果蝇和以淀粉为食的果蝇混合在一起，它们倾向于和吃同样食物的个体配对。这种倾向在使用抗生素后消失，但是只要用正常果蝇粪便接种无菌果蝇就可以修复——粪便的来源决定了交配对象的偏好！以淀粉为食有利于乳杆菌的生长，它们看似能改变吸引交配对象的信息素。在这个例子中，把喜好不同食物的果蝇进行隔离交配，长此以往会形成不相往来的不同物种。因此，微生物群落对个体关系的改变影响重大。

对于人类而言，微生物群落对个体关系的影响不那么明显。自闭症患者的人际交往行为受阻，这倒兴许和微生物群落有关。自闭症患者的微生物群落的组成很特殊，肠胃经常有问题，而抗生素疗法可以部分地改善一些自闭症症状。诚然，这种改变只是暂时的，但这表明，微生物群落不是导致自闭症的主要原因，但对改善其症状有贡献。根据卫生学推测，当下自闭症的流行(病例数是三十年前的 10 倍）可以用微生物群落的一种贡献解释：当帮助发育的细菌数量不够且生长太慢时，会让大脑和微生物群落的功能发育停滞在异常状态。特别的是，微生物群落异常让消化黏膜可以渗透，导致其产生的发酵产物流失。2，3- 二吡啶甲酸和犬尿喹啉酸尤为如此，它们会使大脑功能紊乱。把它们注入小鼠体内，小鼠也会出现和自闭症相关的行为变化。微生物群落和自闭症的关系，以及宏观上和社会行为的关系，还有待论证，然而，鉴于我们目前对寄生微生物的认知，一旦证实了也不会意外。

一些寄生微生物会控制我们的行为，常见于猫科和鼠科的原生动物弓形虫就是明证。这种单细胞生物易在鼠类间传播，会造成后者反应迟钝，并对猫尿的气味产生吸引力：寄居于神经系统的弓形虫"重新设置"鼠对此气味的反应……让雄鼠产生性兴奋！弓形虫又因此可以感染猫，因为猫能更轻易地捕获感染的鼠类。当人类被弓形虫感染时，症状不明显，除非是在妊娠期间。然而，这种寄生虫会一直停留在神经系统；虽然它遇不到猫，但会渐渐造成微妙的改变。它会降低人的警惕性（交通事故受害者中，被感染的个体比例要高很多），并且降低男性对猫尿气味的反感，这和雄鼠感染的效果一致！此外，它还会（轻微地）提高患抑郁和精神分裂的风险，减缓儿童运动机能的发育……心理测试表明，在人际行为方面，这种寄生虫会使男性更加喜欢主导（可能是因为提升了睾酮的合成），使女性更加自信和体贴一些。

这个例子意味着普通微生物群落有各种可能性……其影响可能有利，也可能没那么有利。我们到底被微生物操纵到何种程度，不妨以大胆的开放式问题做结：细菌扰乱婴儿消化而使其哭泣，不正是为了引起父母的注意给他们喂食吗？细菌引起肥胖或者不饱足感，不正是操控我们让它们自己获得更好的营养吗？细菌改善人类社交不正是为了促进其在人类间的传播吗？微生物群落对人的具体操控程度还有待研究，但是已经出现不少迹象。

总的来说……

长久以来，我们的肠道菌群被称为"共栖微生物群"。"共栖"的言下之意是，一方为另一方供养，但不影响另一方。错！上一章里，多种微生物的存在造成了多种影响，这些影响和我们的生理紧密关联。我们的大部分机能都受微生物影响：饮食和免疫毋庸置疑，还有发育、行为，甚至是社交……包括疾病和健康的状态。如今，关于这些影响的研究呈井喷之势，每期《自然》和《科学》期刊都至少有一篇与之相关的重要文章！其影响之大，以至于我们可以说生理是共生的体现。话说回来，既然它们就是……我们，我们还可以写"我们和微生物"吗？当我说"我"时，到底是谁在说呢？

　　关于人和小鼠的例子对所有动物成立，它们的生理也是由微生物群落塑造。我们不再展开关于它们的例子，因为大部分还属于未知，但从这一点上，人和动物无异。除了人类的动物性，我们也已经在植物身上看到微生物的影响，它们全身都是微生物，也经由微生物塑造。对比我们的消化道和植物的根际，发现两者惊人地相似。在两种情况下，超级多样的微生物群落从周围的环境中被筛选出来，生活在宿主建造的环境里，改变宿主的饮食和免疫情况；它们从局部居住的环境远程改变着整个生物体，产生的影响波及发育和生育。所有大型生物体中，都藏着一座微生物"森林"，而植物或动物不过是微生物操控的傀儡。

　　这个画面有力且有一定的真实性，但除此之外我们还是要理智些，不要在微生物群落上重复之前的错误，以为我们的身体是独立自主的。它们也不是独立自主的，连自食其力和自我保护都谈不上……影响是互相的，因为我们每个个体依据基因特点、行为（尤其是饮食行为）和文化对微生物进行了筛选；我们收留它们，并为它们提供养分……我们应该对称地看待双方的互动，就像是共生，互相依赖，互相影响。

　　对于人类来说，微生物群落就像是为适应环境配备的出色工具箱：微生物群落的基因总量是我们自身基因的 100 倍。它们因而能显著地改变身体的运作以及双方联手形成的功能。通过筛选微生物伙伴，我们可以获得非常多元的基因组合，其中一些还有适应性；我们已经见识过细菌是如何帮助消化紫菜，和如何帮助解大豆苷元的毒！微生物群落着实给人做了一个延伸表现型，其中如共同代谢产物的一些方面就是互动的表现。

因此，很大程度上，我们是由微生物生态系统塑造出来的。我们的生理取决于体内发生的各种生态机制：婴儿体内微生物的更迭，微生物无时无刻的竞争（尤其是腹泻时），抗生素引起的微生物生态紊乱，或者是食物的改变（比如在旅行中）……一些疗法开始调节该生态系统的生态机制。在教学中，一些人只愿意把生态学放在很后面的位置，认为学习生态学首先得掌握生理学、发育生物学、遗传学……概括地讲就是掌握生物学。但这是很可怕的，这里有微生物间的互动，有微生物和宿主的互动，它们都是复杂生态中生物学的一部分。现在，生态学已经不再是生物学下的分支了，正如先有鸡还是先有蛋，这两个学科互为基础。所以，也是时候从小开始入门生态学了！

未来，细菌也许不仅可以治疗消化道疾病和由微生物或过敏引起的炎症，也可以治疗我们的情绪问题，甚至社交障碍。从今以后，我们得想象这种从上一章结尾引入的"干净的脏"；在确认干净卫生给健康带来好处的同时，通过引入优质微生物收获附加的好处。这就是卫生学的建议，连同其对过敏、自身免疫疾病或者自闭症的解释。忍受"干净的脏"和我们内脏的灵敏调节相呼应。每天，它们都要筛选微生物，区分好坏，途径包括胃酸、肠道黏液、胆盐、微生物竞争……以及最后才使用的免疫防御。日常筛选活动包括食物的选择（包括纤维和一定程度的消毒）、儿童和一定程度的脏污接触的自由、合理的清洁和抗生素的使用。未来也许会有其他手段，通过移植健康捐赠者的微生物群落或是植入益生元或益生菌。

被微生物占据的我们仍未穷尽自己身体里它们的存在。在动植物细胞深处，更深不可测的是生物对微生物的依赖和它们共同进化的渊源。

第九章

细胞深处的微生物

光合作用和呼吸作用的起源

　　这一章，我们将明白世界之所以有绿，是因为植物里有绿色细菌，我们能学会呼吸也得益于细菌，我们的细胞和植物的细胞其实都是共生体！我们也将了解细胞内共生菌的依赖性极强，极端到几乎完全消失的地步；光合作用因为共生推广到了各种各样的真核生物中。最后，我们将认识共生如何创造新物种……我们人类便是一例！确信我们真的不孤单又多了一个理由。

世界为什么这么绿？

　　在自然环境中，植物的绿无处不在……这种主导性的颜色反映了陆地植物的一个重要特性：光合作用。的确，植物接收的是太阳白光，却只反射绿光波长的光，它们吸收了其他波长的光，以红蓝光为主。我们知道，负责这种选择性吸收的分子为叶绿素。在水生环境里，藻类也有叶绿素，尽管其中的一些颜色不一样，因为它们有吸收其他波长光的色素，比如第五章大量存在于珊瑚中的虫黄藻，其中有类胡萝卜素，呈橘色。现在，让我们近距离观察细胞中叶绿素和其他色素的位置。

绿色并没有均匀分布，它集中在一些 0.01 毫米大小的颗粒中，我们称其为叶绿体，或者就称为色素体。光合作用就是通过它们实现的：酶利用叶绿素或其他色素吸收的光能将二氧化碳转化成糖。其后，糖被细胞的其他部分利用，或者由液汁带给其他细胞，特别是位于遮阴处的茎和根的细胞。19 世纪开始，我们观察色素体时发现一个特别的现象：它们从不自发地在细胞内形成，而总是由现有的色素体一分为二。这让人想到细菌细胞的分裂生殖！ 1883 年，德国植物学家安德烈亚斯·辛珀（1856—1901）写道："如果色素体不是在卵细胞（变成种子）里新生，那么它们在细胞里的情况让人想到共生体。也许，绿色植物只是无色生物和拥有叶绿素的微生物的结合。"俄国生物学家康斯坦汀·梅列日科夫斯基（1855—1921）在 1905 年的著作里重提并概括该理论，把这种通过共生产生植物的方式称为"共生体学说"。这个观点在当时相当受欢迎，但在之后的进化论中鲜有提及。

需要指出的是，有人已经对其他生物体内的藻类（见第五章）进行了研究：1879 年，帕特里克·盖迪斯（1854—1932）发表了他关于卷身罗斯考夫蠕虫的研究，指出小绿虫体内有绿藻；德国动物学家卡尔·勃兰特在 1883 年间描述了海葵和珊瑚虫中的虫黄藻，认为它们在动物获取营养的过程中扮演着某种角色——总而言之，在当时，细胞里有藻类的现象不让人害怕！

我们已经指明，没有微生物就没有动植物。第九章将进一步确定动植物细胞的本质，解释它们的内部构造如何将细菌纳入运作核心。我们将看到，色素体通过内共生将光合细菌带入植物细胞，动物和其他众多生物体的呼吸作用起源于内共生菌。这一观点在 19 世纪出现得缓慢而混乱，我们将描述细胞深处这些内共生菌的退化和依赖，直到消亡的边缘。然后，我们将见证色素体在进化中的多次出现，不仅是植物，还有众多藻类和可以进行光合作用的单细胞生物。最后，我们将看到这些内共生菌的基因是如何与细胞基因混合的——让动植物细胞成为名副其实的嵌合体。

世界是如何呼吸的？

通常来说，呼吸是指吸入空气。但是在生物化学中，更准确地说，呼吸是一种机制，它利用空气中的氧气通过氧化细胞内部糖分释放能量，确保细胞的运转。没有呼吸释放糖中的能量，运动、分子合成、生长都不可能实现……大量的生物体可以进行呼吸作用：动物、真菌、我们已经提到的诸如变形虫的单细胞生物，还有植物和藻类，尤其是当它们被放到阴暗环境中时。这些生物都属于真核生物，因为它们的 DNA 存在于细胞内的小室，即细胞核。就这一点，从广义上说，真核生物区别于细菌，因为细菌的 DNA 浮游在未分化的细胞质内。简单来说，"非细菌"即真核，它们的最大特点是存储 DNA 的方式。

无论是真菌、植物还是动物，真核生物的细胞呼吸是通过另一种细胞粒子——线粒体完成的。它的大小约为 1 微米。线粒体是在 1890 年被学医出身的德国大学学者理查德·阿尔特曼（1852—1900）发现的，但当时我们还没有正视它的角色。他把线粒体形容为细胞里的"永久居民"，享有基因和代谢自主权。此外，和色素体一样，线粒体从来不是在细胞里组装形成的，而是一直由现存线粒体一分为二，其方式类似于细菌分裂。所以，从 19 世纪起就有人将其联想到细菌也就不令人意外了，尽管阿尔特曼的观点让人对此表示怀疑。

法国生理学家保尔·波赫杰（1866—1962）因为在 1900年左右和夏尔·里歇共同发现过敏性休克而为人知晓。过敏性休克是一种严重的过敏反应，是两位生理学家通过给狗注射一种毒素发现的。波赫杰于 1918 年出版了一本主题截然不同的书，书名为《共生体》（*Les Symbiotes*），为这一观点辩护："所有的生命体……由两个不同个体结合而成。每个活细胞都装着……被细胞学家称为'线粒体'的组织结构。于我，它们只是共生细菌，我称其为共生体。"但是在当时，我们依旧忽视它们的功能。

所以，细菌作为动植物细胞可能的组成部分，早已被发现。现在，让我们跳过几十年。1925 年，埃德蒙·威尔逊（1856—1939）在他所著的细胞生物学工具书的第三版中指出，将线粒体视为细菌的理论"毫无根据"，同时，他认为"在一个尊重生物学家的社会，这样的推测太荒诞了"。他还说道："当然，有一天它们被认真对待也不是完全不可能。"看来，这一观点从20 世纪初就没有改变。

让我们再跳过几十年。20 世纪 80 年代末，我在预备班的生物老师知道我对该学科的兴趣，悄悄给了我一篇关于该理论的科普文章，告诉我这是"一个大胆的猜想，要带着批判的眼光读，不要在考试评委会面前提起"。我完全被这段从未听过的历史着迷，况且它还重新浮出水面！ 20 世纪初发生了什么，而如今我们又该相信些什么呢？

失宠的理论

19 世纪，微生物学发生革新，实现了微生物培育，尤其是病原菌的培育。这的确方便了研究和识别；此外，它还可以验证科赫法则。根据该法则，给健康宿主接种病原菌，病原菌理应自我复制，或者会导致宿主出现应有的病症；不仅如此，病原菌应该可以被再度分离，证明宿主已经成功接种。这不是重点，有人尝试培育色素体和线粒体。许多研究学者，包括波赫杰，以为培育出了线粒体，还有学者以为成功分离出色素体。唉，他们很快发现，培育或分离的不过是杂质！千百万年来，线粒体和色素体就生活在细胞里，已经完全丧失独立生活的能力……并且，线粒体一旦从细胞中移出就会毫不夸张地"爆浆"，因为它们无法和外界进行水交换。所以，它们永远无法独自存活。

在法国，波赫杰的书遭到了巴斯德的传人们的大量抨击。从技术上说，他们是有道理的：波赫杰的培育充满杂质！科赫法则无法被验证，因为线粒体不能被分离出来，我们也无法在没有线粒体的细胞内接种细菌。事实上，这证明了该法则对于不能培育的有机体有局限性。但是在那个年代，怀疑论占优势，尤其是对书中最后仓促而没有根据的结论：波赫杰认为线粒体其实是……维生素，生物体需要经常利用线粒体完成自我更新——当然，这一观点现已被抛弃！20世纪20年代初，争论告一段落，人们认为波赫杰的研究无法被证实，而在这期间波赫杰已经转向研究其他争论较少的课题。诚然，巴斯德研究院学者们的反对声音更尖锐，影响更大，抨击细菌和健康动物细胞和谐共存的观点。在他们的施压下，马松出版社没有再版波赫杰的书。从1919年开始，即一年之后，书录中该书被另外一本《共生体之谜》取代。该书作者是卢米埃尔兄弟之一的奥古斯塔·卢米埃尔（1862—1954），他热爱生物，借机大肆攻击波赫杰的观点。

　　然而，在 1920—1950 年，其他科研方法也在更新，不久后揭示了线粒体和色素体在细胞中的功能。德国医生汉斯·克雷布斯(1900—1981)于 1937 年揭示了线粒体的一个生化循环，该循环以有氧呼吸为基础，并以他的名字命名。美国生化学家梅尔文·卡尔文（1911—1997）在 1950 年间发现将二氧化碳转换成糖的循环，该循环也以他的名字命名。两位都因各自的发现分别在 1953 年和 1961 年获得诺贝尔奖。他们提出的主要是细胞作为一体的功能：虽然克雷布斯循环和卡尔文循环分别在线粒体和色素体中进行，但是它们和整个细胞进行了大量的分子交换，它们对细胞来说不可或缺。

　　这些发现解释了细胞作为一个整体的功能，无论是植物细胞还是动物细胞。这些发现并没有排除关于细胞内部细菌辅助形成该整体的说法。然而，在这些发现公布时，我们仍无法通过细胞分离证实线粒体和色素体起源于细菌；这一有吸引力的说法因此失去了光环和用处。到 20 世纪中叶，这一说法的拥护者又更稀少了。这一理论是如何走出这失宠的局面呢？

马古利斯和真核生物内共生学说的正名

　　该理论的回归是在 20 世纪 70 年代，进入教程要晚一些，它出现在我的大学课程里，那正是 20 世纪 80 年代中期。美国微生物学家林恩·马古利斯（1938—2011）自 1966 年起为这一看法搜集令人信服的证据，虽然现在这一看法已经被生物学家大范围接受。马古利斯个性张扬，敢言，学术严谨，是微生物学界的大牛。后来就是她为内共生学说正名：一些细胞组成部分是几亿年前进入细胞的细菌，是一种持续的内共生。

在《真核细胞的起源》（*Origin of Eukaryotic Cells*，1970 年出版）一书中，马古利斯引用自 20 世纪初出现的大量研究，证明细胞内共生的存在，如保罗·布赫纳对动物的研究（见第六章）。不仅如此，她还利用电子显微镜获得高清图片。图片中值得注意的是，限制细胞内共生的基础是双重的，是由两层膜造成的：无论是根瘤菌、珊瑚虫里的虫黄藻，还是昆虫细胞内的细菌，除了它们自身的细胞膜，在进入细胞时会因吞噬作用形成一层附加的隔离膜。然而，线粒体和色素体同样被限制在两层膜内！

生化科学发展到今天，给马古利斯的推测提供了有利的证据；在线粒体和色素体的膜内存在细胞本身不具备的成分：线粒体中的心磷脂，色素体中的半乳糖脂和硫脂。不过这些分子都存在于……细菌细胞膜！同时，在 20 世纪里，关于微生物代谢的众多研究发现，游离的细菌内也有色素体（光合作用）和线粒体（呼吸作用）的代谢。在能进行光合作用的各种细菌里，蓝细菌可以捕捉光的部分含有叶绿素，很大程度上与色素体相似！α-变形菌纲中的不少成员可以像线粒体一样有氧呼吸，第三章里给豆科植物固氮的根瘤菌就是最佳代表。自从我们认识了植物或动物代谢中的光合作用和呼吸作用，我们就一直在忽视细菌的代谢。在 20 世纪 70 年代，认为代谢仅存在于"真核生物"的观点已经站不住脚（尽管还有一些生化课程默认该观点）。

20 世纪 60 年代，人们发现了令人无法辩驳的证据，即线粒体和色素体内存在 DNA。这些 DNA 携带基因，即遗传物质。但是，当时我们以为基因都在染色体里，而染色体都存在于我们称之为细胞核的部分。美国著名遗传学家托马斯·摩尔根（1866—1945）的观点大致如此（在今天看来考虑欠周）：他在 1920 年写道，细胞核以外的细胞部分"从遗传上可以忽略不计"。后来的发现将其推翻……因为线粒体和色素体包含基因，以及一个与之功能相关的基因组。

线粒体和色素体的基因组为它们的细菌起源提供了更多的证据。首先，它们的 DNA 结构是闭合的环形分子，其基因结构是典型的细菌基因结构。其次，不要妄想通过比较它们和游离细菌的形态找到同源，因为它们已经被细胞内的生活所改变；但是，它们包含的基因可以揭示最接近同源的游离细菌。我们就是这样确认了色素体来源于蓝细菌，而线粒体来源于 α - 变形菌。线粒体和色素体是内共生菌，一些生物学家反对这种提法，倾向于称它们为"细胞器"——这是用来形容真核细胞内部特殊结构的，比如细胞核。在我看来，这是混淆了功能和起源：从功能来说它们的确是细胞器，但同时它们起源于细菌。

马古利斯也试着证明用于推动细胞的鞭毛（比如人类的精

224

子）或者真核细胞里其他较小的组成部分也起源于共生菌，但必须承认，至今仍证据不足……在这种情况下，我们认为，这些结构是在细胞本身进化中出现的，也参与了如今复杂情况的形成。但是，还有一部分的细胞结构起源于共生，它们完美嵌入以至于我们花了很长时间来说服自己。在这段富有冲突的故事中，技术方法对每个阶段的结论都有较多影响，主要分三段：先是光学显微镜推进了内共生理论，不久生化科学使其变得黯淡，最终电子显微镜和关于 DNA 的生物学将其还原……由此看出，技术对结论的影响超乎想象。

真核生物内共生学说，为共生在生物形成和进化中的重要性添加了浓重的一笔。人体深处有细菌存在足以让人神往——《星球大战》中纤原体的创作灵感来源于此，绝地武士魁刚·金的话足以令人信服："纤原体是存在于所有的活细胞中的微观生命形式，与原力互动。我们和纤原体共生。"色素体和线粒体（还有纤原体）证明，在虫黄藻或者昆虫内共生菌出现很久以前，细胞生于细胞之内的情形在进化路上出现了许多次，将最古老的那些情形变成了一种更常见、更融入的共生！现在，让我们来一起回顾线粒体和色素体出现的历程。

线粒体：一直在，永远都在

线粒体的最近亲是 α- 变形菌纲：它们无法自由生活，但在细胞里不如线粒体友善。它们中有动物病原菌，还有人类病原菌，其中立克次氏体能致病，如流行性斑疹伤寒，这种病症中有 20% 能致命；埃利希氏体属和无形体属在感染初期的症状类似于流感，但可能引起严重的并发症……比较而言，最后一组看起来比较温和：沃尔巴克氏体感染昆虫和线虫，这种感染通过影响动物的生育加速其传播。实际上，它们是通过母体传给卵子，而不是精子。对于一些鼠妇来说，沃尔巴克氏体能将雄性个体变成雌性个体，让这个小圈子里感染的雌性和雌性化的雄性不需要受精就能产生后代。卵子直接发育成胚胎，这些细菌不过是……通过消灭雄性优化了它们的传播。有趣的是（对于观察者而言），在全部为雌性且不需要受精的一些群体中，个体在使用抗生素后也会变成……雄性！

总而言之，线粒体的最近亲不是共生体里的善类，但它们的共同点是都生活在细胞内。我们仍不太清楚线粒体的祖先是病菌"从良"加入线粒体一派，还是在互助共生情形下出现近似线粒体的病菌。所有这些细菌的最近亲对认祖完全没有帮助：它们是生活在海洋浮游生物里的细菌！

有一种纯凭推测的猜想经常被提及。氧气在地球历史上是逐步出现的，它最早是蓝细菌光合作用的副产物。但是，它是一种强氧化物，对不适应的细胞有毒。也许线粒体在具备其他功能之前，首先是在真核生物祖先细胞内通过消耗氧气帮助其排毒的。根据该猜想，线粒体像是一种"有益的病"。相

似的情形在一种现有的单细胞厌氧真核生物中存在：纤毛虫
(*Strombidium purpureum*) 与红假单胞菌属的一种结合，该内共
生菌通过呼吸作用保护在有氧环境中生活的纤毛虫。

有一点是确定的：所有已知的真核生物都起源于线粒体共
生。在我求学的年代，一些真核生物被广泛认为没有线粒体。
这看似合乎逻辑，只因它们生活在无氧环境（淤泥、动物的消
化道等），没有有氧呼吸的可能性。我们一度以为，这些生物是
直接从与线粒体共生前真核生物而来。错！最近的研究表明，
它们不是近亲，而是独立的分支，同时，它们拥有从线粒体分
化而来的结构。

在某些生存于无氧环境的真核生物内，一个有两层膜的小
室为细胞进行无氧呼吸，提供一些能量和废物如氢气，它因而
得名氢化酶体。这种代谢也存在于一些生存于有氧环境的生物
线粒体中，一旦短暂缺氧该代谢就会启动。此外，氢化酶体为
细胞合成生命所需的各种分子，如血红素；这些分子通常由线
粒体产生。氢化酶体存在于不同生物中:真菌(比如牛的瘤胃里)，
单细胞纤毛虫（类似于草履虫），还有深海无氧环境中的小动物
（如铠甲动物门）。

另一些存在于无氧环境的真核生物拥有的小室要更小，且
不能供能，但是也能为细胞合成前面提到的分子：它们是纺锤
剩体。许多单细胞真核生物有纺锤剩体，比如动物细胞内的寄
生真菌微孢子虫，或是像寄生于人体消化道痢疾内变形虫一类

的消化道寄生原虫。仅有一个门类的一些物种完全失去了线粒体，即没有氢化酶体，也没有纺锤剩体，它们是锐滴虫目，存在于白蚁和某几种脊椎动物的肠道菌群。通过不同迭代，线粒体就这样和这些真核生物一起适应了无氧环境。每次，线粒体都面目全非，因为其代谢丧失了呼吸作用，也因为它的形态得到了简化。

事实上，真正延迟了对于氢化酶体和纺锤剩体本质上是线粒体的认识的原因是……它们完全没有 DNA，它们的基因完全消失！这是怎么回事？

细胞深处消失的基因

现在，让我们来量化线粒体和色素体的基因。首先，回顾一下已经介绍过的"标准"游离细菌——大肠杆菌的基因情况：它有 500 万个碱基对（连接形成 DNA 的化学组成部分），大约 5000 个基因。与其相比，线粒体和色素体的基因已退化。人类线粒体基因组仅有 1.6 万个碱基对，构成 37 个基因！植物的线粒体基因稍微多一些：拟南芥是一种小的十字花科植物，有 36.7 万对碱基，构成 60 个基因；雅各巴虫是生活在淡水的单细胞真核生物，它们的线粒体基因数为 97 个，达到峰值。"普通"线粒体基因组只保留了游离细菌的 1%——而并没有像氢化酶体和纺锤剩体一样消失，完全没有 DNA 痕迹。第六章中，

228

昆虫内共生菌至少有 180 个基因,线粒体基因数远低于此。然而,这说明所有的内共生都有基因退化的趋势。

同样地,相似的基因组退化也出现在色素体中。一个游离的蓝细菌,比如浮游生物集胞藻,拥有 350 万个碱基对,对应 3200 个基因。然而在绿色植物中,色素体的基因组大约有 14 万个碱基对,只有 120 个基因,约是前面蓝细菌基因组的 5%!同样地,如果一些功能退化,这个数目还可以更小,比如那些不再进行光合作用的植物。在第一章,我们提过这些没有叶绿素的植物,它们由菌根真菌供养。我们的团队对森林里的虎舌兰进行了研究,它的色素体基因组只剩 1.9 万个碱基对。这对应不到 30 个基因,是正常绿色植物色素体基因组的四分之一。Sic transit gloria mundi(世间的荣耀就此消失):不久后,在亚洲热带雨林中一种没有叶绿素、寄生于树根的植物内发现,色素体的基因完全退化。大花草属以其花大而臭闻名,它仍有色素体是因为和其他没有叶绿素的植物一样,它有众多附属功能:为细胞进行生物合成(氨基酸、类胡萝卜素等等),储存淀粉。但是这些色素体同氢化酶体和纺锤剩体一样,没有一点 DNA,即没有基因组了!

基因为什么会消失甚至完全消失?诚然,如在第六章昆虫内共生菌所见,许多游离生活所需基因在细胞内不再被需要。例如,虫黄藻和根瘤菌在细胞内丧失了细胞壁或鞭毛。但这种退化是暂时的,因为部分时间它们生活在细胞外。对于线粒体和色素体来说，这种丧失是彻底的，因为它们不再能从细胞出去，也就丧失了制造细胞壁和鞭毛的基因。但是，这种退化机制不能完全解释为什么基因会消失，有两个原因。其一，在氢化酶体、纺锤剩体或大花草属的色素体内，众多功能还是实现了，它们和蛋白质有关，比如酶，而每一种蛋白质都至少由一个基因编辑。那和它们有关的基因在哪儿？其二，我们研究"普通"线粒体或色素体的各种蛋白发现，它们对应的基因数是基因组内基因的 20—100 倍。也就是说，无论线粒体或者色素体基因组大小如何，对小室内的蛋白质而言存在另一种基因来源。那么，这些基因在哪儿呢？我们猜测着……

一个关于极度依赖的故事

实际上，宿主细胞的基因组帮了忙：多亏细胞核里的基因，即宿主的染色体，线粒体或色素体这些蛋白才能被编译生成。这也就解释了为什么我们不能在细胞外培植线粒体和色素体，20 世纪初尝试培育的失败，原因就在这里！从基因来说，线粒体和色素体最多算半自主，绝大部分（有时甚至是全部）的蛋白质，由宿主细胞在它们体外合成。线粒体和色素体的两层膜有蛋白质嵌入系统，体外刚合成的蛋白质通过该系统穿过两层膜进入。值得注意的是，线粒体和色素体的祖先当然没有这个蛋白质系统——表明了这是个新功能，也就是说内共生后出现了新的基因。所以内共生不仅有功能退化，还可以新增功能，哪怕基因组出现萎缩。

在这里，我们发现双方关系的错综复杂程度达到极致，基因多的一方可以控制另一方的运行！在第六章，我们曾提到昆虫内共生菌会从宿主细胞引入一些蛋白质，但这里却是绝大多数的蛋白质都是引入的。也许只有它们的共生历史之长，才能解释这相互依赖程度之深，这也是共同进化的极致。但可怕的是，在某些情况下，该过程会导致一些线粒体和色素体的基因组……消失得干干净净！某种程度上，内共生就这么导致了一些细菌的基因灭绝。它们真的被灭得如此彻底吗？……这个问题提醒我们，生物体不是只有基因组。

是的，大花草属的色素体、氢化酶体和纺锤剩体都一直以球囊形式存在，球囊外面有两层膜，这是线粒体和色素体的典型特征。这些球囊和它们的前身——线粒体和色素体一样，不会重新形成：它们通过分裂产生后代。这些球囊就是一种极度退化的生命形式。这些“基因幽灵”告诉我们，遗传下来的不只是上一代的 DNA，细胞膜也是遗传的一部分。每代细胞的细胞膜面积因成分增加而变大，直到细胞可以一分为二。但是，这只适用于既有的细胞膜，和染色体的状况类似：染色体从不重新形成，而是复制既有的染色体，为分裂产生的两个细胞进行基因繁殖……和一些线粒体以及色素体一样，只剩囊“膜”的生物体没有自己的基因组和 DNA。这发现实属惊人！这层膜兴许是它们仍生生不息的原因之一：它可以为细胞抵御化学反应，或者局部聚集一些分子。构成这些球囊的"基因幽灵"对于宿主的运转还是很珍贵的。最终，这球囊也可能消失，我们在谈线粒体时见识过锐滴虫目，我们还会在下面谈色素体时看到：细菌完全归于虚无。

　　现在让我们看看宿主细胞核里，给线粒体或色素体编译蛋白质的基因们：它们是谁，从哪里来？

真核细胞，一个共生嵌合体

　　研究这些基因，我们发现它们有两个来源。一些来自真核生物本身：对应的蛋白质在宿主细胞内有相似的功能。这些线粒体或色素体基因的获取，要么是为了这项新功能而在一段时间内新增的，要么是从既有功能衍化而来的。第二种来源更惊人：这些基因中，足有一半是细菌的，即从色素体和线粒体而来！例如，在拟南芥色素体从宿主细胞引入的 2300 个蛋白质中，其中 1300 个对应的基因正好符合我们所知道的蓝细菌基因。也就是说，它们来自色素体，在共同进化过程中转移到了宿主细胞核。

　　在这里，我们看到的是共生中长时间共存带来的重大影响：借着这种混杂的局面，基因可以从一个基因组移居到另一个基因组！因此，线粒体和色素体基因的消失伴随着细胞核基因组的壮大，这不仅源于本身的基因，还有进化中转移的基因。

现在，我们来观察宿主细胞本身的基因组。细胞内共生菌让细胞本身的基因发生了转变，进入细胞核的部分基因继续为线粒体或色素体扮演进入前的角色。然而，一部分进入细胞核的基因被赋予了新角色，为细胞其他结构服务。在植物中，来自色素体成百上千的基因（拟南芥中足有 1000 个基因）便顺应了这命运，为宿主细胞增添新功能。

为了说明从色素体转移的基因如何重塑植物细胞的现有功能，我们来看两个例子。第一个例子是光敏素。光敏素是一种蛋白质，它能接收外界光线，并根据光线调节植物的基因表达、代谢和生长（如果你翻起一块石头时发现了一株瘦小、发黄、叶少的植物，这就是光敏素接收不到足够的光线造成的；当它重回阳光下，会重新变绿，开枝散叶，这也得益于光敏素）。光敏素起源于蓝细菌，根据光线不同出没于细胞质或细胞核；宿主细胞对其再利用，因为在能进行光合作用后，感知光线对细胞发育和运行变得至关重要。第二个例子是合成细胞壁纤维素所需蛋白的相关基因。在还没有光合作用的时候，宿主细胞很可能没有细胞壁，因为它靠吞噬作用获取养分；也正是因为这样，它能获取色素体……然而，一旦获取色素体，营养来自细胞内部，供养便不再需要吞噬作用。细胞壁能有效抵御机械性冲击和渗透压改变，甚至是某些捕食者：一旦吞噬作用没有用武之处，细胞壁就很快地被选择保留下来。事实上，几乎所有带色素体的真核生物都有细胞壁。植物的细胞壁重新利用了可能是蓝细菌游离祖先细胞壁里的一个成分，因为用于合成植物细胞膜纤维素的蛋白质位置调整，纤维素如今出现在细胞壁内。不管是色素体、线粒体，还是其他地方的基因，在转移到宿主细胞核时，有时会重复添加几次。总的来说，植物细胞核里，每10个基因中就有1个基因来自蓝细菌：它们要么是回收利用，要么是重复添加，有时是和细胞核内基因碎片结合形成的新基因……这些增添带来的功能或旧或新，且不只是服务于色素体。测量真核细胞中来自线粒体的遗传物质较为困难，主要是出于技术原因，这里我们不赘述。我们估计这个数值浮动空间可能在几个百分点到接近一半的基因组！这样看来，内共生菌的基因着实像一场春雨般落在了真核生物的基因组上，而且雨仍没有停：我们在细胞核基因组发现许多新近来自线粒体或色素体（如果有的话）的 DNA 片段。我们认为，这些转移的源头是那些老化或者受损的线粒体和色素体，它们正在被宿主细胞淘汰。具体的转移机制还不确定，但这说明原本被双层膜封着的 DNA 片段出现逃逸并进入细胞核。尽管这很有可能是偶然事件，但日积月累之下，就为宿主细胞基因组塑造做出了贡献。

今天，我们可以将真核细胞看成一个嵌合体，不仅因为它有内共生菌，还有更亲密的原因：共生让细胞核的基因组出现混合，共生也让不同来源的蛋白质充分混合。

二手色素体：二等内共生

结束前，我们来回顾一下色素体的历史，它在真核生物界已成传奇。哪怕是在前面的章节，读者已经观察到，陆生植物以外有各式各样的藻类。有陆生植物的近亲——绿藻（如海莴苣），有双鞭毛虫门的单细胞橙色藻（第五章珊瑚虫黄藻由此衍生），有红藻（如寿司卷用的紫菜），还有褐藻（如墨角藻属，或者海滩上的各种海藻，我们把它们铺在生蚝下面保鲜）。这些真核生物的颜色取决于帮助叶绿素捕捉光源的分子。从进化上说，它们的关系并不近，来自不同的祖先……那么，它们怎么就都有色素体呢？

我们来看褐藻的色素体。电子显微镜展示了一个出乎意料的结构：它的周围不是两层膜，而是四层！不过，当细菌进入细胞时，应该除了细菌细胞膜，只有被吞噬细胞的细胞膜——也就是两层膜……这是怎么回事？在色素体内部，我们在四层膜的中间，发现一个蓝细菌的小基因组，它近似于植物以及绿藻色素体的基因组。它是怎么落入被如此包裹的境地？在第五章，我们知道许多动物（植型动物）和各种单细胞生物在进化过程中常常与藻类建立细胞内共生，它们向我们展示了褐藻进化轨迹的一种中间状态。褐藻的祖先估计是这样一种生物，即它无法进行光合作用而与藻类内共生。我们称其为第二次内共生，形如俄罗斯套娃的结构，即一个细胞间接获得另一个细胞的色素体，而另一个细胞才是色素体的宿主。

　　第二次内共生是可遗传的，埋没在第二宿主内的第一宿主会像内共生菌一样开始基因退化。因此，它原有的细胞核和染色体会开始消失：一些无用的基因会丢失，相应功能由第二宿主的基因取代；一些基因由第二宿主接收。这个过程结束后，第一宿主的细胞核完全消失。当第一宿主在遥远的过去进入第二次内共生后还剩下什么呢？只有……它的细胞膜，这就解释了如今色素体的四层膜。我们来一起数数：一层隔离膜来自第二宿主的吞噬作用，一层为第一宿主的细胞膜，然后就是色素体的两层膜，通过蓝细菌内化而来。和氢化酶体与纺锤剩体的情况一样，第一宿主细胞只剩下一个空壳，没有自己的基因。

　　然而，在一些拥有四层膜色素体的藻类里（如浮游生物的隐藻门，和褐藻相近），有一个退化了的小细胞核。这说明第一宿主的确存在过。它的迷你基因组是真核生物中已知最小的：50 万个碱基对，500 个基因，分布在 3 个染色体上，是大肠杆菌基因组的十分之一！在其他类别中，这样的退化细胞核完全消失，完全依赖于第二宿主的细胞核，是共生引起基因消失的又一实例。这样，第二宿主成为一个复合嵌合体，获得的基因不仅来自蓝细菌，还来自第一宿主！

色素体的华尔兹和进化的探索

这种俄罗斯套娃式的共生模式让新的宿主获得之前由第一宿主获得的内共生蓝细菌，而且这种共生反复出现。第一次内共生的出现，即有两层膜的色素体的蓝细菌，我们知道的只有两次：一次发生在大众不熟悉的一类单细胞变形体的祖先，即宝琳虫属；另一次是不同生物的共同起源，包括陆生植物、绿藻和红藻（紫菜）。这些生物中的某些藻类参与了第二次内共生。

真正形成色素体的第二次内共生至少发生了三次，真正的色素体在藻类内共生后实现半自主，其部分或全部的蛋白质来自宿主细胞。第一次是红藻给了褐藻祖先色素体，这一祖先也是前文提到的双鞭毛虫门（包括虫黄藻）和隐藻门的祖先。第二次是绿藻给了有一根鞭毛的单细胞生物——眼虫藻的祖先。第三次是另一种绿藻成了水生变形体的色素体，其名字很粗犷——*Chlorarachniophytes*。早期的内共生依然存在，即在功能的依赖和整合上要少一些；我们在第五章看到的植物—动物和有内共生藻的单细胞生物就属于这种情况。但是它们并未变成真正的植物，只有在内共生体变成半自主即真正的色素体时，我们才如此命名。

最后，当双鞭毛虫在海葵或者其他单细胞生物里变成虫黄藻时，也许是第三次内共生的开始……我们知道一些单细胞小

分支的色素体是起源于第三次内共生，给内共生获得光合作用
的进化带来了新的试验。但这是什么原因呢？也许起源有些平
常。如前文在植物—动物中提到的，一开始也许残酷：祖先们
首先通过吞噬作用内化蓝细菌或者单细胞真核藻类，然后再消
化和汲取养分。现在还有许多生物是这样获取养分的，变形体、
草履虫，还有一些动物的消化细胞。进入细胞后，充满酶的小
囊泡和吞噬过程中形成的隔离膜结合，进行消化。也就是说，
稳定的内共生起初是因为……消化不良！

　　一切从未被消化的藻类开始，但这不充分，奇特的海洋单
细胞小生物 Hatena（日语中为"谜"）就可以说明。它们可以
是无色或者绿色，原因如下：它们可以通过吞噬作用获取单细
胞绿藻（*Nephroselmis*）。它们不消化绿藻，绿藻通过光合作用为
它们提供养分。然而，在吞噬过程中形成的隔离膜内，绿藻无
法分裂……就这样，一个 Hatena 一分为二时，保留绿藻的呈绿
色，另一个则为无色……它必须得另觅口粮，并在找到绿藻前
保持无色。

　　所以，内共生体必须在"隔离中复制"，共生才能代代相
传。如果这种特性在未被消化的藻类中出现，进化可以走得更
远：内共生体可以进入半自主模式，成为真正的色素体。对于
宿主而言，色素体也会影响其进化。如前所述，宿主可以获得
有保护作用的细胞壁，因为色素体可以从内部供养，不再需要
吞噬作用。这层保护也意味着一种限制：废物无法直接排出体外，

被关在细胞和细胞壁之间。因此,液泡总是伴随细胞壁、单层膜,位于细胞中央,体积很大,占细胞体积的90%。液泡储存废物,是名副其实的垃圾箱;此外,它通过渗透压使细胞壁膨胀,帮助细胞维持形状,就像一个气球。它还可以储存养分。被液泡撑大后,细胞变得更大。光合作用的能效不利于移动,当有机体很大的时候更是如此;同时,也没有猎食的必要了——这解释了为什么最大的光合作物都是固定的。

这些相似之处(光合作用、细胞壁、液泡和位置固定)源于色素体和宿主的共同进化,它们曾在几个没有亲缘关系的不同种类中发生。对分类学家来说,这些归纳出的相似十足是个圈套!直到19世纪,我们在将生物分类时仍把细胞较大,有色素体、细胞壁和液泡的类别统一称为植物(同时,水中的藻类也算)。今天,我们知道植物(和藻类)涵盖的种类差别很大,但是趋同,这是共生常见的进化现象,前文已多次阐述。与蓝细菌或多或少直接有关的内共生能让它们朝同一方向进化,过程中有相似的步骤,最终它们拥有多个相似特征!

总的来说……

包括我们在内的真核生物,有看不见的陪伴:它们把细菌装进细胞,主要靠其进行能量代谢,且这一特征可以遗传。它们通过吞噬作用内化细菌,这是细菌所没有的能力;纳入细菌和细菌本身的代谢能力给真核生物们开辟了进化之路！它们的呼吸很早就是通过线粒体（可能是从它们的共同祖先开始）完成的；接着，一些种类又和色素体掌握了光合作用。我的一个朋友将色素体形容得很美，说植物是"蓝细菌的水族缸"；而我们，就是为线粒体规划的分区。

共生双方共同进化对彼此都有影响：内共生细菌遭受严重的基因退化，成为半自主状态，在很大程度上依赖宿主细胞的基因组进行蛋白质合成。有时这种退化是彻底的，让这些细菌成了仅能完成几个生化反应的简单球囊。对于宿主而言，生态改变了，色素体让细胞结构发生革命性的进化——细胞壁和液泡出现。特别的是，从内共生细菌中逃逸的基因由真核细胞的基因组接纳、再利用和复制。共生是一种拉近个体的持久共存，它制造了基因交换的机会，使基因组臻于完善，超越了简单合并，是内共生所特有的。在真核细胞内，共生是亲密的，共同进化是合二为一的！

线粒体和真核细胞的关系，如同一对长相厮守的伴侣般忠诚。相反地，色素体着实"有染"了几次。因为第二次内共生，它们被其他细胞再利用。其他类别的真核生物因而能进行光合作用，这种趋同进化至少发生了五次。在色素体的传奇中，也发生过"离异"！是的，失去色素体会留下"疤痕"，即细胞核里来自蓝细菌的基因。根据这一迹象，一些真核生物如今不能进行光合作用，但它们的祖先是可以进行光合作用的。由舌蝇传播的昏睡病寄生虫，即锥虫和眼虫藻，有能进行光合作用的共同祖先。和褐藻有能进行光合作用的共同祖先的是卵菌，它能引起植物霜霉病和腐烂病……锥虫和卵菌的祖先各自失去了色素体，放弃光合作用转而进化成寄生生物。这提醒我们，进化中没有不可逆转，没有规律要求复杂性必须增加——退化也是存在的，进化不是单方向的。

让内共生理论重生的马古利斯深度刷新了我们对真核细胞起源的认识，强调微生物共生的重要性：从细胞本质上讲，我们人类、植物、动物都是共生形态！然而，虽然对地衣双重性的发现让我们能区分两个物种，但是，认为每个真核生物仅是一个物种的习惯一直持续到现在。没有人考虑过为色素体或者线粒体命名。理由是：认为人类或者玉米是一个独立完整的物种，即承认了与内共生细菌的亲密复杂关系，以至于区分共生体没有实际意义。

但是承认这个观点表明，共生尤其是内共生，使物种的出现与我们的预想相符。设想某一天，我的祖先是一个细菌和一个独立的真核生物雏形，然后某一天它们共生，到现在共生变得过于亲密，以至于我在合理范围内只能认出一个物种：人类。这是共生的补充面——它可以是物种出现的机制。这也超越了达尔文的传统进化观点。首先是在过程上：根据达尔文学说，遗传的改变让物种一分为二，而在这里，相反地，两个物种合二为一，其混合一直到了细胞核内！其次是在机制上：在引言我们说过，竞争和捕食构建了达尔文的观点；在这里，两个物种超越了竞争和捕食，开始合作，推动进化的是互惠共生。

马古利斯对达尔文观点占主导地位表示不快，并用一种方式进行了驳斥，坦率依旧。她在 20 世纪 70 年的代表作《真核细胞的起源》一书中写道，达尔文的研究"拟人化，价值有限"。这一论述在她呼吁转换思考角度时被许多人理解……这好比认为进化论完全不在乎辛珀、梅列日科夫斯基、波赫杰或布赫纳一众的观点。这都有些走极端。达尔文的观点把一（大）部分观察归结为进化，而马古利斯另有解释。现今的进化论即"新达尔文主义"，内共生和其他近期的发现被加入其中，丰富了达尔文的观点。共生如今已进入新物种产生机制的行列。

我们每个人身体的运行和大量的线粒体有关。我的 10 万亿个细胞中，平均每一个有 100 个线粒体："我"也就是 1000万亿个线粒体！因为每个线粒体的基因组有数个副本（10—100 个不等），即一个细胞内，细胞核的 1 份基因对应线粒体的1000 或 10000 份基因！……那么"我"在表达时，是谁在说话，是谁在写这些字呢？……可见，除了微生物群落，为什么"我"从根本上来说从不孤单。

第十章

面对孤单和寄生的深渊

共生靠什么维系？

在这一章，我们将学习如何避免孤单，让共生得以代代相传：要么通过一味忠诚地继承，要么通过多次"再婚"来获取——然而看起来都不是最佳方案；我们将发现合作并不简单，共生体的传递模式影响着共生的稳定；我们会说到行骗者、伙伴的选择、制裁和共同进化；我们还会再次说到废物，粪便和尿液（是的！）；我们会知道最贫瘠的环境最有利于合作。最后，我们会知道物种生活在一起的代价是影响对方进化，这让我们必须见一位红皇后……

自本书开篇起，动植物的演变经历了众多的共生，牵连着许多互惠互利的共生伙伴。那么，问题来了：这些伙伴如何将共生代代相传呢？共生是一种互利的共存（互惠共生），这包括两个层面。其一，什么样的机制保证它们的相聚，即每一代都有伙伴共存？其二，什么样的机制保障它们的互惠共生，即对各方都有好处？

第十章为这两个问题提供了生物学上的答案。我们将从最简单的开始：维护代代共存。我们会看到两种方式，从上一代继承和从环境中获取。我们会研究这两种方式的优点和不足。接着，我们会围绕互惠共生之微妙进行展开。在进化中，互惠共生从本质上来说是不稳定的，可能出现"骗子"。但是，许多机制能帮助其避开，我们会依次揭示，继承方式的稳定，与之相对的获取方式潜在的不稳定性，制裁"骗子"的重要性，无偿交换（欺骗没有好处呀！）。最后，我们将看到困难条件如何促进互助。

消灭孤单（1）：永不退场

第三章里，几种植物失去了帮助它们祖先攻占陆地的菌根真菌；第九章里，一些真核生物失去了色素体（通常是变成寄生生物），少数情况下失去线粒体（变成厌氧生物）。这些例子告诉我们，共生在进化中并非不可逆转。生存方式或环境上的改变可能让共生成为症结。诚然，大部分的共生由来已久，且能有效地代代相传：球囊菌的菌根有超过4亿年的历史；5000

万年前切叶蚁就开始养真菌了，白蚁是在 3000 万年前；布赫纳氏菌和蚜虫的共生至少是在 1.5 亿年前就形成了；*Sulcia* 菌和叶蝉共生的出现有 2.7 亿年了；真核生物线粒体的历史超过了 10 亿年！因此，有某些机制保障了世代间的传承，我们必须弄清楚，或者至少列个表，因为实际上我们已经提到了其中一些。

动植物存在的关键是传递给下一代，这关系到雄雌双方的生殖细胞：精子和卵子结合成一个细胞，即受精卵，受精卵接着分裂分化形成生物体。在这个阶段，孤单开始了，因为没有什么将共生强加在受精卵上……

让我们先观察两种情形，要么结合从受精卵就开始了，要么在受精卵形成不久后，来自上一代。如果上一代的共生体占领了生殖细胞，或者是发育初期的受精卵，共生便通过上一代共生体的传递而保留！对于细胞内共生体来说，显然这个机制最简单，比如它保证了线粒体和色素体代际间的传递，许多昆虫的内共生菌亦然。此外，它还传递了一些内共生藻类。淡水海葵近亲——绿水螅含有细胞内绿藻，在卵子形成时，绿藻就会侵占，从而传递到下一代；对于其他有虫黄藻共生的海葵而言，如我们海边有的沟迎风海葵，它的传递过程更直接，因为形成卵子的细胞早已被虫黄藻侵占。

就算微生物共生体不在细胞内，它们也能在不久后"找到"共生伴侣，还总是很及时。在第二章里，保护植物的 *Neotyphodium* 属真菌在种子还于母体发育时就会"找到"并侵占它们。在第六章里，和真菌有关的昆虫中，雌虫将真菌带入新成立的群落；其他昆虫因为没有特殊的囊，把真菌放在靠近卵的地方。消化道的共生体也是用这种方式，因为它们可以很容易地（且本能地）通过粪便排出。对于产出并食用盲肠便的脊椎动物而言，它们可以通过这些从盲肠出来的富含细菌的特殊粪便，实现将共生体传递给幼子。臭蝽对农作物有害，它们的雌虫会把消化道内有助于健康发育的细菌包膜，放在产出的卵的旁边；幼虫孵化的第一件事是本能地吃下卵旁的包膜。树袋熊的微生物"找到"可爱至极的小树袋熊的方式可能会让敏感的人感到不适。树袋熊的肠道细菌中有考拉隆派恩菌，可以帮助它们解桉树中单宁的毒。桉树是它们唯一的食物，没有特殊适应是无法消化的。当小树袋熊从育儿袋出来开始吃桉树叶时，它们的妈妈会发生一次腹泻，腹泻物又稠又黑，富含来自消化道的有益细菌。树袋熊妈妈会把腹泻物涂在自己的毛上面。小树袋熊被迫吮吸带有不明汁水的毛，完成接种。

与共生体的连接可能会发生得更晚，这仅仅是因为幼体生活在父母身边，被后者感染……哺乳（我们在第七章见过）或者幼体其他接触舔舐的行为，通常可以传递共生体，尤其是反刍动物。反刍动物瘤胃的微生物经常经过口腔！对于植物而言，上一代根部共生体可以侵占它们周围的胚芽：我们在第一章已经铺垫了成年植株供养的菌根真菌如何为胚芽在其周围附近发育提供方便。

消灭孤单（2）：新结合不断

　　然而，在另一些共生中，每一代都在探索求新的品质，因为会有新的共生组合照搬形成。如果直接代际传递共生不存在，它们需要去找到对方并形成新的共生体。在新的共生体形成之前，至少有一方需要能独自存活一段时间。

　　植物根系共生（真菌、根瘤菌、根际细菌）的例子特别明显，可能是种子和根系以及土地的距离太远，直接传递的机制未能形成。结果就是幼年植物需要独自存活一段时间，直到它第一次入土生根，找到伴侣。这可能是菌根真菌遇到了另一株植物的菌丝，或是在土里等待的孢子；对于豆科植物而言，这可能是刚从濒死的根瘤中逃出，靠土里的腐烂物质存活的根瘤菌。如果它们的接近是偶然，双方的信号交接通常会让结合更有效。

　　在豆科植物的根瘤形成过程中，带有鞭毛的游离根瘤菌在土壤里自由移动。根系释放出的黄酮类化合物和甜菜碱吸引根瘤菌靠近根系。这些信号也会引发细菌合成一种小分子作为回复，告诉根系根瘤菌的存在。我们称其为"结瘤因子"，因为通过实验发现，即使没有细菌，它们也足以促成根瘤（结瘤）。尽管来自外部，根系将结瘤因子认作激素，引发细胞分裂，形成根瘤；不仅如此，它们还启动只在根瘤中表达的基因——如血红蛋白基因，负责颜色表达以及在氧浓度过高时保护固氮代谢（见第三章）。同样地，根瘤菌会在根内形成一条管道，从根表面穿过细胞，直达生长中的根瘤核心。这被命名为感染线，因为根瘤菌通过此途径进入并感染根瘤，该阶段的根瘤菌仍可以自由移动，通过细胞壁和植物组织细胞的表皮识别机制进入。它们沿着感染线直达终点，与根瘤内部细胞接触：在那里，根瘤菌通过吞噬作用进入宿主细胞。然后，它们失去鞭毛和细胞壁之后才开始固氮（正如我们在第三章提到的）。

事实上，固氮菌是一系列进化来源不同的细菌，但在进化过程中，它们都获得了类似功能的 DNA 片段，其携带的基因可以编译两个功能：一个是固氮，另一个是合成结瘤因子——名副其实进入根系的钥匙。结瘤因子是甲壳质碎片（一种昆虫和真菌共有的分子——我们待会会看到，这并不是偶然），能在土壤里扩散。因而其结合取决于它们的"对话"，分几个步骤。首先，一个植物根系的信号只能由某些根瘤菌接收；在它们之中，不是每个信号都可以被这个植物识别，因为其根瘤因子的化学组成只对应根瘤菌的某一株。然后，和感染线的接触识别不总是成功。最后，每个植物只拥有与之匹配的专属根瘤菌，反之亦然。

豆科植物和根瘤菌的对话在 20 世纪 90 年代就已被知晓，而球囊菌和植物根系的结合直到近期才弄清楚（其他菌根类型的情形仍是未知数）。同样地，根系释放的独脚金内酯分子帮助真菌对其定位。有趣的是，自 20 世纪 80 年代起我们就知道独脚金内酯，因为它能被如列当属和独脚金属之类的植物识别，这些植物寄生在其他植物的根上，这些植物通过独脚金内酯给宿主定位，独脚金属还把名字给了它们！因此，我们思考是什么让植物"出卖"它们的根系。然而，这第一个角色其实是次要的。现在我们知道，独脚金内酯不仅在根内有激素的作用，而且它们在土壤里的扩散是在"召唤"球囊菌。球囊菌的回答是菌丝分枝，并朝植物根系生长。有根存在时，球囊菌也会在土壤里释放信号——myc 因子。和根瘤因子一样，myc 因子让植物根系接收并让有关菌根形成的基因进行表达；最后，它们让真菌进入根部……然而，产生的 myc 因子是……甲壳质碎片，和根瘤因子相当接近！其后我们又发现，根瘤菌和豆科植物之间的这场植物和真菌的对话出现得要早得多，可以追溯到陆生植物的出现！

在动物界也有由分开的合作者建立的共生，合作者最常见于食物，如同人类或植物—动物（第五章），它们不能从上一代直接继承藻类。的确，对于许多珊瑚虫或是卷身罗斯考夫蠕虫，每一代必须从浮游生物中获取自由藻类，荒谬的是，有时很难在海水中探测到这些藻类合作者。深海里动物共生也是这样传递的，特殊代谢的细菌为其供养（也是第五章）：生活在该环境中的蠕虫和软体动物产生的可以游泳的小幼体没有共生体，当它们固定下来后，会从消化道或鳃获取共生体。巨型管虫成年后没有消化道，但在幼虫时期是有的：它有等待共生体时的初始存活能力，可以临时供养自己……有点像找到真菌前的根毛。

巨型管虫的消化道随后发展成封闭的共生器官——营养体。共生的形成通常很复杂，涉及和共生相关的器官或者混合结构的形成。

共生器官的形成牵动多个基因，通常和共生体的到来相关联。在反刍动物中，瘤胃只有在接触到第一批细菌后才算形成，而一种细菌是不够的，需要几十种不同种类的细菌混合在一起。在引言中，我们认识了一个小巧的夏威夷短尾鱿鱼，腹部因为费氏另类弧菌可以发光，避免产生影子；一个共生发光器官也是在双方对话后形成的，和根瘤一样。小动物皮肤的一处分泌黏液，吸引细菌。细菌开始聚集后，其细胞壁上的肽聚糖会加速黏液的分泌。皮肤上的细菌不断增加，然后趋于稳定，因为黏液不仅可以吸引细菌，还为它们供养。于是细菌进入下层的管道，这是发光器官的雏形；在这一阶段，细菌细胞壁的许多成分，包括之前的肽聚糖，促使共生器官发育成熟，细菌大量繁殖。与此同时，这一过程伴随分泌黏液的皮肤细胞死亡，杜绝细菌再聚集。细胞和组织的消亡，就像巨型管虫的消化道和夏威夷短尾鱿鱼的分泌细胞，说明共生获取过程中由对话引起的改动很重要。根瘤、营养体或是发光器官的形成，为微生物在生物体生长中扮演的角色补充了实例。

没有什么可以完美消灭孤单……

我们对进化中为了保持与共生伙伴结合的种种修修弄弄表

示震惊。再多样的情形都有，有严格的遗传（我们说的遗传是垂直传播），有属于从环境中获得新共生体的（横向传播或重新获取），还有属于中间情形的，即上一代的共生体是在最后一分钟从环境中获得的。这难道仅仅是简单遇到机会修修弄弄？……除了和每种共生相关的各种机会和制约，遗传和重新获取这两种极端情形的利弊鲜明。

遗传上一代的共生体更有保障；相反，从环境中重新获取共生体风险更大。种子离开植物，幼虫或幼体离开亲代动物，事实上，重新获取常和这种分散相关。这一步很关键，子代可以进入新环境，避免和上一代竞争（我们在下一章会看到和微生物有关的离开上一代的正确理由！）。然而，新的环境可能无法提供共生伙伴。我们记得，没有了外生菌根真菌的松树在热带遭遇"困境"。一些豆科植物不能总是找到"合脚"的根瘤菌，如果大豆的根瘤菌伙伴来自亚洲，那么在我们温带就很难过冬；因此，市面上的大豆种子的表面通常覆盖了一层适当的根瘤菌，以完成接种。海洋里又有多少动物的幼虫，因没有找到共生菌或共生藻就死亡了！遗传的美好在于忠诚。我们现在来看看重新结合的美好之不专一。

在共生中，换伙伴的确是适应新环境的一次机会。当分散后来到新环境，里面的微生物已经适应了该环境。我们事实上已经见过几次这种共生优化机制：不同的菌根真菌能抵御土壤中不同程度的污染；各种虫黄藻可成功利用不同环境中的光线；在海洋深处的深海偏顶蛤之类的贻贝体内，不同的细菌利用富含甲烷或硫化氢等不同成分的液体……但是，分散的宗旨就是远离上一代的环境，在那里，最佳伙伴不一定跟上一代的相同……这个负担很普遍：我们能适应我们祖先被选择的环境，但是不一定适应我们现在所在的环境。这对共生体来说是一样的，所以改变可能有用！从这一点看，我们共生体的可塑性比我们的基因要更灵活……适用于那些仅通过重新获取而形成的共生。

可惜的是，伙伴的可靠性和选择可能性不能同时最大化。显然，有中间模式，即重新获得共生体的环境中有上一代和它们的共生体。比如，小牛和它的母亲接触，建立起自己的瘤胃。但是，这种中间模式并没有对两个条件的任意一个进行优化：从上一代的共生体中选择，不会增添伙伴的多样性（这通常是重新获取策略的优势）；上一代所有的共生体的传播没有完全得到保障，因为一些微生物可能会错过遗传。无论如何，两种策略都行得通，还有它们之间的所有中间模式。正如生物学的常理，当许多模式共存时，最佳理想模式取决于多个因素，它们不能同时实现最优化。

别天真了！

既然共生伙伴都持久地共存下来，我们现在来看看共生的好处，谈谈这一章的第二个层面：互惠共生。保持互惠的关系不像看上去那么明显。历史上许多生物学家第一眼都认为，合作说明有显著的利益。20世纪初的文献和达尔文主义明显相反，前者认为合作比竞争或者掠夺要好，且能随时发生。一位俄国生物学家就是这样，他叫彼得·克鲁泡特金（1842—1921），后来成为无政府主义哲学家和思想家。1902年，他的著作《互助论：进化的一个要素》已带政治色彩，表面上"互相帮助和互相竞争都是动物生存法则，但是……作为进化推手，第一个的重要性极可能更大，因为它有利于……物种的存续和发展；它也用最少的气力为每个个体谋得更多的舒适和愉悦"。运作上的优势毋庸置疑！但真正的问题不在于此，而是有蒙骗者为其利益进行破坏的风险。

进化中，后代最多的会存活。但是，在许多共生情形下，一方的部分资源要贡献给另一方，比如我们应该记得，植物把其10%—40%的光合作用产物给菌根真菌，豆科植物提供给根瘤的这一比例是20%—30%……那么，当每次植物体给其共生伙伴的资源少一些，它就可以给它的种子多一些，或者让它自己活得久一点，延长繁殖时间。任一情况下，它都增添了后代！我们推测有一种主导力对共生合作进行反选，即通过资源利用最大化实现后代数量最优化。蒙骗者（这是我们取的名字，正式的名字是利用共生的寄生者）之所以每次都被选择，是因为它们对自身繁衍的关注度高于与其合作的生物体。总有人对我这一阶段的论证提出质疑，认为长此以往被利用的一方有灭亡的风险。此言不假，但又如何？寄生依然存在，且盲目进化！最后一个共生者的最后一点资源，也会被蒙骗者用于繁殖自己的后代而不是共生体。灭绝等待着被利用的一方，也等待着共生体和蒙骗者，如果它们没有其他宿主的话。因此，尽管预言天真地认为共生总会被蒙骗者侵略和摧毁，实际上，共生如何存续才是我们需要解释的矛盾。要想理解共生如何没落入寄生的坑，就是要使其与进化论进行匹配。

研究发现，尽管共生改善了双方的功能，但它不是自己选择的，而是合作方的自私作祟。当环境中营养充足时，根系共生通常很难形成……我还是年轻讲师的时候，为了准备实验课，有过跑到巴黎附近的万森森林寻找菌根和根瘤的经历。然而在那里，根部微生物非常贫瘠：这片森林人流量大，来的人会留下许多有机垃圾（尤其是野餐过后）。这些垃圾为土壤提供了养分，植物也就能独自从中寻到无机盐……直接吸收硝酸盐或者磷酸盐。如果无机盐非常容易被大量获得，比根瘤或者菌根的碳消耗少得多！所以，结合不一定会发生，而是有条件的，即当土壤很贫瘠的时候，因为自私的合作方无论在哪儿，只要能减少共生成本（甚至是完全没有），它们就会有更多的后代。

那么，既然自然选择纵容合作方的自私，共生又是如何能继续的呢？达尔文在他 1859 年的《物种起源》中就说过，"自然选择不会让一个物种进行**只**对另一个物种有利的改变"。假如

A 物种有帮助 B 物种繁衍的特质，但因为该特质不会改善 A 物种的后代，所以这个特质不会在 A 物种身上被选择保留……达尔文在后文还补充道："如果真的证实某物种可以**只**为了另一物种形成某种结构，这将摧毁我的理论，因为自然选择是不允许这种结构延续的。"也就是说，（A 能帮助 B 的）特质被选择，但不改善其自我繁殖！达尔文的这些文字很可能可以解释下面的情形：当诸如克鲁泡特金等研究共生的科学家们相信有一个法则能促使合作发生的时候，进化论者则完全不探究共生这一微妙范畴，因为达尔文没有对其预言，致使其研究存在风险。

但是，我给达尔文两句话中的"只"加了粗体，因为根结都在于此（没有理由是不会这样做的）。今天，已经有许多机制被提出，旨在解决这一矛盾，厘清各方的利益。我们要理解 A 帮助 B 的结构如何也同时帮助了 A，更准确地说是促进了 A 的繁衍。在这种条件下，帮助 B 的 A 也会被选择——A 和 B 的自然选择利益就会是相似的。所以，我们不仅需要理解共生如何以及为何不只是单向帮助，还要理解是什么让短期自我帮助成为需要。方式当然不是唯一的！这些条件和机制应被看成是有利于延续共生，避免掉入寄生的深渊。

聪明反被聪明误

我们的想象通常有点简单，认为一方被关在另一方里时，前者总是处于被动状态，受到限制。这个想法只是部分正确。例如，细胞内虫黄藻可以被渗透的原因仍未知，大部分光合作用的产物会因此流失，而这在它们是游离态时不会发生。请不要片面地用我们对"封闭是制约"的理解来看问题！想象根瘤深处的根瘤菌或是某个植物里的内生菌：它们需要一定的资源，如果宿主克扣资源或对它们进行损害，宿主的预期获益也会相应减少，包括氮或植食性动物毒素……相反，关在里面的一方可以多拿一点资源，或者少一点回馈，甚至没有回馈！在这里，关在里面的可能才是占主导地位的一方。

因此，我们要区分永久关闭和暂时关闭。从永久关闭开始说起：想象一下，一方永不出来，通过严格的继承机制传给后代，正如前文叙述的那样。这种机制表明，一方的后代和另一方的后代结合在一起，双方后代数量相同，总是在一起。以植物内生菌为例，它的后代数目就是植物种子的数目！那么，如果一方损害了另一方的繁殖能力，它也损害了自己的后代。接着我们的例子说，如果"好吃"的内生菌挪用植物的资源，则会减少植物种子的产量，进而减少自己的后代；而如果植物的种子没有内生菌，会形成孤单的后代，因为内生菌只能通过继承获得。在继承共生中，不能接触到新的共生伙伴也就保护了现有的共生伙伴，即保证了它的传承……

在第二章关于保护植物的 *Neotyphodium* 属真菌的有利因素中，我们其实已经考虑了这一继承的良性逻辑：对最多样植物

有用的 *Neotyphodium* 属真菌的特征都被一一选择保留。这就是共同进化，即一方的存在改变了另一方的进化，在此种情况上是朝着共生的方向。

　　这个推测经过了实验测试，实验对象是热带沿海地带的一种小水母(和珊瑚虫以及海葵相近)，它的触角内有虫黄藻。因此，倒立水母朝天生活，把触角对着太阳！它们的后代没有虫黄藻，在幼虫时期通过食入后者重新聚集虫黄藻。在实验室，我们给这些幼虫吃几种虫黄藻，有刚从成年个体中逃逸的，有在水族箱中游离的（从环境中获取，即自然途径），有来自上一代被搅碎的触角的（强制继承传递）。我们连续三代重复同样的操作，然后比较两种途径获得的虫黄藻的特征。重新获取的虫黄藻和继承传递的相比，逃逸宿主的概率是后者的 3 倍，这符合逻辑，因为继承传递的是被选择保留的；继承传递的虫黄藻在宿主体内的繁殖速度要快 1.5 倍。相反地，重新获取的虫黄藻不受宿主待见，要达到继承传递的虫黄藻的繁殖效果需要多花 2 倍时间，和继承传递的虫黄藻相比，后代数量减少 30%，重新获取的虫黄藻在繁殖中会对水母产生不利影响——因此没有谁可以面面俱到！它们比继承传递的虫黄藻要会弄虚作假得多，因为改变宿主的可能使它们为了自己的利益，损害当下的宿主，不问明天……

　　改变宿主的可能放松了不伤害宿主的要求，因为下一个宿主会接着到来。重新获取给弄虚作假者们开了一扇门，要知道，

258

它们是不会被继承传递选择的！在深入探讨是什么在重新获取的情况下使共生趋于稳定之前，我们要提醒的是，继承传递也经常不完美，接下来的例子和严格的继承传递相距甚远，但它告诉我们即使继承传递中出现的损害再小，仍会给双方带来进化上的冲突。

"伴侣冲突"

扦插繁殖的植物保留了它的色素体和线粒体，地衣则保留了藻菌联盟，一个海葵一分为二时的两部分也都会含有虫黄藻：共生体的继承是彻底的。然而，世代交替继承的共生体通常来自亲代的一方，最常见的是雌性的一方。首先，它产生的性细胞较大（在动物中即为卵子），所以包含的共生体要多些，如色素体、线粒体、昆虫的内共生菌、珊瑚虫的虫黄藻。其次，后代通常被留在雌性一方的身上或者身边，让共生体继承更晚发生成为可能，如种子获得的内生菌，或者幼年动物从母体获得微生物群落。

还有一些细微的因素也解释了为什么通常继承来自亲代的一方。例如，大部分的动物，如人类，只继承母体的线粒体，但是精子因为需要许多能量游向卵子，因此里面充满了线粒体！但这些线粒体无法进入卵子，只有细胞核可以。在一些情况下，雄性可以传递线粒体（比如一些贻贝），甚至是色素体（如松树和其他球果植物是由花粉传递色素体）。还有一些植物，如天竺葵，双方都会带来色素体，所以是混合遗传。有一种单细胞绿藻叫衣藻，它的亲代性细胞都带来色素体和线粒体，但是一方的线粒体和另一方的色素体会被消灭！单亲遗传很常见，这不仅是双方角色不同造成的，还是自然选择的结果。自然选择制定了一个机制排除一方的共生体，这种排除有时候还是主动的。为什么呢？我们认为，亲代双方的共生体功能完全相同，混合在一起会造成共存细胞在生态位里的竞争。因此，在竞争过程中，繁殖能力强的一方会在子代细胞中有优势，甚至是绝对优势。竞争可以选择保留损害另一方的机制，如产生毒素——这会产生附加成本，造成资源浪费，损害部分内共生体。单亲遗传共生体机制被选择保留，这解释了哪怕双方都带来线粒体（甚至是色素体），依然只有一方可以存续。注意，在共生体的功能或者所在位置不同时，这个机制不适用，例如一个根系有多种菌根真菌，竞争的风险依然在，但这种风险被供给差异平衡了，或是因为位于根系的地方不同而被削弱。

　　因此单亲遗传很常见，但这是对严格继承传递的损害，因为双亲的一方，通常是雄性，不能传递共生体。雄性用于繁殖的所有能量在共生体上都白费了，这在某种程度上瓦解了双方利益的一致性。比如，花粉或雄性动物精子中的所有线粒体被剥夺了遗传的权利，相当于在进化中被干掉了！尽管它们制造了（了不得！）足够的能量，完成了复制的功能……你们意识

260

到了吗？男人对于他的线粒体来说就是绝望的监狱，无情的骗子……女人对它们温柔多了。

我们可以将其看作是一些线粒体的自杀，但是它们会在"刽子手"姐妹的后代中存活。如果一个线粒体成功逃过这样的命运，它的后代会更多。植物通常是雌雄同株，有时线粒体会找到一种方法让花更雌性化，避免产生花粉。比如，你们可以观察薄荷或者百里香。有些植株的花很大，雄蕊突出，而有一些的花小且没有雄蕊。第二种就是经线粒体改造过的，这位"雄性杀手"通常通过改变花药的呼吸来阻止花粉的产生。节省的资源用来增加卵子和种子的产量，这些线粒体也就有了更多的子代！

如果这种"雄性杀手"线粒体繁殖得比别的线粒体快，占据了整个植物群落，我们可以猜测其带来的风险：那将是一次崩溃，因为没有花粉了！这又是共生一方耍手段引起灭绝风险的情形……然而，一些机制可以避免灭绝的发生。第一种是细胞核染色体上出现的一个基因，可以对抗线粒体过量繁殖带来的危害，恢复花粉的产生。当植物群落几乎只剩下雌性时，该突变的携带者会是非常非常多子代的父亲……这个雄性基因也就会非常非常快速地被选择。许多产花粉的植物实际上把"线粒体灭绝"藏起来了，由细胞核的一个修复基因辅助掩饰，在正常的杂交中，我们什么也看不到，但是在混种杂交时，这种掩饰会消失，因为遗传的不一定是亲代的基因。这解释了为什么在混种杂交中，我们经常观察到花粉的缺失。

　　第二种机制是拯救，即花粉独立产生，有两种形式：胎生和无融合生殖。在胎生中，花被小花苞取代，小花苞可以原样复制，包括线粒体。一些禾本科植物或者与纸莎草同科植物的 *Neotyphodium* 属真菌通过种子遗传，导致向胎生转换：它们成功地排除了雄性的功能，促进后代的产生和分布。第二种形式被称为无融合生殖：在此种情况下，会产生卵子，但是它不经授粉自己直接发育成种子，种子里有相同的共生体，也就不需要花粉或者授粉……母体也是原样繁殖，包括线粒体。在胎生和无融合生殖两种情况里，共生体都是赢家，因为是严格的继承传递。这种排除雄性功能和授粉过程的操作，让我们想到前一章遇到的纯寄生细菌：沃尔巴克氏体。它和线粒体相近，能让雄性鼠妇雌性化，以便更好地传递给下一代。

　　无融合生殖在树莓或者蒲公英中常见。现在已经发现它存在于三十多种植物中，并经常重复出现。无融合生殖应该是那些线粒体阻碍了授粉的植物的应急方案……然而，其代价是失去了授粉带来的基因更新，因为无融合生殖的子代和亲代一模一样。事实上，这些无融合生殖植物的历史都不长，可能是因为这种生殖方式束缚了它们长期适应环境和周围生物变化的能力。也许某一天，无融合生殖植物会在改变来临时无法适应；相反地，授粉的植物却可以生存，因为它们后代的基因更多样。

　　所有不完整的继承是滋生"骗子"和"自私者"的沃土，偏离共同繁衍后代会滋生共生双方的利益冲突。这些对共生双方有潜在危害的冲突表明，没有什么法则直接选择了合作，因为只有子代数量的多少决定进化中的成败，即使从短期来看。比起共生体的重新获得，读者可能更担心共生双方的改变会导致更多的骗局！现在我们就来了解重新获得传递中几种制约"骗子"的机制。

制裁和生物市场

让我们说回每代都是重新获取的根瘤菌。我们之前描述过根瘤深处的根瘤菌被供养又可以自由行骗的矛盾：它们的骗术，即不给植物提供氮，在事实上是可能的吗？这个问题被一个实验检验过，实验中根瘤菌被人工强制不合作。为了这个实验，首先要让紫花苜蓿形成根瘤，带有共生的固氮根瘤菌菌株，然后一些根瘤被隔离在一个袋子中，其中的环境被人为改变，用氩取代了氮，至此，固氮作用难以进行，这些根瘤菌被迫行骗。过了一段时间，发现被迫行骗者的根瘤比正常环境下的根瘤要小，细菌总含量少了3/4—4/5！也就是说植物给根瘤菌骗子的养分变少了；似乎植物好像也让它们有点窒息——根瘤周围的氧气更难进入了……我们所说的"制裁"是指主动切断骗子资源的机制。这样的话，哪怕植物可以把更多的资源传给后代，但是总资源减少了，它们产生的后代总量也比共生者要少！

再看看菌根共生，这一次没有一方被另一方所困：在土壤里，每个植物和每个真菌都能和多个共生方接触。然而，我们看到的机制和前面的相似。当一个植物的菌根有两种真菌时，根据真菌所供给无机盐的量不同，植物会把更多的糖分给那个无机盐供给量多的真菌。这一次，机制是互相的。我们让一种真菌和两个根系接触，通过实验手段阻止一个根系给真菌提供糖分。我们观察到，真菌倾向于把无机盐传给共生关系更强的根系！这些情形并非没有事实根据，在第一章中我们设想过，对于一个特定的植物，一些真菌对植物的生长没有帮助，甚至有削弱作用；同样地，一个真菌与多个植物共生时，没有和它们中任意一个一对一时长得好。在土壤里，每个个体接触的共生对象的品质（尤其是行骗能力）不一，在经过了各式各样的互动之后，生理系统稳定下来，并倾向于最利于共生的互动和合作最佳的共生方。因此，菌根真菌损害植物生长（反之亦然）的情况有点假，尽管在实验室我们可以强制它们的连接，让它们没有选择，但是在大自然中这些情况估计极其罕见。

我们用"生物市场"这个比喻来形容互相制裁和选择的情形，即双方面对多个可能的共生对象，只和最利于共生的建立关系。正如一个市场里，客人选择最好的摊位，卖家把最好的货品留给熟客。读者可能会说，把制裁和市场选择中和一下，应该还是会建立一种和谐状态：当继承传递从根本上避免了骗子的行为，获得传递则是通过选择共生对象实现的。但是，这离最优以及平衡还有些距离。

首先，这种结构再次提高了共生的成本。在进行生理反应测试并排除最有欺骗性的互动之前，多个互动要进行，混合结构（例如根瘤或者菌根）要建立，还要投入资源。尽管功能上有优点，重新获得不仅仅是和共生对象认识认识，还要在建立和测试上进行不少投入呢！从这我们可以理解，为什么一些生物体有时候不去寻求共生，而是在进化中形成自己的结构和功能，我们在第三章见过生物自己固氮或者独自发展出地衣共生的例子。这些过程当然没有共生来得快，但是，至少它节约了行骗者以及躲避它们的成本。所以，制裁和选择在成本上不一定是真正的最优项。

然后，需要明白的是，选择和制裁是一个进化的过程，共生双方互相影响，没有谁保证"这能行"，即没有谁保证共生会存续下去。其一，选择和制裁是进化中在行骗者的影响下才出现的。那些不能选择或制裁其根系共生对象的植物会慢慢地被反选，因为它们更容易被利用；可能它们的繁殖能力不如那些可以制裁被选择共生对象的植物。所以，行骗者选择了选择和制裁，一旦这种机制形成，问题乍看解决了，因为一方偏向了另一方不是行骗者的那部分，但是选择和制裁本身也可以选择……新的行骗者。例如，在第一章我们见识过一些植物没有叶绿素（有些甚至还是绿色的），它们从菌根真菌获得无机盐之外，还获得糖分；根据制裁机制，真菌原本应避开糖分供给少或者没有供给的植物，但是这些植物找到了躲避制裁机制的途径，尽管我们不知道是以何种方式。最后，选择和制裁选择了新的行骗者，形成永久的不稳定局面：本质上的稳定不存在，有的只是你追我赶！人体对此也很清楚，免疫系统紧密监控微生物群落（就像我们在第八章所见，在遭到攻击时忍耐和防卫），但不能阻止有害微生物群落时不时做坏事（如腹泻、肥胖或者糖尿病）！因此，没有平衡……总的来说，表象之下，共生既非最优的也非平衡的，共生不过是这并不完美的世界里众多忙碌者谋生的方式之一。

无论传递方式是继承还是重新获取，每一方都影响了另一方的进化：共生中，共同进化是主旋律。在前一段落相关植物以及线粒体的复杂进化过程中，共同进化也存在。因此，共同进化不只是参与共生功能的优化，还能规避行骗。

废物是完美的约定？

到目前为止，所有的理论都认为保持共生对象有代价。在西方，我们浸淫在以重商主义为主导的文化里，所以想当然地认为没有免费的午餐，尤其是当有好处的时候……前面"生物市场"的比喻已经把我们的世界观讲了很多了。然而，在自然界，物种间交换却可以是无偿的！在我们看过的很多例子中，一方给另一方的服务不用"花费"多少。比如，螨虫通过清洁树叶（第二章）和清理小寄生虫获取养分，而植物完全没有付出！

读者对重复一些和粪便相关的细节肯定会表示厌恶，但请让我们正面对待粪便、发酵产生的气体和尿液，不论是牛或其他植食性动物的，还是珊瑚虫或昆虫的。在某些情形中，我们给另一方的只是生物体本就想排出的废物，有时积累多了甚至会有毒性。显然，这完全不能平衡共生，因为另一部分的交换通常有实质性的代价：当海葵细胞用它的尿液和二氧化碳给虫黄藻当养料时，虫黄藻回报的分子（丙三醇、氨基酸）是对其本身有用的；当家牛把尿素提供给瘤胃时，微生物们要舍掉自己的一部分细胞（进入肠道被消化）；螨虫清理植物获得的养分一文不值，但建造吸引它们的有毛小室有代价……一些免费的交换不能解决所有问题，但是它至少防止了一些利益冲突。

这些免费交换之所以可能发生，是因为微生物合作方的缘故，尤其是细菌。它们的代谢和营养需求有时和动植物完全不一样，以至于一方的废物可能是另一方的宝贝，如挥发性脂肪酸是微生物的废物却能为家牛供养（或者人类，但需求量少得多），又如动物的含氮废物对共生微生物有用。微生物代谢的丰富多样性为找到这些非常经济的共生提供了便利。

在微生物之间还存在完全没有代价的共生。一个完美的例子是无氧环境中（死水或者水淹土壤）甲烷的产生，这解释了鬼火是甲烷自燃产生的。这一完美例子在动物消化道也存在，原因是反刍动物产生的甲烷！细菌把这里的有机物发酵，产生废物氢气，然而，氢气对发酵的细菌有毒。如果没有另一种微生物——古菌（我们几乎不会在本书中讲到）的存在，它们会把自己毒死。古菌利用氢气和二氧化碳产生它们需要的有机物，甲烷是此代谢的副产品。这里怎么行骗呢？如果细菌损害古菌，它就会把自己毒死；如果古菌损害细菌，它会饿死……像这样把一方有毒废物转变成另一方养分的例子，在微生物中还有很多。另一个例子是在土壤和水中，一些细菌利用的能量来自氨氧化成有毒的亚硝酸盐：为此它们只能和另一些细菌一起生活，后者利用将亚硝酸盐氧化成硝酸盐产生的能量。这种结合进行的是硝化作用，这种生态机制为植物再生出硝酸盐。这些完美约定基于废物，没有代价让行骗不能被选择；总体上，我们是在说互养共栖。

压力和饥饿万岁！

　　最后一个促进共生的因素来自环境。诚然，艰苦紧张的条件为共生带来了便利，有时甚至成为一种需要。在有利的情形下，共生反倒没有那么必要。

　　在引言，我们提到了生活在潮间带的小地衣——海洋地衣，它可以让蓝细菌在冬天或者干旱时存活下来。真菌没有共生体无法存活，它没得选……至于藻类，它也只有和真菌一起时才能忍受艰苦条件；如果独自生活，它会以孢子形式过冬，直到夏天才生长，并且环境不能太干旱。事实上，面对环境中对双方有用的资源，共生体之间通常是竞争关系，如空间、磷或本例子中的氮。但是，如果其他物理化学因素——在这种情况中是退潮期的干旱或者冬天的低温——限制双方的生长，那么可用资源对于各自微小生物量可以说是非常足的。大家都有份：竞争没有那么明显，是对抗紧张形势的互相保护。科学史学家经思考认为，这解释了为什么19世纪末的许多俄国科学家一开始就对生物界的合作很敏感，如梅列日科夫斯基和克鲁泡特金（如果只提两位的话）。他们生活之地的生态系统通常是恶劣的，因为寒冷，限制了许多机制，如竞争、生物体的生长，通常人类也只有群居才能生存，通过合作保护和养活大家。这些条件缓和了竞争对于共生的优势，这可能对一些俄国科学家的世界观有影响。

资源太多有反作用：饥饿能促进共生，而富足则导致共生解体。上文中，我们说过植物在富足环境中如何摆脱根系的共生体，特别是在人流多的地方，如万森森林，植物被放到肥沃程度持续上升的土壤里。根系共生体喜欢贫瘠的土壤，和没有共生体的植物比，微生物能改善植物的生长。然而，一旦土壤的肥沃程度超过一定数值，它们就没有作用了！植物会降低互动，特别是降低独脚金内酯的产生，因为它们吸引土壤里的菌根球囊菌；但是，残留的微生物消耗大又不供养，可能减缓植物生长！习惯了有利的环境后，许多植物失去了它们的共生体。我们提过致病因子，如卵菌或锥虫，它们的祖先靠色素体供养，成为寄生生物后它们丧失了色素体。一些植物为了适应沃土丧失了菌根，如卷心菜所属的十字花科，一些黑麦的品种，蓼科，还有甜菜，苋科（以前属于藜科）。在热带雨林里，土壤里的微生物利用有机物产生硝酸盐的速度很快，许多豆科乔木因此丧失了形成根瘤的能力，而根瘤本应是豆科的特征。

现代农业中，一个相似的现象也在我们眼前发生，那就是农民通过施肥促进植物生长。耕地把水渗透埋藏的无机盐翻上来，粪肥和工业肥料让土地变得肥沃。因此，植物可以不需要菌根或者根瘤就能存活……一个世纪以来适应了这种土壤的品种被选择保留了下来，我们不再能掌控它们利用微生物共生的能力。比较过往经过相对肥沃的土壤选择的品种和20世纪极其肥沃的土壤选择的品种，会发现后者选择共生的压力没有了。许多近代选择下来的谷类，对菌根球囊菌的存在不再做出积极反应，哪怕是在没有那么肥沃的土壤里——在一些品种里，负责在菌根形成时和真菌交流的基因之一甚至出现了突变！对它们而言，在过去的六十多年里，大豆最近期的品种失去了有效制裁与菌根"骗子"的交流……就这样，富足的环境选择了现代农作物，导致现代农作物丧失了先前生物市场和选择共生对象的本领。

西方现代农业技术由于施肥，使植物放弃了对这些本领的选择，它也把植物和真菌的共同进化丢在一旁。正面看，这些技术养活了整个西方，但是菌根退化，其保护作用也随之消失，增加了植物对杀虫剂的依赖。此外，一些植物卫生产品也不是对菌根真菌完全无效的（哪怕是如草甘膦一类的除草剂，对某些球囊菌也是有毒的！），它们还帮助减少与菌根的互动。因此，植物对人类带来的工业肥料更加依赖……工业肥料又进一步降低了与菌根的互动……这就是一个对杀虫剂和我们人类干预的依赖循环。

现代农业方法带来的环境问题，我们现在可以设法控制。对在不那么肥沃的土地上生长的植物，我们优先菌根和根瘤的供养，这样能减少氮和磷排到含水层、河流和沿海，那么工业肥料带来的污染问题就得到了控制。唉！目前来说接种球囊菌（甚至是根瘤菌）的意义有限，因为现代种类对共生的需求与反应不如从前，正如前文所见。施了这么多年的工业肥料，日积月累，土壤已经不适合共生了……如果环境中肥料的添加和植物选择是有节制的，接种菌根真菌也许还是有用的，如第一章讲的森林，但这不总是适用于农业。毋庸置疑，我们可以期待在某一天开发贫瘠的土地时，我们限制工业输入的使用及其副作用，重建共生体系，和4亿年的自然植物史重新连接。但是这还需要几年的研究，可能要从古老品种或者野生品种中重新选择，培育出几个新品种！

这些事实揭示了环境的丰沃如何跳过了共生，意味着环境的紧张和贫瘠相反是有利于共生的。

总的来说……

我们对"如何从不孤单"的研究揭示了两种能将共生世代相传的极端模式：亲代继承或重新获取。从亲代继承共生体最稳当，首先是因为共生体的存在是确定的，其次是因为这种遗传机制不会选择行骗者。是的，当它们捉弄宿主时，有降低繁殖精力的风险，即损害了它们自己的后代。但是，换共生体是不可能的……另一种模式是子代自己从环境中重新获得新的共生对象，这些共生对象是游离态或是属于亲代以外的成年个体的，这种模式缺乏保障，因为共生体可能难以形成；但是它可以让与共生体的结合更多元化，适应新的环境或是选择没那么不老实的共生对象。这样看来，动物和植物的世代有点像一趟满载的火车；一些微生物早在出发时就上了车，另一些刚上车但会在下一站下车；然而总的来说，车上的微生物好多！

共生经常在寄生深渊边缘动摇，要么是因为传递不完美，要么是因为重新获取的共生体可能有害：雄性绝育的线粒体或是对宿主植物无用的菌根真菌，都是改道行骗的表现。然而，有一些共生在长时间的进化中持续存在，这是由许多因素造成的，有时还是因素间的互相联合造成的：禁止行骗的交换机制，交换的本质和成本，面对行骗者的反应变化，环境贫瘠或有压力……可以稳定交换的情形有许多，没有什么是绝对的、持久的或是独一无二的。环境条件或者进化轨迹的调整，会让共生

272

在寄生深渊边缘摇晃，但不一定会掉下去。

这些机制是进化动力的表现，即每一方影响另一方的自然选择：共同进化。是它把行骗的家伙排除在继承机制之外；它解释了制裁和选择机制如何出现，为何有时又被规避。互惠共生的获得，尤其是对共生而言，从来不是确定的，这是一个相互且……危险的进化动力。许多物种可能因为不正当的行骗共生者而绝迹，甚至没来得及展示。共生存活下来的物种告诉我们，双方如何通过选择修正彼此的染色体组，但令人伤心的是，这正常运作的背后藏着群体和个体的尸骸，由于没能优化交换，它们消失了。这就像是历史，生物也是关于胜者的；根据现代社会的观察，要重绘那些偏离了进化史的物种不容易，尤其是在共生进化史中。

就这样，生物交换让进化强行进行，哪怕外界环境不变。然而，和环境相比，我们周围生物体的进化要更连续、更快，因此生物交换是进化的加速器。我们经常是从寄生角度理解这一观点的，因为寄生需要一直适应，但这一章告诉我们，共生者也会给选择造成压力（只是因为它们一直有能力通过行骗进化成寄生）。美国进化生物学家范·瓦伦（1935—2010）通过汇编化石里的物种清单研究不同种类生物的灭绝，他发现在不同地质年代，物种灭绝持续发生，哪怕物理环境没发生改变。他找到了共同进化背后尸骸的踪迹！

范·瓦伦提出，有交换的生物的进化是选择不可避免的压力，对此他用"红皇后"来进行隐喻，这来自刘易斯·卡罗尔的童话《爱丽丝镜中奇遇记》（《爱丽丝梦游奇境记》的续篇）。红皇后棋子牵着爱丽丝的手，叫她跟着一起奔跑；但当她们跑得越来越快时，风景不再移动。这个现象不是特别直观，隐喻有点晦涩……但是仔细看，它说明了当两个物种（这里被爱丽丝和红皇后取代）互动进化时，发生了什么：它们必须持续进化（奔跑）来维持它们之间的关系（爱丽丝和红皇后手牵手），尽管各有各的进化（各自奔跑），哪怕周围（物理环境）不改变。这样说来，所有物种的进化都源于其他物种；共同进化不只是服务于共生优化的机制，还是物种持续存活的途径。

因此，共生互动发生在寄生的边缘——却没有坠入寄生深渊。但是共生和寄生的关系还要更复杂……现在让我们来聊一点生态学，看看微生物共生在生态系统中是如何偶尔成为有害互动的工具，不论这和寄生相关还是和竞争相关。

第十一章
盟友自远方来，自相矛盾还是意料之外
当一方的疾病对另一方有用，并形成生态系统

　　这一章，我们将看到酵母菌和草履虫互相厮杀，土壤里的微生物可以决定哪种植物发芽；我们在经过热带时，会发现生态系统中多样性和稀缺性的微生物"答案"，以及一方的敌人如何成为另一方的盟友；我们会看到微生物如何影响植被的变化，会因微生物而对发现美洲新大陆感到懊悔，还会知道如何利用共生进行攻击。最后，我们会明白物种间的互动不全是负面的，也会发现共生有时也可以成为……一些负面互动的工具！

酵母杀手

　　让我们从一种"古老"的葡萄酒发酵方法说起，即让葡萄和地窖里的酵母菌对酿酒桶下手。发酵倒是以正常速度开始了……但是有时候它会意外地停止。几天后，它又会继续……

在发酵停滞期间，不幸的是，其他不必要的发酵或者氧化产生了奇怪的味道。工业酿酒上，这个问题一早就被弄清并解决掉了。也正是这样，路易·巴斯德开启了微生物学研究：一位学生的父亲是北方的酿酒商，向他请教发酵酿酒的问题，他证实了酒发酵是由微生物引起的。他发现酵母菌发酵可产生酒精，可是当酵母菌还没有开始行动，糖分就被"转手"给了细菌，细菌发酵产生了不必要的酸味。然而，酵母酿酒初期的短暂中断直到后来才被弄清楚。在第二章，我们曾简单地提到，微生物有时候会被比它们更小的生物保护，这里就是这样，那些重启发酵的酵母菌被一种"友好病毒"感染了，其名字有些让人担忧——"杀手因子"。

获得这种病毒的"酵母杀手"能产生毒素杀死其他酵母菌。在酿酒桶里，几个被感染的酵母菌被引入，开始消灭其他那些正在壮大的酵母；然后，"酵母杀手"在停滞期间开始繁殖，之后因发酵慢慢重启。"酵母杀手"身上其实有两种病毒：一种是没有直接功能的大病毒，称为 L-A 病毒；另一种稍小且有毒，称为 M 病毒。如果没有 L-A 病毒，它不能存活，也不能在酵母菌里繁殖；M 病毒对自己产生的毒素有抵抗力。我们已知的 M 病毒有三种，其产生的毒素各异：一种毒素会在敏感细胞的细胞膜上形成一个孢子，细胞内含物会开始逃逸；另一种毒素则会进入细胞，然后进入细胞核，干扰 DNA 的结构，导致细胞毁灭。今天，工业酿酒和葡萄种植者只用有毒的酵母菌，避免节外生枝……

许多单细胞生物在细胞内有微生物保护系统，主要是酵母菌和有保护作用的病毒的共生。其他由于共生体导致单细胞生物内讧的例子中，有一个值得了解：草履虫的"胃穿孔"式死亡。草履虫是有纤毛的单细胞生物，它们能自由移动，捕获其他细胞并将其吞噬。一般而言，接下来的过程是和囊泡的合并，那里是存放战利品和其他细胞物质的地方，其内含的酸类物质和酶开始进行消化。一些草履虫有内生菌 *Caedibacter*，它们能自由繁殖而不被草履虫消化；草履虫经常将其小量排出。当这些细菌被其他没有共生体的草履虫吞噬时，用于消化的酸会让其内部迅速形成一种骨架结构，突然将其变形成一条长带。变形后的细菌打破吞噬膜：让草履虫被它自己的消化液给毁了……草履虫杀手因为自己不消化这些细菌，没有"胃穿孔"的死亡风险，丝毫不给没有 *Caedibacter* 菌的脆弱同类留机会……

当然，共生只是同类竞争的方式之一，但我们发现，共生通常对物种数量结构有重大影响。调和共生和诸如竞争、寄生或捕食等负面互动涉及诸多方面，这些例子只是一个方面而已：有时共生是这些负面互动的助手。也就是说，两个生物的合作互相有利，可以让它们攻击或者损害第三者而获利。

第十一章我们探索微生物共生的生态影响：共生微生物无形且部分地影响着种群数量（同种生物）、群落（不同种生物）和生物个体间的关系。在这个过程中，一种生物的共生经常不利于另一种生物……首先，我们将探讨土壤里的微生物如何在种间竞争中施加影响，这将解释植物或稀或密的分布，以及植被随时间的变化。然后，我们回到物种内部竞争（如同之前微生物的例子），将见识微生物如何影响动物的内部竞争，我们将以不同文明之间的人类竞争为例！最后，我们将揭示一些共生是如何帮助寄生或捕食的。

土壤里的决策者

共生体对共生双方的生理学非常重要，在共生双方生态成功和竞争能力上也扮演主要角色。我们现在来看看它们在植物种间竞争的角色。第二章向我们揭示了肆虐美国和澳大利亚的禾本科"肯塔基 31"其实在没有 *Neotyphodium* 属真菌时完全没有竞争力，而它靠体内的 *Neotyphodium* 属真菌避免被植食性动物吃掉。种种实验表明，根系共生在平衡共存的不同物种时有相似功能。

有一个实验是操控球囊菌来研究其在欧洲钙质土壤草坪中的功能。在消毒过的土壤里种下十几种植物，不论它们平时有没有菌根：在一些组里，我们将其直接播种；在另一些组里，我们在消毒后加入一株球囊菌（总共分别使用了四种不同菌株）；

在最后的一些组里，我们同时加入了四种球囊菌株。在生长结束后，我们测量每个物种形成的生物量，根据菌株不同，可以看出各物种的相对成功率以及不同物种形成的群落面貌。通常有菌根的植物（其中一部分没有真菌是长不出来的，如三叶草）在有真菌的组里长得更好，而一般没有菌根的植物在没有真菌的组里长得更好，这可能是因为躲过了与需要菌根的植物竞争。不仅如此，菌株的不同会让不同植物的长势出现差异，有时生物量可能翻倍。当我们同时加入四种菌株，结果又不相同，无法从单一菌株的结果预测！总而言之，土壤里的真菌不同，竞争平衡也不同；真菌对于决定优先哪个植物，优先到何种程度以及植物群落的最终面貌都有贡献。

当然，这些结果反映了真菌对一些植物的供养有积极作用。但是其中的机制有时非常复杂，这也说明植物间通过真菌有间接互动。另一个实验结果可以佐证，一边是黍（禾本科）和车前草互动，一边是它们体内的三种菌根真菌：黍特别利于其中两种真菌的生长，但它们俩对于黍的生长促进作用没有对车前草的那么明显！车前草则更利于第三种真菌的生长，后者对两种植物的生长促进相同。在这种情形下，车前草慢慢地占据主导地位，取代了黍……如果我们加入其他物种，结果会更加复杂，但是这告诉了我们两层信息。首先，真菌的作用不仅是针对某一个物种，植物间也可以通过真菌交叉影响。其次，存在着一种镜面效应：出现的植物加强或者削弱了一些真菌。一个地方的植物群落终究反映了一个微生物群落，反之亦然。

让人没想到的是，微生物对植物竞争的这种效应也涉及病原菌。让我们在加拿大北部未开发的大森林上空翱翔片刻。不断展现在眼前的原始森林是林冠齐整的深绿针叶林。但是，时不时会出现绿色稍浅的巨大圆形区域，有时直径可达几百米。那里的主导是枫树和桦树，它们叶子的颜色要浅一些。发生了什么呢？这些树木的胚芽不能在阴处生长，因而在森林里无法滋长；相反地，针叶林的胚芽需要在阴处生长，把这些胚芽种在枫树和桦树的树荫下，它们会逐渐取代这些树。所以枫树和桦树的区域令人意外，这是由土壤里的寄生真菌——蜜环菌造成的。它们攻击针叶林的根部，将其害死，然后以其为食。而这种真菌对枫树和桦树不起作用。过了一段时间，当它们把针叶林的树干和死去的树根耗尽，枫树和桦树的种子得以在阳光下萌芽。渐渐地，蜜环菌会因为针叶林的消失而饿死。针叶林因而可以重新在枫树和桦树的树荫下萌芽，不久，森林将复原。

这里我们发现了一种比较间接的互动，即一方的病原菌对另一方有利。我们在共生的相关著作中不常看到关于这种互动的描述，但是读者可以自己判断它的重要性。蜜环菌调节种间对于光线的竞争，当竞争到达林冠阶段时一般会有利于针叶林。如果我们思考片刻，这些病原菌对枫树和桦树有积极作用，因为没有它们，这些树木完全不见天日；此外，它们生活在同一个地方，哪怕没有直接的营养关系。再者，在枫树和桦树形成树荫之后又能促进针叶林的回归，然后又可以供养其他的蜜环菌：一系列互利的互动形成了一个闭环……大家互相是盟友。在这里我们将之前定义的共生边界臻于完善，因为这不是狭隘的共存，而是一张互助网。

我请求读者允许我对共生边界通过一些机制的例子再"完善"片刻。一些微生物促进植物生长，但是不一定直接有利于植物（我们跳出之前的例子，因为事实上病原菌和阔叶树是合作关系）。在接下来的"有益"互动中，A 对 B 有益，但 B 对 A 无益，也就是说不是互惠共生。我们将在互惠共生的边缘，依旧秉持本书宗旨，发现微生物如何决定我们肉眼可见的生物。接下来的例子和我们在加拿大所见的一脉相承，描绘了现代生态学的新兴部分，即土壤里的微生物如何塑造植物群落。同样地，一些植物的病原菌干扰竞争，这有利于另一些植物的竞争。

热带雨林的超级多样性

研究热带雨林的植物学家通常都被树木的多样性震惊，但是辨认不同种类不是易事。更伤脑筋的是，林冠太高，叶子也长得很像，都是带叶尖的长椭圆形，这样的形状便于以最快的速度沥干充沛的雨水。植物学家要把树皮切一个口子才方便确认树种，因为这样可以看见较深的树干层，树干层的颜色能帮助鉴别物种。每公顷雨林有几百（甚至上千）种物种要观察！

但是，生态学家被这生态多样性影响得更严重。

在生态学上有一个法则，我们称之为"竞争排除原理"：如果两个物种分享同一生态位，即全方面（水、无机盐、土壤或者林冠的位置、光照时间等等）处于竞争状态，它们不能持续共存。要么一方竞争力没有另一方强，慢慢地被排除；要么它们的竞争力差不多（几乎不可能），其中一方在代代相传时会意外地被排除。树木的超级多样性让人困惑，因为我们很难想象在一公顷的热带雨林存在着如此之多不同的生活方式（即如此之多的生态位）……特别是它的多样性比其他森林如温带林的多 10—100 倍！

可能我们对这些植物生理学的认识还不够详尽，以至于不能准确区分它们的不同，也有可能是我们在探索环境时忽略了它们微妙的不同，如果是这样的话，那么的确存在如此之多迥异的生态位。20 世纪 70 年代初，美国生态学家丹尼尔·詹森（1939—）和约瑟夫·康奈尔（1923—2020）几乎是同时提出另一种假设（后来该假设以他们的名字命名）。简单地说，如果每个物种有天敌或独有疾病能阻碍其自身发展，同时它们看上的共同资源没有被完全利用，那么哪怕是共存，它们也不再互相排斥……詹森-康奈尔假说效应基于他们的观察所见，即同种成年树旁的林冠发育得没那么好，这样的话，当一个物种在一个地方安定下来，它会吸引病原菌，阻止同物种新个体扎根，这就给另一个病原菌不一样的物种留下生态位！一旦一个物种繁盛，它就开始不受欢迎，给另一个物种让位——反之亦然。一方的病原菌是另一方的盟友，对它们有利！

北美温带的樱桃木就有詹森-康奈尔假说效应的特质。一方面，种子的散落（特别是通过那些吃果实的动物）导致离树木越远，种子数量越少。另一方面，在每年年初植物生长时，相反地，胚芽数量离树木越远越多！这是因为离树木越远，它们越容易存活：在树木 5 米以内，16 个月时的存活率不到 20%；在 30 米以外，这个比例是 90%。因此在北美很难见到两棵樱桃木挨在一起，成年树木的平均距离是 30—50 米。

成年树身上病原菌的角色，可以通过比较原地和 20 米开外的土壤得知。对于每处的土壤，我们比较在原本有微生物的土壤和消毒后没有微生物的土壤里，林冠的生长（或存活）情况。对于樱桃木，在所有消过毒的土壤里，林冠的生长相似且茂盛；和成年树有距离且没有消毒的土壤里，林冠的生长也正常，没有什么病原菌；但是在成年树下未消毒的土壤里，林冠的生长很不好。实验结论有两个：第一，没了微生物，所有土壤的肥沃程度相似；第二，成年树附近的微生物阻碍了存活。当然，微生物并不是成年树一来就在的；因为有成年树，这些对胚芽有害的病原菌才得以生长和逐渐累积，局部限制了物种的竞争力。事实上，这些微生物扩张得很慢，因为没有资源，不会一开始在离成年树较远处存在，它们要过些时候才会出现。其他在自然中进行的研究则表明，如果我们不让植食性动物食用植物的林冠，詹森-康奈尔假说效应会持续，起主导作用的是土壤里的病原菌。起作用的主要是真菌中的腐霉菌（属于卵菌），因为对这种卵菌的特殊处理会解除成年树附近土壤的毒性。

许多实验支持詹森-康奈尔假说效应存在于热带雨林。这些实验将其延伸到成年树之外的另一个因素：胚芽密度。关于巴西树木 *Pleradenophora longicuspis*（大戟科，与橡胶树同科）的研究表明，种子密度越大，存活下来的就越少，也就是说之后林冠会少！如果有杀真菌剂，这个现象就会消失。林冠的密度可能也利于病原菌的聚集和传播，因为密度大时，根部之间和林冠之间的接触可能性一样。胚芽的密度也好，成年树的密度也好，詹森-康奈尔假说效应是一种和密度成比例的负面作用，通过聚集病原菌实现。但是，这种寄生且有害的现象对于关注共生的我们有什么吸引力呢？

从稀缺到侵略：植物多样性的幕后推手

实际上，物种密度的负面效应让有相似生态位需求但对这些病原菌不敏感的竞争对手获利。因为这些病原菌很大程度上是该物种独有的，并由该物种累积，所以其他竞争物种对其没那么敏感。对于这些竞争对手而言，累积的病原菌扫清了障碍，不知不觉地成了它们无私心的盟友——这是帮助行为。

有人在巴拿马的一个森林里进行了一次大胆的研究，追踪了 180 个树种的 3 万多个林冠的存亡。研究显示，同一物种的成年个体或林冠不同程度地聚集时，效果通常是负面的；但是当它和其他物种的成年个体或者林冠共存时，这种负面效果不存在。这说明，和另一物种争夺资源的负面效应不如同物种的病原菌的；这也表明，物种之间的竞争力没有被其他物种的病原菌损害（病原菌的专一性）。当同一物种的个体不存在时，物种竞争力更强；一个物种的繁盛很快被其病原菌限制，把位置让给竞争者。就这样，詹森-康奈尔假说效应有助于保持热带雨林的超级多样性，限制了竞争的排他性。一个物种安稳扎根后，会给其他物种留位置！也就是说，个体间存在潜在竞争的物种，不足以达到发生资源（重复一下，无机盐和水资源、树根或者林冠的具体位置、光照等等）争夺的物种密度。就算在热带不一定出现更多的树种，詹森-康奈尔假说效应的存在也避免了它们之间互相排斥。

我们搜集成年树下的土壤，比较其未消毒（有微生物）和已消毒（没有微生物）时对生长的影响，可以对詹森-康奈尔假说效应下的密度进行量化。比较生长影响，衡量的是所谓的植物—土壤反馈，即所有微生物的净效应，无论它们的角色是病原菌还是共生菌。比较结果通常都是负反馈，即有微生物的时候，生长要慢一些，也就是说，即使土壤里有共生体，病原菌的效应要更突出（之后我们会谈例外）。此外，植物—土壤反馈的强度根据物种的出现率而变化。最稀有的物种的负反馈非常显著，比一般物种的要低很多，因而反馈强度维护了稀有性。而最普通物种的土壤没有那么恶劣，它们吸引的微生物对它们的到来没有那么不友好……因此，除了和如菌根真菌等共生微生物有关的竞争调节，病原菌的积累对植物群落的形成也有贡献，这也能解释物种的稀缺性和出现率。

从最早的热带雨林研究开始，我们就发现，詹森-康奈尔假说效应也存在于温带。它对一些草原群落和特定树种（包括北美的樱桃木）的数量有影响。在温带，物种的稀缺性也和植物—土壤负反馈的程度有关。然而，温带也有一些生态系统和物种，它们的负效应要弱一些，有时甚至呈正效应（共生体比病原菌强势）。我们的温带林就是这样：和热带雨林相反，这里的树种单一（橡树、山毛榉、冷杉……），但数量都很多。在这里，土壤里的共生效应占上风，把詹森-康奈尔假说效应扭转成正面效应……在第一章的时候，我们已经预见了这一名为"托儿所效应"的情形，即成年个体培育的微生物有利于其后代的繁殖。不管怎么说，共生者（有时）主导也好，病原菌（经常）主导也罢，植物—土壤反馈影响了几乎所有的植物群落。

植物—土壤正反馈可以解释一些热带植物为什么极具侵略性。商业、农业和园林业交流引入的植物繁殖很快，打败了本地植物，比如法国现有的日本蓼、美洲商陆和黄花水龙。决定其侵略性和优于当地植物的竞争性的因素被广泛讨论，原因可能复杂多样，但是植物—土壤反馈就是其中一个，因为它在引入地的负反馈通常比在原发地的弱一些！尤其是，它对于本地植物更弱一些，这影响着入侵植物的相对竞争活力。在美国负反馈非常强的樱桃木，其个体之间有超过 30 米的距离，可是到了我们这儿，它变成密集生长的侵略性植物……在欧洲，樱桃木的植物—土壤反馈几乎为零！从原发地分离出的腐霉菌对根的攻击强度，要比从欧洲植物的根际分离出的强 1—5 倍。事实上，它们的病原菌没有跟来欧洲！还有一些情形，对樱桃木而言是正反馈：它有利于积累共生菌，在这种情况下真正实现了和微生物群落的共生互动。同样地，松树在热带变得有侵略性，也是因为它在引入地有能力聚集数量多过病原菌的共生菌，在第一章我们见识过，同时引入它们的外生菌根真菌开启了其强大的共生潜力，比所有病原菌（本地的或是引入的）都有优势。参与本地植物负反馈的微生物，间接地促进了入侵植物的成功；这些微生物进一步压制本地植物，客观上成为入侵植物的盟友。

　　因此，引入植物变得有侵略性是因为碰巧没有本地病原菌且／或没带来原地病原菌，也是因为遇到了本地共生援助力量且／或带来了原地的共生菌。但这种情况不会持久，因为入侵植物的繁盛会逐渐选择它们的病原菌，要么稍后从原发地引入，要么本地病原菌出现进化。在新西兰，由移民引入的大量植物都变得有侵略性，是一个观察不同时期（不幸）引入植物的绝佳地方，但是，引入的时间越早，植物—土壤负反馈越严重……因而变得越稀有。引入植物和其病原菌的共同进化，经过引入时短暂的中断和暂停后，慢慢恢复。

因此，一些微生物对一个扎根的物种不利，却在为迎接其他物种的到来做准备，它们将成为这些物种的盟友。放到生态系统来看，詹森–康奈尔假说效应和参与的微生物一起打造了一个植物群落的立体嵌合体，参与决定物种的繁盛程度和随之而来的生物多样性。

植被动态中的微生物

植物群落随时间而变化，微生物也参与其中。被遗弃的草原会迅速被小灌木覆盖取代，不久，在小灌木的树荫下，高大的树木开始萌芽，最终长成森林，取代小灌木。在加拿大北部的例子中有相似的动态：桦树和枫树给针叶树的胚芽提供树荫，让它们生根发芽，然后针叶树取代了这些阔叶树。物种出现继而被其他物种取代的这一生态过程叫作演替。但什么生态机制可以解释演替呢？

为了了解演替，我们这里采用生态学家最推崇的模型之一——沿海沙丘。随着时间推移，沙滩上的沙会不停向沙丘累积。当我们从沙滩向内陆沿路观察沙丘，也就是说从最新近部分到最久远部分，演替的各个阶段——呈现。在欧洲北部的沙丘，首先是光秃秃的，然后依次主导的植物是欧洲海滨草、紫羊茅、薹草，直到披碱草，最后过渡到更加连续多样的植被，有越来越多的灌木，直到森林。

第一个影响是先出现的物种为后续物种提供便利：它们的残余为土壤提供有机物；它们能为后续植物（特别是其幼苗）遮光、挡风浪；它们还能固沙，避免被风吹走……这一改良土壤的现象也和微生物共生有关。沙丘本缺氮，后者是由空气中的固氮菌慢慢带来的。那些和植物相关联的固氮菌的固氮效率更高，因为它们可以利用光合作用产物。这中间当然有一些豆科植物，但因其他植物的根际有机物丰富，也可以促进固氮：欧洲海滨草的根际每克有 800 万个固氮菌，是周围沙子中固氮菌的 100 倍。不仅如此，先出现的植物供养第一批菌根真菌，建立起菌根网络，它们可以和后续植物连接，无机盐的探索就此开始。事实上，把前述的植物移栽到花盆，用消毒过的沙丘的不同区域土壤培养，它们在越后段的土壤里长得越好。演替提升了土壤的肥沃度，部分是因为消毒前在里面生活的微生物！

但是这个机制不能单独发挥作用，还需要解释演替中物种的消失。已出现的植物照理有居先的优势，比如根系的安扎，新来的物种是如何将其取代的呢？这里还是有某种形式的詹森-康奈尔假说效应。是的，如果我们回到前面的盆栽实验，但这一次不对土壤进行消毒，观察肥沃度和微生物的叠加效果。我们发现，每个物种在它所在土壤的后段土壤中长得差一些！比如，欧洲海滨草在海滩上或者新扎根的沙子里长得不错，但是在之后所有阶段的土壤里都要长得差得多。又比如，紫羊茅在沙滩土壤或者欧洲海滨草生长的土壤中长得不错，但是在之后薹草或者披碱草生长的土壤里长得差一些。也就是说，每个物种会在土壤里累积各自的病原菌，病原菌以等待的形式（如孢子或囊肿）存活下来，这抵消愈加肥沃的土壤的助长效果。这些病原菌不仅有细菌和真菌，还有根部的微型寄生虫——线虫。尽管线虫不是微生物，但是它们和微生物一样都是看不见的力量。

总的来说，物种 n 让环境对物种 n+1 有利，并累积自己专属的病原菌：这种负反馈降低了 n 面对 n+1 的竞争力，促使 n 逐渐被 n+1 取代。也就是说，演替有两个原因。第一个是由共生物主要引起的两物种中对一物种的偏好——为了规划，我们有时会用一些被称为"奶妈"的植物（在非洲是洋槐，在地中海地区是薰衣草，诸如此类）帮助另一些目标植物扎根，它们要么是自发来的，要么是随后种植的。第二个是微生物方面的原因，即敌人的敌人终究是朋友：前面的植物的病原菌间接对后面的植物有利。重申一下：这第二个微生物促进机制在共生的边缘，因为它们帮助的植物不直接回报参与的微生物；相反地，这些植物替换了它们所需的特殊养分，完全没有帮到忙。但是，总体上植被动态看上去很热闹，都是土壤里微生物弄的！

最后，我们可以看看植物的两种极端类型（也存在中间型）。

一种是负反馈不太糟，有时甚至是正反馈，它们可以形成密集且/或持久的群体。另一种则刚好相反，负反馈非常严重，在植物群落演替中非常罕见，或者只是过渡。樱桃木这样的植物在我们这儿有侵略性，大量繁殖，但是在美洲并不常见。这说明土壤微生物的差异可以让一个物种属于两种极端类型中的一种，即在植物群落中，微生物可以决定一个植物全有或全无。

人类敌人的敌人亦是朋友

现在让我们来看看种群内部的竞争，即最初提到的关于酵母菌和草履虫杀手的例子。在动物界，疾病也可以成为物种间竞争的盟友。人类历史上有过多次惨痛的经验。是的，生物战争并不新鲜，在我们人类认识微生物存在之前就曾出现：用排泄物或动物尸体污染被包围城邦的井水或供水源，让箭之类的武器变得更加危险。人类疾病因此而传播得更快。1346 年，蒙古军队包围了热那亚共和国在黑海的一个大港，即今天的费奥多西亚，当时叫作卡法。蒙古人把死去士兵的尸体投入城内。黑死病，又称腺鼠疫，由鼠疫杆菌引起，在费奥多西亚蔓延，导致战争停止……因为双方都兵力不足。在休战期间，存活的热那亚人重新开始流动，这一次不小心把细菌带到了欧洲。瘟疫最开始在各港口流行，后来有不少于 2500 万人死于黑死病（将近欧洲当时人口的三分之一）。就算没有这一事件，黑死病也可能从亚洲逐步传到欧洲*，但这段历史展现了在竞争情形下细菌如何被用作盟友，哪怕我们不认识它们！

　　另一个著名事件有书信证据。1763 年，法国人把加拿大让给了英国人后，美洲印第安人不满英国人定下的苛刻交易条件，揭竿而起，起义进行得如火如荼，英国人阻挡不力，节节败退。靠近今天匹兹堡的皮特堡被包围，在此负责指挥的上尉手下只有 500 人，因而打算给美洲印第安人接种天花，英国军官和殖民地主管杰弗里·阿默斯特（1717—1797）在一封信中批复了他的请示，言辞中总结了新殖民统治者和前殖民统治者的不同之处："您想通过（感染过的）毯子为印第安人接种的想法非常好，还可以用其他任何方法来消灭这个可恶的种族。"（原文如此）批复到达皮特堡，被天花病人感染过的两条毯子和一块手帕被当作礼物送给了特拉华部落的两位使者。这里我们跳过具体的后果，因为天花在当时已经对美洲印第安人造成了伤害，我们不久将知道原因。但是这一事件是少有的蓄意实施事件之一，因为哪怕今天生化武器已经较为普遍，但值得庆幸的是，它们到目前为止依然很少被使用。天花病毒仍有可能成为这些武器中的一种，虽然 1980 年左右天花病毒在人类中被清除，但它仍保存在实验室里……

---

* 对黑死病的地理起源有多种说法，目前尚无定论。有些人认为其来自亚洲。——编注

就这样，一方的微生物可以助其战胜另一方。《星际战争》是英国小说家赫伯特·乔治·威尔斯（1866—1946）于1898年发表的著名科幻小说。我们记得在结尾处，火星人迅速攻击了地球后，因感染地球微生物而微妙地死去。地球微生物赢得了一场人类将输掉的战争。而小说险些成为现实，前述一切无法和现实相比。接下来谈到的事件不是蓄意或者有意识的行为，而是文明之间让人难受的对微生物恐惧的竞争。现在，我们就来看看。

史上最严重的生物冲突：一次鲜为人知的种族灭绝

15世纪末，当梅毒在欧洲出现时，它是一种能造成可怕症状的且从未见过的病毒。病毒其实来自美洲，它由哥伦布的船手引入，经过西班牙，到达那不勒斯港口。从那开始，是法国国王查理八世1495年占领那不勒斯后，由他的军队将病毒传到整个欧洲，该病又称"那不勒斯病"。梅毒对人的折磨持续到抗生素出现，美洲的情形更加恐怖，相比之下欧洲的情况不算什么。美洲印第安人不清楚欧洲的病毒，当欧洲人到了美洲后，各种传染病出现令人恐惧的大型蔓延，其中包括梅毒，还有其他疾病，如腮腺炎、肺结核、麻疹、斑疹伤寒、百日咳、流感……这些疾病把美洲的本地居民和哥伦布时代前的文化消灭得一干二净。西班牙编年史有记载，16世纪时各种难以置信的传染病在墨西哥轮番蔓延，至今仍不清楚致病微生物，其对美洲印第安人的打击远胜过殖民征服者，后者通常从未有过相同症状……

是的，欧洲人的微生物杀的人比他们的武器杀得更多、更快，因为疾病有时能到达偏远的地区，在欧洲人到达前就造成了大量死亡！就这样，在19世纪时，盎格鲁-撒克逊人向北美西部扩张，在密西西比河谷和俄亥俄河谷发现连绵的巨大人造山丘。一个著名的山峰——俄亥俄州的巨蛇山，有400多米长，其他的山峰也都有30多米高！殖民者无法想象这是由被他们夺走土地的游牧民族的祖先建造，何况这要求有复杂的社会组织结构。他们认为这是更久远的神秘人群——筑丘人（Mound Builders）建造的，所谓发现的超出常人尺寸的骨骸，让人以为筑丘人是近3米高的巨人……19世纪末，我们确认了这些筑丘人实际上是在当地生活的部落人的祖先。此外，西班牙人在16世纪与他们的零星接触中对此有描述，法国人在18世纪时也有提到。这些"筑丘"文明已有5000年的历史，他们中的最后一批在19世纪前被从欧洲传来的疾病灭亡……

在南美洲也是如此，许多完整的文明没来得及被弄清楚就消失了：亚马孙古陆有着丰富多样的城邦和农耕文化，给我们留下了烟草、菠萝、木薯和可可。是考古学让这段过去和这些植物不为人知的起源重见天日：彼时森林里有人居住，到处建着城市，种着农作物，有灌溉系统，还布满几米宽的泥路，就像在圭亚那一样。起初观察者的一些描述不太被知晓，却可以作证，比如 1542 年第一批到达的西班牙人的记录，描述了河流和岛屿，岛屿上密布村庄和城邦。这样的亚马孙经过欧洲微生物的一击后已经消失，仅存的大多数部落，如在北美的那些，回归到狩猎的生活方式。今天，白人和混血人种可以开发亚马孙（我们知道那是何其过度），这是在欧洲微生物清除了大量竞争对手之后发生的。

欧洲引入流行病的后果难以统计，因为哥伦布到达以前（哪怕到达之初）没有人口普查。在一些地区，70%—90% 的人口应该是在二十余年间消失的。我们估计南美当时的死亡人数在 4000 万和 9000 万之间；墨西哥的阿兹特克人与西班牙人联系密切，一个世纪内，其人口从 2500 万降至百万；北美人口由"发现新大陆"前的 700 万降到 1870 年的 37.5 万（包括移民）！总而言之，这是人类已知最大规模的大屠杀，远超黑死病或其他更近的恐怖大屠杀。人口和社会结构崩塌，给新来的人空出大量位置，他们掌握了土地和权力。欧洲人给美洲强加了他们的存在和文化，特别是在北美，哥伦布到达之前的传统如今已经微乎其微。欧洲化的城市（诸如里约热内卢和旧金山）以及所在的国家，是竞争的痕迹；欧洲殖民者赢得了空间、能源、文化传承和权力，无意中得到了他们身上疾病的帮助。

还未被全球化的部落（即亚马逊的"未接触"部落）对欧洲疾病同样敏感。秘鲁的 Nanti 部落就是几十例中的一个：20 世纪 70 年代，基督传教士拜访了他们，后来是伐木公司和矿物勘探商。流行病准时爆发，有呼吸道疾病、肠道疾病……此过程伴随着大量死亡。2000—2010 年，Nanti 人死了 30%—50%。同样的情况反复出现，和亚马孙平原接壤的国家一起制定了不接触政策，这一政策由巴西的一个政府机构——国家印第安人基金会（FUNAI）负责执行。但是我们应该给这段历史赋予什么样的生物学解释？毕竟，感染携带者在接触时并未生病……再者，为什么微生物在欧洲和美洲的效果这般不平衡，一边只是得了梅毒，另一边是人口灭亡？

在欧亚大陆，三个因素会给我们带来疾病，并迫使我们适应。其一，大多数疾病来源于繁殖旺盛的家畜：肺结核、梅毒和麻疹来自家牛；斑疹伤寒、百日咳和白喉来自农场动物；流感来自鸟类和家猪（引起新闻中零星议论的流感毒株，源于病毒进入了这些动物的体内）；猫把弓形虫传给了我们，诸如此类。然而在美洲，动物驯养很罕见，主要是因为基于菜豆和玉米的蔬菜饮食均衡。驯养动物的唯一原因是让它们出力牵引。（我们还声称梅毒来自羊驼，但是没有什么证据；你们可以想象一下病毒传播到人的途径！）其二，欧亚大陆地域广阔且人口密度大，疾病相互交换，例如上文中我们提到黑死病是从亚洲传到欧洲的。因此，各处出现的疾病在不久后会出现在欧亚大陆的各个角落。美洲人口少得多且更分散，新病感染和传播的机会少得多；起初，美洲和欧亚大陆上的疾病交换没有交集。第三个因素是共同进化：这些疾病早就把最敏感的个体淘汰了，在出现的过程中，它们选择了有抵抗力的个体，甚至是无症状的个体！就是这些无症状的健康欧洲人，无意识但有效地感染了美洲印第安人。美洲印第安人需要在一眨眼的工夫，赶上这些疾病在欧亚大陆经历的几千年的自然选择，结果就是人口的灾难。

这就是征服美洲大陆的微观生物学的（阴暗）部分，助手是对欧洲人没有（太多）害处的微生物。欧洲人用不耐抗的宿主给微生物准备了盛宴，然而它们获得了文明之间的竞争模式，这互利互惠表明，欧洲人的疾病如何在这段伤心的历史中成为他们的共生体……

为了寄生和杀戮而活的寄生体

竞争之后，让我们以共生体负面互动中的寄生和捕食结束。两个共生体合作开发第三物种，从某种程度上说我们已经见过，即微生物为草食性动物消化咀嚼过的植物纤维。

由于真菌的关系，一些共生昆虫可以杀死受到攻击的植物组织或者整个植物。在第六章，我们见识了鞘翅目和膜翅目昆虫通过运送真菌，将其作为助手攻击树木：一些昆虫会紧接着吃掉真菌，但是另一些仅限于给植物接种从而削弱植物。以榆树为例，鞘翅目昆虫利用毛茸茸的身体散布其共生真菌，共生真菌只是攻击的助手，但对遭到攻击的树枝来说是致命的。

在共生助力的导致慢性死亡的残酷攻击中，一些膜翅目昆虫还有病毒相助，它们的到来就像雷德利·斯科特电影里描述的异形一样。这些昆虫被归类为拟寄生物，把幼虫产在其他昆虫的幼虫体内。拟寄生物幼虫的成长以宿主的生命为代价，宿主遭到入侵后仍能存活，但在成年前会因拟寄生物的幼虫脱离而亡。一些拟寄生物的攻击属于单打独斗，另一些拟寄生物（如烟草角虫身上的寄生蜂黄蜂）得归功于脱氧核糖核酸病毒（DNA病毒）。这些病毒完全整合在拟寄生物的基因组里，在雌性生殖器官的细胞里产生病毒分子。当受精卵被注入宿主体内时，上面已经布满病毒分子。在实验中，如果除掉受精卵上的病毒，或者通过紫外线灭活，会阻碍拟寄生物昆虫成虫。事实上，病毒攻击的是宿主的免疫细胞，消灭它们可以阻碍防御，便于拟寄生物安扎。病毒还会扰乱宿主幼虫的激素平衡，让它们生长却无法成年，因为成年对拟寄生物不利，这样一来，营养供给的时限被延长！这些病毒完全依赖拟寄生物，因为它们不能在宿主体内繁殖；它们只传给拟寄生物的后代，就像普通的基因一样。这些DNA病毒是这些入侵"插件"的极点，如第六章所见，昆虫通过它们适应杂技般的生态位：在这里，病毒基因插件适应营养供给者的免疫防御！一些DNA病毒和膜翅目拟寄生物（茧蜂科和姬蜂科）发生了两次共生。这种紧密的共生，只是膜翅目拟寄生物和病毒的众多合作中非常整合的一种形式，其他的合作同样残酷，但更常见，也更自由。在这些情况里，病毒在拟寄生物外复制，拟寄生物满足于一种松散的共生，把病毒传给宿主，这能削弱宿主但不会杀死它。和那些借真菌帮助攻击树木的昆虫一样，这里的进化是分两步完成的：首先是机会主义式的松散联合，然后从它们之中通过多次进化形成了更加整合和独立的共生。

有些共生甚至允许真正的捕猎，即寄生的极端情况——立刻死亡。在攻击猎物时，线虫动物和细菌联手制造了一个惨剧。这些线虫的幼虫可以不需要营养地在土壤里生存，积极寻找它们要进攻的昆虫。找到后，它们把肠道囊泡里储存的共生细菌喷出。这些细菌开始繁殖，分泌毒素，引起败血症，两天内毒死昆虫和其他所有细菌。而线虫分泌的酶和细菌分泌的酶一起，将昆虫尸体转化成它们可口的营养汁。线虫也吃细菌，待它成年后再让细菌继续繁殖。几代过去后，当尸体耗尽，线虫的幼虫离开这老巢，回到土地等待下一次"谋杀"。在这之前，它们给肠道囊泡装满细菌，便于之后给其他昆虫接种——牺牲几个细菌当食物保障了它们的繁殖……

这种捕猎共生独立出现在两种线虫上，斯氏线虫和 *Heterorhabditis*，分别对应致病杆菌和光杆状菌，两者都属于肠杆菌目。因为这两种细菌常见于消化道，这种共生可能是从那些肠道有肠杆菌的线虫祖先进化而来。这两种线虫要实现攻击，需严格依赖于它们各自的细菌：实验中细菌一旦调换，线虫的生命周期就会受到影响。它们的攻击对象是一切昆虫。捕猎共生也就促成了其他形式的关联，利用共生杀死昆虫！比如像玉米等植物的根，当它们遭到昆虫攻击时会释放 β - 石竹烯，吸引这些吃昆虫的线虫。如今人类养殖并销售这种线虫，将其用作温室和苗圃的天然杀虫剂。因此人类和植物促进了这种线虫的普及，作为互惠的同谋，利用了它们的保护作用。

这些细菌或病毒辅助的凶案再次向我们讲述了许多趋同现象，其中强调了共生的进化。还有最后一个故事，它经常被提及但仍未得到论证支持。巨蜥（或科莫多巨蜥）是凶猛的捕食者，它们不排斥动物死尸，其锯齿可以保护可能滋生细菌的余肉。巨蜥咬过的地方形成伤口感染，被咬的动物不久后死于败血症，而后巨蜥以其尸体为食。事实上，它们的齿缝中既没有碎屑，也没有特殊的微生物群落，但就是有毒。对霸王龙也有同样的假设，它们也有锯齿，但也没有确凿的证据。很有可能是口腔微生物以更加快速的扩散形式，和环境中的感染一起造成伤口感染，这对所有吃动物死尸的肉食性动物有利！和前面的例子一样，这个例子中的共生微生物成为寄生或捕食的助手，既有口粮，又可以繁殖壮大，一举两得。

总的来说……

生态上的成功基本都不是独立完成的，它们经常有微生物相助。生态系统中，竞争和开发存在着负面影响，在日常运作层面，我们看过共生与这些负面影响调和。在前一章，我们观察共生如何在负面互动"之上"发挥作用，同时避免行骗者；我们刚才又看到共生有时也意味着负面互动……因此，在生态系统的运行中，负面和正面互动紧密联系。在这中间，共生也影响生态，要么是通过共生直接影响，要么是以竞争助手、寄生或者捕猎间接地参与负面互动。共生的贡献包括饮食互动、营养关系链、物种数量、种群特点、群落形成和演替。

我们暂时把互利的理解拓展到了一些情形，即微生物对动植物有利而自己并不总是有回报。我们还描述了互相有利的极端情形。互动的确有其连续性，从互相有利的情形，过渡到对一方有利而对另一方无害的互动，最后到对一方不利的互动。这些例子中，微生物在生态进程中的贡献看似只针对肉眼可见的生物：在我们所见的大自然背后，微生物（和微型动物）实际上还在进行微小密谋隐身组织的所见部分。

最后，我们谈到人类有意识或无意识地利用了微生物，包括防治虫害和人类种族之间的互动，后者的影响有时涉及整个文明。下一章我们会讲人类利用微生物共生的其他文化影响，尤其是对饮食文化的影响。

第十二章

餐盘和酒杯里的共生者（1）

葡萄酒、啤酒和奶酪

在这一章，我们将酿白葡萄酒、红葡萄酒、桃红葡萄酒、灰葡萄酒、黄葡萄酒，还有橙色葡萄酒！我们会知道葡萄酒在酒窖的反应类似于牛的瘤胃，葡萄酒的口感和芳香来自微生物，有些葡萄酒会有"薄纱"；我们也会酿啤酒，会制作酸奶和奶酪；我们会把奶酪变蓝，会知道奶酪的味道和质感来自微生物。最后，我们会知道一些制作奶酪的微生物是如何适应了食物发酵，甚至被人类驯养，有时还丧失了自我传播的能力。

酿酒的酵母

现代生物科技让古老的酿酒术焕然一新。葡萄成熟后，酿酒过程由微生物"护航"。作为酿酒人可靠的互助者，微生物需要酿酒人的培养和照料。在酒精发酵的过程中，果糖由所谓的"面

304

包酵母"（酿酒酵母）转化成酒精，因为这种酵母菌也被用于制作面包。它们可以是自生的，更常来自酒窖而不是果皮。果皮上的酵母菌层通常在酒窖里缺乏竞争力。如今，酵母菌普遍是接种的，有几个原因。首先，如在上一章学到的，用极具竞争力的有毒酵母菌更好，就算一个有毒酵母菌晚期变得对毒素敏感，也能保证发酵不会中止。其次，现在的葡萄汁很甜，因为有规定限制每公顷的葡萄产量，即限制葡萄串的数量。糖分含量高的葡萄，酿出酒精含量高的酒。然而，大部分的天然酵母菌无法在酒精度高于 11 或 12 度时存活，因为它们通常生活在落地的不新鲜果实里，那里发酵所产生的酒精浓度不会如此之高。最后，近来一些酵母菌因为可以产生有趣的芳香化合物而被采用，比如在白葡萄酒中，释放的硫醇引进了水果的味道；又如在博若莱新酒中，著名的酿酒酵母 71B 产生的乙酸异戊酯带来香蕉或者树莓的香味。

白葡萄酒和桃红葡萄酒的发酵是果汁发酵。白葡萄酒的果汁是通过快速压榨白葡萄或红葡萄获取的，红葡萄是因为它的颜色在葡萄皮里（许多香槟是用红葡萄品种黑比诺酿造的）。发酵在低温中进行，要么给酒桶降温，要么利用酒窖的温度；低温可以限制酵母的活动，保留果香。桃红葡萄酒用的是红葡萄酒，并让葡萄皮在里面泡一会儿（制作淡色桃红酒时泡的时间更短），之后的酿造方法和白葡萄酒相同。与之相反，红葡萄酒用的是整颗葡萄，压榨后的果肉和果皮接触并发酵，在酒精和酵母酶的共同作用下，果皮会逐渐释放色素和芳香化合物（特别是单宁）。红葡萄酒可以允许采用更高的发酵温度，这既有利于果皮释放化合物，也可以加强微生物的活动，结果是，和白葡萄酒和桃红葡萄酒比，果香的改变非常大。橙色葡萄酒名声小些，起源于格鲁吉亚，在我们这里还很小众，但有流行的趋势。橙色葡萄酒是用整颗的白葡萄发酵，让其和果皮接触，类似于红葡萄酒的酿制——过程中获得单宁和芳香。不同的酿酒方法的温度不一，控制温度可以控制微生物的生命，有利于发酵；给酒窖降温也避免了发酵发热带来的损害。如果酸度升高，我们也可以对其进行调节。对于红葡萄酒，葡萄皮会浮起来，我们有许多方法保证液体和葡萄皮接触（使用一根棍子的踩皮方式、需要泵的淋皮方式、压榨回收法等等）。

　　酵母菌可以很快地清理有多种微生物的葡萄汁，其产生的酒精毒性有强大的竞争力。因此，要防止面包酵母以外的微生物产生不受欢迎的芳香，比如酒香酵母释放的马厩味。面包酵母在发酵过程中除了耐酒精，还有竞争优势，特别针对长在酒窖的接种菌株。酿酒中会用到亚硫酸盐，它有抗氧化和抗菌的双重功能，不利于不受欢迎的微生物。面包酵母耐受亚硫酸盐，靠的是一种主动将其排出细胞的机制。此外，葡萄汁中的氮有限，尽管在发酵初期我们经常加入铵离子和一些对酵母有利的维生素：历史上，我们曾毫不犹豫地边踩葡萄边尿尿。面包酵母有氨基酸和蛋白质传递体，在采集含氮资源上有优势。对亚硫酸盐和氮缺乏（有补给但仍缺乏）的耐受是酵母菌对酒窖酒里生活的适应。

第十二章也是倒数第二章，我们在文化和文明层面探讨微生物，在上一章的战争助手角色中有概述。这一章将在选择的两大食物种类中探索微生物的存在：首先是发酵饮料、葡萄酒、啤酒，其次是奶制品，准确地说是酸奶和奶酪。通过这些例子，我们可以讨论这些食物的制作方法以及制作过程中微生物的演化。我们会通向下一章的问题，即微生物食品发酵的角色和意义。

在微生物和氧化作用中演变的葡萄酒

对于许多白葡萄酒和桃红葡萄酒而言，又或者是博若莱新酒之类的"新"红葡萄酒，酒精发酵之后，酿制就完成了。加入亚硫酸盐能在最后将微生物排出；过滤程序除了能将酒澄清，也能将微生物排出。如果我们将发酵产生的二氧化碳通过任意方式保留在瓶中，酒就可以起泡（是的，香槟酒的气泡来自微生物……）。如果我们在果糖完全转变成酒精之前排出微生物，我们就可以获得利口酒或是半甜白。亚硫酸盐会让一些人有头痛的症状，过去它的用量不小，让白葡萄酒名声不好，特别是最甜的那些，因为要完全避免酒精发酵在瓶中继续。

　　酿酒前排除水分可以提高葡萄酒发酵前的含糖量，这可以通过干燥实现（晚采收的葡萄是在葡萄藤上脱水，做麦秆葡萄酒的葡萄是在阴凉处风干），有时甚至是通过冰冻将葡萄外的水分结晶（北欧的冰酒）。有意思的是，另一些酒通过微生物提高含糖量：贵腐状态就是灰葡萄孢菌造成的水分挥发。这种真菌感染过分成熟的葡萄，比如苏玳葡萄酒就是这样制作的。这些方法也会带来过熟的芳香（干果香或者果酱香），部分的芳香来自滋生的微生物，特别是在贵腐酒中。

　　关于多样的酿酒工艺，我们只是开了个头，是的，有时我们会让葡萄酒在酒精发酵后把它自己交给微生物，让它在装瓶前进行更长时间的演变。它会失去果香，但是会有一种复杂的、来自微生物的芳香。让我们来看看陈酿，这主要是关于红葡萄酒和几种白葡萄酒。水果分解时，当糖分完全转变成酒精，组织的改变会让氧气进入，酵母菌会进行有氧呼吸，消耗产生的酒精。但是在葡萄酒里，在没有氧气也没有食物的情况下，酵母菌最终会死亡……它们的死细胞连同死掉的细菌和葡萄的残余，形成酒泥；酒泥在装瓶前会被清除。然而，有时我们会在贮藏酒时保留一段时间的酒泥，获取微生物尸体释放的分子。它会带来芳香，但可能因为太突出，一些酒区避免酒泥陈酿；它也会带来顺滑的口感，这是因为酵母菌细胞壁带来的复杂多糖——葡聚糖和甘露聚糖。因此，酒体的"丰满"通常来自微生物，另一个因素是甘油，也是由发酵产生的……

　　以前，在冬天过后，葡萄酒早已装瓶，一种神秘的发酵会让瓶塞漏酒或者弹出，哪怕酒中已经没有糖分。在法国，直到20世纪50年代，我们才明白，酵母菌停止发酵后，一旦温度允许，另一种发酵会开始——所以通常是在冬天过后。这种发酵是苹果酸-乳酸发酵，又被称为"malo"。它消耗酵母菌发酵葡萄产生的苹果酸，产生二氧化碳和乳酸。酵母菌在没有糖分后停止生长，它们的死细胞释放出含氮和磷的化合物。苹果酸-乳酸发酵是酒类酒球菌之类的细菌利用这些化合物所致。在寒冷的冬天，它们的生长通常被抑制，出现得慢，尽管有接种套件，许多酒窖还是没有很好地掌握苹果酸-乳酸发酵。我们也可以利用苹果酸-乳酸发酵将已开始的酿酒桶里的酒进行转移接种；还可以通过避免酒窖温度过低，促进细菌的生长（这里又一次说明，温度可以控制葡萄酒里微生物的生命）。但是结果通常难以预料，所以，和酵母发酵不同，苹果酸-乳酸发酵还未被完全驯化。

　　今天，过滤和亚硫酸盐可以让葡萄酒在进行苹果酸-乳酸发酵之前稳定，保留桃红葡萄酒和许多白葡萄酒的果香。但是对于众多红葡萄酒和某几种白葡萄酒来说，第二次发酵仍有必要，因为它可以提升口感，增强品质。乳酸有一个羧基，而苹果酸有两个，因此苹果酸-乳酸发酵降低了葡萄酒的酸度。此外，它能引入众多新的微生物代谢物：更多的甘油、有巧克力香的丙酸、有椰子香的内酯、有黄油和榛子香的丁二酮（在霞多丽的发酵中非常讲究）。因为苹果酸-乳酸发酵的缘故，葡萄酒的芳香变得复杂，远离了简单的果香。

一些酒保存在酒桶里，这里的氧化少而慢，但是以化学反应为主。如果酒桶是新的，酒会吸收酒桶木里的单宁，我们也可以用更经济（结果有时也更粗劣）的方式实现，即加入从植物中提取的单宁，甚至是刨花。单宁是酚类化合物，葡萄中也有，特别是葡萄皮里，所以酿红葡萄酒时单通过浸泡提取它。无论是来自葡萄还是通过添加得来的，单宁都有助于口感，和亚硝酸盐一样有第二功能：它们抗氧化，通过和微生物的蛋白酶反应，限制其生长。现在许多不含亚硝酸盐的葡萄酒用单宁提取物替代，实现了相同效果。

添加的刨花和单宁是古代各种添加物质的现代化身。古代添加的物质经常来自植物，有起稳定作用的，有抗菌的：海水、富含抗菌成分的香料（如黄连木或松木的树脂）……松脂酒是希腊一种用了松树树脂的白葡萄酒，再现了古代的工艺。以前，因为没有亚硫酸盐和过滤工艺排除微生物，醋酸菌让酒变酸，利用残留的氧气将一部分的酒精转变成醋酸，最终可以变成醋。酸度最终会让酒稳定下来（因为微生物不喜欢酸），和今天的酒非常不同。在古代和中世纪的时候，我们有时候会用蜂蜜掩盖酸味，添加的植物味道占上风。这和现代葡萄酒完全不同，现代酿酒一般是正确引导微生物发展，并让其在醋酸累积前停止的结果。

最后是"薄纱酒"，它展现的又是另一种用酒桶和微生物完成的陈酿过程。酒在酒桶里会轻微地挥发，通常我们会添桶补给，即向酒桶内加入酒，防止空气催生醋酸菌。如果我们不给薄纱酒添桶；空气会在酒桶内上方累积，和空气接触的酒的表面会形成一层薄纱状的微生物。这层薄纱里有酵母菌(如贝酵母)和细菌，其中一部分将酒精转变成醋酸，然而，酵母菌限制了细菌的过分生长，与它们竞争不多的氧气，它在表面形成的薄纱可以隔绝空气。因此薄纱酒氧化度更高，味更酸，还有微生物产物带来的特殊芳香。西班牙雪利酒和法国汝拉黄酒都是这种酒的代表。在过去，这种方法被更广泛地采用，因为酿制的酒很稳定，它们因其酸度可以保存相当久的时间。

这样看来，酿酒过程就像是培养微生物，有直接方法（接种）和间接方法（亚硫酸盐，单宁，调节氧气、温度和酸度）。它们能促进和抑制微生物的生长，总之会形成微生物群落，实现人们想要的转变。酒精和酸最终让酒稳定下来，微生物代谢物则决定葡萄酒的口感和结构。其间，酿酒人用葡萄、氮甚至是维生素供养微生物：在酿酒过程中，酿酒人和微生物之间是一种近乎共生的良好互惠关系……各个步骤（混合，营养补给，酸度和氧化度的调控，温控……）令人想起家牛控制瘤胃里的微生物，这不是偶然！

啤酒的多样性

啤酒也是靠酵母发酵，这次是以谷物为原料。种子里的能量储存形式是葡萄糖聚合物——淀粉。因为酵母不能直接利用淀粉，我们首先诱导种子发芽，在这一过程中，胚芽利用自身的酶释放结构更简单的糖，如葡萄糖，麦芽糖和麦芽三糖（分别由两个和三个单位的葡萄糖构成）；然后我们通过加热杀死细胞组织。这是麦芽制造阶段，也用于威士忌蒸馏前的发酵；麦芽制造除了产生简单的糖，也产生许多不同的化合物，包括维生素，之后可以被酵母利用。麦芽中的化合物如此多样，以至于我们经常把它加到微生物培养环境中，保证各种微生物的需要！啤酒的酿酒阶段是给麦芽加水，让酵母利用它在恒温下发酵，特别是需要对其不停地"搅拌"（酿酒一词的来历*），像反刍动物一样，让水、植物碎片和微生物混合。酿酒阶段还能大量保留发酵产生的二氧化碳，保证啤酒起泡。

历史上，啤酒是通过空气接种的，布鲁塞尔地区的贵兹啤酒和拉比克啤酒仍采用这种方法。这种接种方法很慢，而且引入的不只是酵母：氧气的存在让细菌们产生各种各样的化合物，包括醋酸（前面已经见过）。啤酒获得的酸度让其免于变质，但是挑战人们的味蕾。习惯上，我们加入水果或果汁，就像以前在葡萄酒里加蜂蜜一样，用果味和糖掩盖酸：这就是樱桃啤酒的来历。后来，发酵条件的成熟以及人工接种的帮助，让酵母的功能得到优先，诞生了两种形式的现代啤酒——艾尔啤酒和

---

* 在法语中，啤酒的"酿酒"和"搅拌"是同一个词。——译注

拉格啤酒。

起初，啤酒是用酿酒酵母进行所谓的"上"发酵，因为在发酵过程中，酵母倾向于浮在酒桶上方。这一过程还需要高温（大于 18 摄氏度），这个温度只有在部分季节才有可能酿啤酒。产出的艾尔啤酒有芳香，但是当时巴氏灭菌法和过滤技术还没有出现，酿造温度和化学成分让其不稳定。如今进入这一过程的酵母主要来自两大类，它们可能是在 16 世纪或稍后在欧洲被驯养的，尽管上发酵更古老，但接种的习惯可能在之后才出现。15 世纪时，在巴伐利亚出现了"下"发酵，用的是另一种酵母——巴氏酵母，是酿酒酵母和真贝氏酵母的杂交（尽管此法在今天也使用酿酒酵母的菌株）。这种方法被称为下发酵是因为采用的酵母倾向于沉淀在酒桶下方；此外，此法可以在更低的温度（10 摄氏度左右）下进行，因此一年四季都可以酿啤酒。这种方法酿出的啤酒被称为"拉格"或者"皮尔森"，它们由于低温而氧化程度低，其更清淡则是因为酵母发酵产生的酒精少。我们通过添加各种植物让不同的啤酒稳定，如历史上的欧石楠或香杨梅，现在的啤酒花。和植物对葡萄酒一样，它们带来单宁，限制氧化和不必要的微生物滋生，但这里的单宁会带来或多或少的苦味。在今天，啤酒最终稳定是将其过滤，啤酒变清，微生物被排出。但是有一个例外：没有过滤的白啤酒需要尽快喝掉，它的乳色和悬浮的酵母有关，它们产生更多特别的芳香，如丁香的香味（4- 乙烯基愈创木酚）。

啤酒酿造者（或消费者）可以享用美味的产品，是因为酒精和添加的植物让不良微生物不能滋长；同样地，微生物由人类供养，储藏（在对酿酒有利的条件下），甚至是接种。和葡萄酒一样，这是一种互惠共生，通过现有的接种菌株达到顶峰。这些菌株通常不存在于自然界，因为它们完全依赖于人类。酿造啤酒的面包酵母驯化的菌株不同于酿造葡萄酒的菌株，也不同于制作面包的菌株（名副其实的面包酵母，哪怕还是同一物种）。它们失去了产生某些不必要的芳香代谢物的能力，如 4-乙烯基愈创木酚（白啤酒的菌株除外），还获得了对麦芽的适应能力，如利用淀粉衍化的麦芽三糖。它们也失去了产生有耐心和耐力的孢子的能力，以及有性生殖。也就是说，它适应了在人设定的稳定环境中扦插繁衍。这一趋势比在葡萄酒酵母中更明显，因为至少四个世纪以来，我们每年酿造啤酒用的都是前一年生产的酵母，而酿造葡萄酒的菌株直到 20 世纪才出现。在两次酿酒之间，它们独立于酒存活，主要在酒窖里。

酒精发酵，一种（文化）趋同进化

除了欧洲的葡萄酒和啤酒，酒精发酵被人类多次开发，遍布世界各个国家和地区，原料也多种多样，通常还会用蒸馏方法获得更烈的酒。第一批用水果发酵的饮料出现在 9800 年前的中国，5000 年前第一批酿制的"啤酒"也出现在那里；而欧亚

314

大陆这头，关于葡萄酒最早的记录来自 8000 年前的格鲁吉亚。
西非和印度用棕榈树汁液发酵（制作棕榈酒），墨西哥则用龙舌
兰的汁（可以酿出龙舌兰酒和梅斯卡尔酒），印度和马来西亚用
木薯，东方的大部分地区用大米（我们还会讲到），斯拉夫国家
用土豆，全世界几乎都用蜂蜜，蒙古还用马奶（即奶酒）……
总而言之，在众多地区，含糖高的原料被人类用来制作酒精。

这一跨地域且覆盖众多原料的文化趋同，通常会动用到酵
母；酵母一般生活在植物的表面，等待植物分解的时刻。人类
已经驯养不同种类的酿酒酵母：一种包括葡萄酒酵母，可能来
自生活在树皮上的古早酵母；另一种包含面包酵母；有两种是
啤酒酵母；还有最后一种来自亚洲，包含米酒的菌株（如日本酒，
我们知道的一般是蒸馏过的形式）。也有其他种类的酵母：我们
给拉格啤酒接种巴氏酵母；苹果酒采用铁红假丝酵母、葡萄汁
酵母和贝酵母，因为规定的低温环境（低于 10 摄氏度）将面包
酵母排除在外。这种酿酒酵母的多样性再次说明，起调节的决
定性因素是接种和温度。

酵母没有能力利用淀粉，只能发酵简单的糖类：这解释了
上文中麦芽制造的必要性。安第斯山脉地区的玉米啤酒(奇恰酒)
的传统制作方式使用人类唾液，回避了这个问题——妇女们咀
嚼玉米粒然后吐出，唾液酶在发酵之前将淀粉转化为单糖。在
亚洲，人们采用丝状真菌米曲霉发酵制作日本酒和许多其他谷
类酒，如中国的高粱酒（茅台酒）。这种真菌有可以降解淀粉的

酶，只需要浸湿或轻微预热谷物而对淀粉加湿，使之能与酶反应，但这一步不需要制造麦芽。人类用的米曲霉经常和其他酵母有关联，其基因可以比天然菌株产出更多不同的次要代谢物，因此它们的发酵释放出丰富而复杂的芳香，尽管这和一般欧洲人的味觉有出入……

从酸奶到奶酪……

乳制品的发酵也是在许多不同的地方以不同形式出现，让我们从简单的酸奶说起。相关的细菌被称为"乳酸菌"，发酵时将乳制品中主要的糖——乳糖转化成乳酸，我们利用已经做好的酸奶为其接种，试过的人知道制作酸奶需要保持最佳温度（酸奶机预热到 40 摄氏度，实际上烤箱就可以做）。产生的酸避免了细菌滋生，质地也有了变化：酸奶是凝胶状的蛋白质，两个因素共同改变了蛋白质（专家们说是变性）。其一是细菌释放的蛋白酶分解蛋白质，让形成的氨基酸片段重新结合；其二是酸度改变蛋白质的形态和性质。剩余的蛋白质之间，形成了这种胶状的不稳定结构（我们所说的凝结）。如果你们搅拌酸奶，会发现酸奶液化，胶体会被打破。通常酸奶有普通奶不具备的柔滑口感，这一般是复杂多糖组成的化合物和水反应形成的黏稠感……许多酸奶的柔滑性质是因为选对了细菌。

酸奶的发酵是两种细菌共生的结果。它们可以独自生存，但只有一起时才能消化乳制品。嗜热链球菌对乳糖发酵，释放酸（丙酮酸、乳酸、甲酸），供养保加利亚乳杆菌；后者的高效蛋白酶对付蛋白质，释放嗜热链球菌没有的氨基酸，如缬氨酸或组氨酸。在这些细菌发酵产物之中，乙醛对于酸奶的气味起主要作用。对于发酵效果，人类寻求的是改变后的稳定性、味道和口感。但是好处是相互的，因为从另一个方面来说，发酵菌种是由人类供养和推广的，做过酸奶的人都知道，用一点已经做好了的酸奶接种。现在我们也用其他发酵菌种，如双歧杆菌，做出的产品在法律上不能被称为酸奶，但是二者在感官上很接近。据统计，全世界大约有400种不同的发酵乳制品名称，传统制品出现很多次——其中有酪浆，它是布列塔尼地区制作黄油的剩余物，是一种轻微发酵的黏稠液体。

至于奶酪的制作，严格意义上说，从凝结没有酸或微生物的蛋白质开始。为此，我们加入植物（从植物汁液中提取，如无花果树或拉拉藤）或者动物蛋白酶（从牛胃提取的凝乳酶，用它在牛的体外进行消化！）。如今，这些蛋白酶通常都已工业化生产，通过……真菌培植。接着，制作奶酪需要将乳清从凝乳中清除，不同的奶酪使用的方法和程度不一：卡门培尔和罗克福这样的软质奶酪只需要简单的沥干；圣内克泰尔和勒布罗匈这样的生压奶酪需要压制；冈塔尔这样的硬质奶酪需要打碎凝乳和轻微加热；而孔泰、切达和埃门塔尔这样的硬熟奶酪需要更显著的加热。凝乳中的乳清和水排除得越干净，奶酪的蛋白质和脂类就越浓缩，营养更丰富，也更容易运输……凝乳在去除乳清甚至是压制的过程中成型，这一过程叫"成型"（formage）。它解释了"奶酪"（fromage）名字的由来，在法语中"r"发生了移动（但是在意大利语的"formaggio"和奥弗涅方言的"fourme"中"r"都没动）。我们会给新鲜的奶酪加盐，一般是在其表面；这让第一批到来的微生物无法在该环境停留，因为它们完全受不了浓盐！青霉菌比酵母更能耐受盐分，因此能在咸奶酪皮上顺利繁殖。

攻击奶酪的微生物

奶酪成型后，工作交给了微生物，和葡萄酒或啤酒不同，这里参与的微生物群体非常多样化。一个普通的奶酪每克有1000万个微生物，每克奶酪皮的微生物有上10亿个（在法国，按一般人的食量，我们每天吞下去100亿—1000亿个微生物）！在奶酪里没有氧气，细菌将乳糖的剩余物发酵（大部分乳糖都在乳清里）：乙酸和丙酸发酵产生的气体能形成气泡。埃门塔尔和古老也奶酪就属于这种情形，发酵产生丙酸和二氧化碳，丙酸对味道有贡献。两种奶酪的区别在于圆盘中心的发酵速度：古老也奶酪发酵较慢，因为它保存在气温较低的地窖里，而埃门塔尔奶酪的环境温度更高，所以发酵得也更快。因此，古老也奶酪的气体有时间逐渐逃逸，而埃门塔尔奶酪的气体会形成圆形气囊（就是大孔！）。

在奶酪皮上，细菌和真菌可以呼吸，它们的繁殖取决于奶酪制造者的操作。如果奶酪皮像罗克福的一样经常被刮，上面只会有一层薄薄的细菌膜。如果只是一般清洗和擦拭，微生物会在奶酪皮上一步步形成生物薄膜，这着实是一场演替。第一批的细菌和酵母很多样，单细胞状态便于分散；如果擦拭减少，丝状真菌、青霉菌、毛霉和其他根霉会接连出现。到一定时候，在一些干奶酪上会出现以微生物为食的动物：囊虫、螨虫以真菌为食，它们的活动和排出物让奶酪皮呈粉状；在更加湿润的奶酪皮上可能出现蠕虫，它们吃细菌和酵母。这些后来繁殖的动物，并不都有味道，不直接影响奶酪的气味，但说明那是老奶酪。

如果我们擦拭频繁，丝状真菌就无法繁殖，因为菌丝很容易断，这阻碍了接替单细胞细菌和酵母的可能。剧烈的擦拭会形成干燥的生物薄膜，被称为莫尔日（morge），如埃门塔尔；用盐水清洗没有那么剧烈，形成的生物薄膜黏糊糊的，如芒斯特、老里尔和埃普瓦斯。后面这几种奶酪的皮味道重，呈橙色，其中的短杆菌可以解释：橙色是因为短杆菌富含类胡萝卜素，气味是因为它们释放了易挥发的甲基硫醇（CH_3SH），而这种形式释放了氨基酸中多余的硫。读者也许还记得在第七章中，短杆菌引发了脚臭，如同那些呈橙色且黏糊的奶酪皮，一些奶酪皮的臭气不是偶然，而是……微生物邻居的产物。它们喜欢蛋白质丰富的环境，如皮肤或者奶酪，以甲基硫醇的形式排出食物中多余的硫。

所有这些微生物都是自生的，来自奶牛产出的牛奶和乳房、人工操作和贮藏奶酪的环境（空气、地窖……）。然而，我们也会给奶酪接种，比如许多山羊奶酪制造者会把稀释到奶里的老奶酪皮加到凝乳里。自19世纪以来，我们选择培育了一些真菌（甚至是细菌）菌株，给某些奶酪接种。在这些菌株中，我们必须提一提青霉菌，它们会让奶酪皮发白或让奶酪发青。有趣的是，美国人在20世纪初为了效仿我们的罗克福奶酪和卡门培尔奶酪，鉴定且命名了罗氏青霉和卡门培尔青霉。比如，罗克福奶酪会接种两次，我们在凝乳前给羊奶添加发酵菌和罗氏青霉的孢子（接种是制作现代蓝纹奶酪的普遍做法）。细菌在凝乳中释放二氧化碳形成小孔，凝乳因为没有被压制，颗粒间也有缝隙。新奶酪里的这些空间内部连接，外部形成钉板一样的结构，缝隙适于呼吸，有利于青霉菌的生长，它在小洞里产出灰蓝色的孢子。

通常，蓝纹奶酪使用的菌株，其孢子很难脱离菌丝，蓝色的孢子得以留在缝隙里，切开后和白色的奶酪形成好看的对比。因此，孢子自己很难传播；但是不重要，因为如今人类为其接种的菌株都是单独培养的（罗氏青霉是在面包上培养的）。其他青霉菌，如卡门培尔青霉，常出现在奶酪皮上。以前它们在奶酪皮上形成孢子，看起来灰灰的。现代菌株推迟了孢子的产生，能让卡门培尔奶酪、布里奶酪和其他库洛米耶奶酪长时间保持白净。这是 19 世纪末的新发现，和盘子里布满孢子而显得灰而脏的奶酪皮相比，珍珠白的奶酪皮更配得上巴黎的餐桌……在这里我们看到，是人类降低了青霉菌的传播能力，因为如今是由人类传播接种，第六章与昆虫相关的真菌，也是在同样的机制下失去了自己传播的能力。

现在我们来看看这些或多或少自生的微生物给奶酪带来的影响。

奶酪的成熟是微生物的劳动成果

微生物随着时间的推移改变奶酪，首先改变的是质地。前面提过的多糖，让奶酪更加绵密，如切达奶酪。蛋白酶分解蛋白质，释放的氨基酸供养微生物。由于蛋白质被打碎，凝乳变得更软，在老奶酪中甚至变成液状。产生蛋白酶的青霉菌或地霉的菌株有时很受欢迎，因为它们几乎让奶酪变成了汁（想想圣马塞林奶酪、佩拉东奶酪和金山奶酪）。闻起来，如同各种气体的盛会，这些气体是微生物的代谢产物，挥发而出：发酵产生挥发性脂肪酸（我们可以在牛身上找到这种气味！），有上文提到的甲基硫醇，甚至有氨气。在非常老的奶酪里，代谢作用只能利用氨基酸，氨气就是氨基酸用于呼吸后产生的含氮废物。

　　放到嘴里，芳香的出现篡改了这些新分子，要知道凝乳在最初几乎是没有味道的。首先是凝乳本身或变化后释出的分子。蛋白酶释放的氨基酸或其他蛋白碎片，可以到达感知其芳香的鼻后，或是移动到舌头上的味蕾：它们比原本的蛋白质要更可口，因为蛋白质本身太大，不能进入空气或抵达味觉感受器。有时，一些微生物释放太多氨基酸，以至于一些液态的奶酪味苦（也许你们有过这种经验？）。奶中的脂类代谢产生不同富含芳香的废物（如简单的芳香酮），挥发性脂肪酸（其中包括味酸的丙酸盐和味道突出的丁酸盐）。回收氮的过程中，一些氨基酸能生成不含氮但非常香的衍生物：色胺酸变成肉桂酸，有肉桂香；丙苯氨酸变成香豆素，给人宜人的干草香和……波兰野牛草伏特加的香味！其他的气味来自微生物合成的化合物，其功能有时仍不明晰。乳酸菌产生丁二酮，这在书中酿酒的部分已经出现，香味介于黄油和榛子之间。灰色的真菌毛霉可见于一些多姆奶酪和圣内克泰尔奶酪，因其外观仍被唤作"猫毛"，有一种泥土和榛子的味道。这种味道在一些奶酪中得到好评，在另一些奶酪中被避免——通过清洗粗的菌丝很容易就可以除掉它们。

　　经过化学上的多样化和质地上的改变，奶酪就这样在微生物的帮助下成熟，满足消费者的口福。这种口福也是有回馈的，因为这仍是一种互惠共生，微生物是人类培养长大的。我们重新见到了葡萄酒酿制中的平衡，即迎接微生物（被供养，甚至是接种）和一些处理上的平衡。这些处理界定行动，阻止入侵：
加盐去水让环境变得干燥，低温地窖，以及盐中的钠。最后，
像古代的葡萄酒和啤酒一样，奶酪也会加入植物成分，用作抗
生素让奶酪稳定，如胡椒、胭脂树红、孜然、大蒜等香辛料……
经常补充了芳香，又保护了奶酪。

奶酪的生活哲学

　　一些微生物适应了奶酪的生态位，人类出现以前这个生态
位是不存在的：被接种的微生物通常失去了独自传播的能力，
我们在讲青霉菌时已经讲过；不论自生还是接种，所有的微生
物适应了奶酪的特殊环境。奶酪菌株失去了许多基因，因为在
该环境中这些基因已经无用，如可以合成奶蛋白中相同氨基酸
的基因。但是，它们获得了蛋白酶基因和吸收蛋白酶产生的蛋
白残余的基因。能量方面，最先生长的真菌和细菌可以利用非
常容易利用的资源——乳糖；地霉属酵母获得了脂肪酶基因，
可以利用乳脂。但是，和它们亲代非奶酪微生物比，子代奶酪
微生物失去了利用复杂糖类的能力。例如，用于制作奶酪的乳
酸菌——乳酸乳球菌，是从植物上活的乳酸菌衍生而来的，它
失去了亲代消化植物复杂糖类的基因。奶酪皮上的微生物耐盐
（特别是能排出多余的钠离子），也耐干（能累积缺水时保护细
胞结构的化合物）。最后，所有的微生物都适应了缺铁的环境，

因为铁元素在奶里稀少，即使有也是被乳铁蛋白控制。奶酪中的许多微生物产生和回收铁载体（在第二章的土壤里已经见过），回收前它们会捕获环境中的铁元素。

　　这些适应的新功能通常来自其他物种的基因转移：真菌和细菌通常是在和其他已经存在即已经适应环境的物种共存期间，获得了这些对适应有用的基因。该环境营养丰富，竞争激烈，所以最后一点很重要，即合成抗生素来帮助获取改善竞争的基因，特别是对于乳球菌和青霉菌而言。和上文中葡萄酒和啤酒的酵母一样，奶酪里的这些微生物在关乎生存的退化和适应之间，成为人类严格意义上的互惠共生者，依靠人类适应了它们的生存环境。比如，一些青霉菌现今只存在于奶酪之中！

总的来说……

　　我们刚刚详述的发酵食品的制作，从不是单打独斗。发酵食品背后有看不见的微生物群落做伴，根据奶酪的情形种类繁简不一；得益于制作者的操作，这些微生物都是被挑选的，而不是自生的。我们能认识到微生物的作用，始于上一章讲到的研究先驱巴斯德；有趣的是，大部分发酵食品的制作方法都出现在这之前。这表明，我们的祖先已经在实践中接触到了微生物世界。因为，事实上我们还没给微生物命名就驯养了它们！驯养是让野生物种向人类靠近的过程（尤其是人类的居所，即

324

拉丁语的 domus*）。对于驯养物种的条件，专家们意见不一。其中之一是人类掌握其繁殖，一些物种的接种实际上控制了它们自身的繁殖。另一个条件是存在和人类实践相关的选择痕迹，不过，制作啤酒或奶酪的某些菌株本身的特点也是这样来的。许多微生物已被驯养：制作酸奶的细菌、奶酪接种的青霉菌、啤酒或葡萄酒接种的酵母菌……

除了被驯养的微生物，其他微生物在发酵时不请自来，有些不离开，有些一段时间后又回到环境中自己生活：布鲁塞尔的贵兹和拉比克啤酒或者很久以前的葡萄酒都是这种情况，像圣内克泰尔奶酪的真菌就来自地窖。在这些例子中，对微生物繁殖和选择的控制没有那么明显，尽管也有互惠共生，但关系更不稳定。我们已经在一些动物身上观察过各式各样的互动，从最广义和最没有针对性的，到非常复杂和可以重复发生的。我们也在第六章描述了各种小蠹亚科如何在树与树之间，运输帮助它们攻击宿主的真菌，然而共生在一些小蠹亚科身上更加深入，导致一种真菌成了它们唯一的食物。上一章谈到的许多拟寄生物能帮助传播削弱宿主幼虫的免疫能力的病毒，然而一些拟寄生物成为病毒的唯一载体，没有病毒就不能寄生。人类和与食物有关的微生物之间的共生，从机缘巧合开始，发展到和被驯养微生物形成紧密持久的联盟。然后这些微生物对人类

---

* "驯养"（domestication）和"居所"（domus）同源。——译注

形成完全依赖，就像第六章依赖昆虫的微生物一样。

我们发现，维持发酵食物的微生物群落的背后藏着一些机制，它们和本书中其他共生机制惊人地相似。我们通过调控食物种类、营养和环境条件引导微生物群落；此外，在某些情况下，我们实施接种。这让人联想到控制肠道微生物的两种方式，要么是益生元（能帮助活化有益微生物群落的补给），要么是益生菌（直接接种有益菌株）。奶酪和葡萄酒制造者对微生物的调控，即添加物的使用和机械干预（搅拌啤酒麦芽汁、混合发酵中的红葡萄酒、擦拭奶酪皮），个中逻辑似曾相识。比如，家牛通过反刍让微生物和唾液中的化合物接触以控制瘤胃，培养真菌的昆虫给真菌提供食物，用抗生素排除它们的竞争者。接种和一些昆虫的逻辑相同：昆虫给下一代的生活环境（植物、巢穴、动物宿主等等）接种共生体。

最后一种相似性是互动对于人类的社会属性。奶酪或葡萄酒制造者生活在微生物左右，这些微生物是他们的共生体；对于有不同职业的读者而言，和这些微生物的接触没有那么频繁……应该说很有限，比如当读者在吃奶酪时给自己倒一杯葡萄酒（一杯贵腐酒配罗克福奶酪？）。也就是说，对于大部分人而言，这是一种发生在社会群体层次的集体共生，如同第六章的白蚁或是切叶蚁！总的来说，人类可以和微生物有像其他动物一样活跃的互动，我们又回到了延续第七章和第八章人的动物性（说穿了，我们是动物），我们太常忽视这一事实。特别的是,这些发酵制作传统告诉我们,我们的文化(可以传递的知识)经常只是找到了纯生物界走过的路……正是这些点,我们的文化演变自认是广义上生物进化的一种形式。

值得注意的是,发酵微生物和文化之间的关系很矛盾。发酵食品和对应的微生物参与了文化形象的塑造,只需要看看葡萄酒和奶酪在法国各个地区的重要性就知道了。对应地,文化特点对发酵微生物也有影响,例如在奥弗涅两个相邻的地区,奶牛品种和气候条件相近,牛奶在一个地方被做成了薄的生压奶酪,奶酪皮上有多种真菌(圣内克泰尔奶酪),在另一个地方被做成了生压且打碎的硬质奶酪,有一层干的莫尔日,但奶酪里因富含发酵细菌而有酸味(冈塔尔奶酪)。在香槟地区,黑比诺被发酵成起泡酒,经常是没有进行苹果酸—乳酸发酵,但我们可以将其进行苹果酸—乳酸发酵做成红葡萄酒(在香槟地区的韦尔蒂和布济,我们部分地这样做了)。因此,文化和发酵微生物互相影响,这和我们在前几章看到的微生物和它们的动植物宿主的关系一样。

我们和发酵微生物的互动是一种互惠共生,互惠是因为我们培养甚至是保护这些为我们准备食物的微生物。当然,有一些在过程中被吃掉,和瘤胃中的情形一样。但是存活者的确在进行食物发酵,比如及时逃过如酒渣过滤或奶酪皮擦拭的微生物,或者后来人工再接种的。认真思考的话,对人类的意义不太清楚……我们在第四章关于家牛营养链的研究告诉我们,食物生物量转化率从来不是 100%，哪怕我们把所有的微生物都吃了（不留下奶酪皮或酒渣），也还有一部分初始生物量在微生物繁殖中被呼吸作用消耗了。

　　那么，为什么供养这些微生物让它们浪费资源？为什么我们不直接吃它们的食物？下一章将回答这个问题（这不是随便问的）……

餐盘和酒杯里的共生者（2）

现代食品的来源

这一章，我们将自问为什么供养发酵食品的微生物；我们将发现微生物如何保护食物，如何将不可食的变为可食的，如何改善食物（包括发现德式酸菜和酸黄瓜的美好）；我们将学习如何打开腌鱼罐头，将认识到微生物在食物里放了谷氨酸；我们还将讨论文化的相对主义和趋同的文化进化。最后，我们发现文明尤其是农耕文明也将永不孤单！

关于发酵食物生产，前一章给我们看了其背后隐藏的几个微生物机制的例子。因为这只是沧海一粟，所以我们可以想象发酵食物多样到何等程度。此外，我们遇到了一个悖论：在前一章制作食物的例子中，为什么将食物发酵，而不是直接吃葡萄、谷物或奶？马上能想到的答案可能是味觉享受：我们说用贵腐酒配罗克福奶酪……然而，许多发酵方法出现时，我们还不知道微生物存在，吃饱远比吃好成问题，至少在当时的情形，我们的确可以质疑供养微生物的用处！因此，让我们来看看发酵食物存在的意义。

第十三章也就是最后一章，会继续讨论人类文明里的微生物存在。我们将配合前一章没有出现的例子一一介绍发酵的意义。我们会看到发酵可以稳定食物，便于保存，也可以消除不必要的有毒分子，改善食物的营养……最后我们会谈到发酵食物提升味觉享受。我们会再次看到为什么人类发酵食物和动物利用微生物类似，以及发酵如何奠定了饮食文化的基础，特别是当我们进入农业时代的时候。

发酵是为了免受不必要微生物的侵害

首先要注意的是，粮食生产有季节性，需要对储存进行管理。这尤其适用于农耕文明，季节性收成量大，我们需要保存整年，尽管可能有微生物的侵害。物理处理（干燥，有树林的话是烟熏，靠海的话用盐渍，北方和山地里利用低温）和添加香料可以帮助保存，但是它们对保存富含水分或脂肪的粮食帮助有限；此外，这些方法都有地域或气候限制。当然，我们说的是冰箱出现之前的情况。因此，每次当我们的祖先放弃狩猎，转向农耕和畜牧时，保存食物总是个问题。再者，农耕伴随着定居，排泄物污染的风险增加——痢疾的流行就是证明，历史上多次发生过，有些国家甚至在近期也发生过。

但是，我们的祖先不可能错过微生物发酵提供的机会：它们存在于所有的新鲜食物中，可以变成孢子和细菌，通过空气和人的手散播（比如，乳杆菌是人类微生物群落的一份子）。我们的祖先凭经验找到了用微生物保存食物的方法，和有害的感染相比，微生物倾向于无害的不完全变质。现在让我们来看看，这些帮助推广发酵的保护优势。

首先是液体，不要忘了，以前没有自来水，每天喝上干净的水是一个挑战。我们已经说过，人类生活的周围通常被排泄物污染。哪怕如今酒精饮料的使用来自其带来的快乐，在以前，啤酒和葡萄酒首先从微生物学上讲，是除茶之类的加热液体之外，更加令人放心的饮料。发酵固体食物是同样的道理，微生物发酵预防了更加危险的一类感染。正如消化道或根际，这些微生物夺去了潜在病原菌需要的养分；它们也能释放抗生素直接预防竞争者和机会主义者，我们已经看过，奶酪里的微生物获得了能合成抗生素的基因，改善竞争力。当我们比较不同的工业奶酪菌株和圣内克泰尔奶酪皮上自发产生的微生物群落(在该情况下来自地窖)，后者能更有效地阻止李斯特氏菌的滋生，这是一种能感染奶酪的病原菌！盐渍、缺氧、脱水、添加单宁或香料，在与这些举措的共同作用下，发酵也排除了微生物机会主义者，获得的食物比初始状态更稳定和更令人放心。

微生物带来的化学变化也有用处，因为它们对于一些不必要的微生物是有毒的……有时，产生的化合物不停积累后，最后可能毒死产生它们的微生物；当环境不适于一些微生物生活后，它们会慢慢进入一种致命的麻痹状态！浓缩酒精就是一例，酒精过多对酵母来说是有毒的；然而，更常见的是由发酵物的酸度引起的。自古以来，醋里的醋酸（由细菌利用葡萄酒里的酒精和一点点氧气产生）就是一种杀菌剂。让我们观察一根法国香肠，你有注意到它的肉几乎没有变质吗？苍蝇都不碰它。标签上写着："猪肉，酶，盐，葡萄糖浆……"但是，把一片法国香肠放在嘴里片刻，见鬼了，舌头上完全没有甜味，都是酸味！酶（如明串球菌、乳杆菌或微球菌）将葡萄糖转化成了醋酸和乳酸……法国香肠里的细菌（每克1亿个）和酸奶的一样多！加上法国香肠表面青霉菌（对芳香也有影响）的屏障效应，其他微生物根本无从下手……

发酵保护的基础和酸度有关，我们知道，微生物发酵释放挥发性脂肪酸。这些分子（醋酸、乳酸、丁酸、丙酸等等）遇水分解释放水合氢离子（H_3O^+），影响细胞功能，鲜有细菌能忍受它；但许多真菌可以，但代价是生长速度骤减。中国西藏的人们习惯吃酥油，里面聚集了丙酸，气味较浓；哪怕没有冰箱，其保存时间比黄油要长。我们在第七章也讲过酸在人类的胃和阴道的微生物菌群中的抗生素功能。

今天，有保护功能的发酵产物被提纯，用于保存一些食物，如用醋保存泡菜和酸黄瓜，用酒精保存水果（甚至是制作动物标本！）。因为在这些用途中发酵和保护功能被分开，我们有时甚至忘了这种保护功能源于发酵……

一种古老的酸化保存方法在我们这儿重新流行起来：乳酸发酵。它是指把水果、蔬菜和盐（食物重量的2%）封闭在塑料袋或罐子里，这样已经避免了一些细菌的滋生。盐分和缺氧有利于食物本身带有的乳酸菌的繁殖，几天后就能让食物变酸。打开时首先跑出的是类似酸奶的气味（和乙醛有关）……因为参与发酵的乳杆菌既不会破坏纤维素，也不会破坏植物细胞壁的其他组成，水果和蔬菜保有脆爽的口感。我们熟知乳酸发酵的食物（如希腊酿葡萄叶或地中海酿菜），但并没有意识到这一点。在上乘的菜谱里，葡萄叶在制作酿菜之前经过乳酸发酵。乳酸发酵将酸奶的保护逻辑发扬光大。

发酵是为了抵御毒素

还有更多的好处。农耕时代初期，人们的食物以素食为主。第一代农民种的一些植物被大量食用，而他们的前辈——狩猎者的饮食要更多样。然而，这些在驯养初期的植物，依然保有自然中抵御植食性动物的分子：它们存在于第一批被种植并被大量食用的植物中，有慢性毒。它们不会毒死人，但是会慢慢损坏肝、肾和神经系统，长时间食用甚至能引发癌症。我们现在很难意识到，许多农作物只有在发酵后才被食用是因为这个毒素。诚然，第一代农民的饮食比狩猎者的要规律，但质量上要差些。第一批农民尤其是在低龄阶段（可以解释农耕人口的壮大）存活得比狩猎者好，但年长后其健康状况要差些，至少在农耕时代初期是这样。如果我们考虑这些问题，也可能是狩猎资源耗尽才促使向农耕文明过渡。但在这之中，微生物发酵帮了很大的忙。

让我们从以前的谷物里一种被忽略的毒素开始，在它们的种子里，无机盐以一种不能溶解的形式被锁住。这让人类不能利用它们，更重要的是，当种子在发芽前遇水时，它们不会逃逸……每6个磷酸盐和1个糖醇结合形成"植酸"，每个磷酸盐都是一个负离子，因此植酸的负极很强，可以锁住正离子：铁、镁、钙。但没有专门的酶，我们不能吸收植酸的这些无机盐；此外，同一顿饭吃下去的铁、镁和钙，与植酸结合并留在粪便里！据考古专家记载，当一个群体转换到农耕文明，引起骨骼疾病的主要原因是饮食中缺乏无机盐。进入农耕文明后，欧洲人和他们的狩猎祖先相比，身高降低了大约15厘米，这一切发生在距今4000—11000年这段时间。在伊利诺伊州，一个美国印第安部落在900年前转到农耕文明，我们在他们的墓地里发现，转变后无机盐缺乏导致的问题变多：牙釉质的问题增加1.5倍，骨损伤增加3倍……

然而，用老面制作面包是一大进步，绕过了谷物植酸这一历史问题。加入面团的老面是事先培养的微生物，混合着酵母和发酵细菌，可以产生乳酸和醋酸（这就是为什么面包是酸的）。老面需要经常移种，生长缓慢，这导致我们现在用面包酵母取而代之，这样生长更快，接种也更容易，还没有培养的限制。但是，老面的细菌能产生植酸酶，能分解植酸，让谷物富含可吸收的无机盐！（同样地，瘤胃细菌中也有植酸酶，对反刍动物有益。）接下来，在选择过程中植物的植酸含量降低了，今天我们甚至会在面粉中加入纯净的植酸酶。尽管没有植酸酶，只用酵母发酵面包却成为可能。不要忽略酵母也会进行另一项老面可进行的活动：合成必需氨基酸。谷物里缺少一些人体生长必需的氨基酸（如小麦没有赖氨酸），这在农耕文明初期的饮食里可能是缺乏的。这一活动为其他发酵功能做准备，我们将在后文看到。

回到其他种植植物的毒性，历史上德式酸菜不仅仅是发酵形成酸保护卷心菜。而且，野生的卷心菜和第一批种植的品种富含硫代葡萄糖苷，这种含硫葡萄糖衍生物赋予十字花科蔬菜特殊的味道，如萝卜、芝麻菜、蔓菁、辣根和芥菜。一旦细胞受损，液泡里本不活跃且可溶的硫苷遇到本来位于细胞其他部位的酶，会释放出小的可挥发性含硫分子，毒性以及味道都来自于此。啃萝卜就会有这个味道，不过无害。如果过量，一些硫苷会引起肝和甲状腺功能紊乱，长期的话甚至会致癌。德式酸菜的细菌通过破坏细胞释放这些含硫分子，毒素在食用前已逃逸。想想芥末酱，硫苷有时会让人难以下咽！我们对此没有感觉是因为硫苷含量少的卷心菜逐渐被选择保留，现在生吃也是可以的。不过，对于木薯或棉豆（我们这儿菜豆的亲代之一）而言，其有毒化合物在受损时产生氰化物，现在仍需通过浸渍去除毒素。在水中发酵时氰化物被排除，其微量残余让木薯带一点杏仁的苦味。同样地，有比较温和的、不产生氰化物的品种被选择保留下来。

对了，你有尝过新鲜的橄榄吗？它们有难以忍受的灼烧感，源自单宁中的橄榄苦苷，令人难以下咽。橄榄油含有很少的橄榄苦苷，因此在品尝时有灼热感，不信的话你就尝尝！如今，在最初清洗绿橄榄时，经常会用小苏打，这样可以排除一部分橄榄苦苷。接着，它们会被放进盐水里进行细菌发酵，除去橄榄苦苷才算完成。至于传统的黑橄榄，它们是在成熟以后采摘，然后直接进行发酵，用的细菌和酵母组合更加复杂，但这种单一处理给它们留了一点橄榄苦苷，这就是为什么它们仍有轻微的苦味。

豆科植物富含蛋白质，为我们的饮食提供了丰富的氨基酸。可惜！正因如此，它们特别受到动物青睐，在驯养前经历了一次自然选择，促进了生化保护武器的多样化。蚕豆和香豌豆有β-N-草酰-L-α，β-二氨基丙酸（或者ODAP），这是一种谷氨酸类似物，能阻止谷氨酸这种中枢神经系统主要神经递质的运作。在缺乏肉食的阶段如果摄入过量，会导致四肢瘫痪，首先是四肢退化，然后是死亡，这就是蚕豆症，比如在印度有很多受害者，或是在拿破仑战争以及内战期间的西班牙。羽扇豆、蚕豆或黄豆也有内分泌干扰物，哪怕只有微量，长此以往都会干扰人类的生理和性发育。此外，许多豆科植物含有阻止消化酶的蛋白，进而降低消化效率。乳酸发酵能除尽谷物中的所有毒素，在日本，纳豆是用枯草杆菌纳豆亚种发酵黄豆而来的。当我们搅动纳豆时，黏液状多糖细菌膜立马形成含泡沫的胶状物，像是蛋白打出的蛋白霜，给习惯吃纳豆的消费者添加了些乐趣。有毒的豆科植物的发酵被重复发明了多次，采用的微生物很多样：在韩国（清麹酱）和泰国（发酵大豆），黄豆用枯草杆菌发酵；非洲刺槐豆（面粉树）或牧豆树的种子用芽孢杆菌发酵。有时，豆科植物发酵也有真菌的参与，比如印度尼西亚的天贝（发酵豆制品）用到少孢根霉，或者日本味噌和中国豆瓣酱用到米麹菌。发酵过的豆类更美味，因为微生物蛋白酶把蛋白分解成小的有滋味的氨基酸，就像奶酪一样——有时甚至出现了一种某些奶酪才有的淡淡苦味。

　　动物产品也是可以通过发酵解毒的，乳糖就是例子。一方面，对于最早的农民来说，鲜奶和素食互补，带来更多的钙，但由于植酸，其吸收减缓；另一方面，成年人一般不能消化鲜奶。儿童可以消化乳糖，释放可以立即被同化的葡萄糖和半乳糖；成人一般不能产生消化乳糖所需的酶，这种酶在断奶后就不再产生了。没有消化的乳糖经由肠道细菌发酵……这是很难受的！因为发酵产生过量的酸，损害肠道黏膜，食物同化减慢，这些酸浓度高导致细胞吸水，引起腹泻和脱水。在驯养牛的初期，我们的祖先大多数有乳糖不耐症，对他们骨头中 DNA 的研究可以证明。7500 年前他们就做奶酪了，在波兰找到的陶器可以说明。这些陶器是由格但斯克、波兹南以及罗兹三所大学的研究者和英国研究者联合发现的，它们已经穿洞，有乳脂残留，可能是用于沥干凝乳的。这说明食用奶酪早于食用鲜奶。乳糖留在乳清或者被发酵分解后，可以食用。随后，在养奶牛的地区，不同年龄的人对牛奶的消化能力被慢慢地选择保留：50% 的法国人和 98% 的瑞典人属于这种情况，而中国人只有 17%，印第安人则是 0%，他们不食用牛奶。有趣的是，成年人乳糖消化能力测试检测的是其发酵产物：我们检测食入 50 克乳糖后呼气中的氢含量。如果乳糖被病人消化了就不会呼出氢，不然细菌发酵产生的氢会进入血液，然后到达肺部。在成年后能消化牛奶的人的国家，我们已经忘记，奶酪和酸奶最初是用来……给乳糖不耐症状解毒的！今天，奶酪让伊朗和印度等地区的人们能消化、吸收牛奶中的营养物质，尽管他们中很少有人有乳糖消化能力。

食物多样化，驯养植物的选择，乃至人类的进化，这一切让我们忘记，从前作为农耕文明基石的重要产品（谷类、卷心菜、橄榄、牛奶……）不是独自被我们利用的，而是有微生物的参与！

发酵是为了改善食物

　　另外，发酵可以改善食物。首先，它能解构诸如蛋白质一类的大分子，让结构变得柔软。臭野味就是一例，野生动物在野外生活中锻炼出来的强壮肌肉和肌腱，在发酵过程中被蛋白酶解构。我们悬挂野味时使其头朝上，当它的头和身体分开时（表示分子解构完成），我们就可以去除其内脏，拔毛，然后烹饪。臭野味的味道重是因为酶和微生物代谢释放有味道的分子，这和奶酪是一个原理。如果你们吃过日本鲥寿司（很怪，几乎就是……奶酪的味道）或者鳀鱼（盐水发酵），你们会明白口齿间有点粉，有点入口即化又很浓郁的感受，这是因为酶和微生物抹去了鱼肉中的肌纤维，让肉质更有滋味。这说明在农耕文明以前，我们的狩猎祖先本来也可以用到肉质发酵的……那时的猎物比家禽的肌肉更发达，更难嚼。

　　在农业和畜牧业，通过发酵改善食物质感的方法一直有延续。对于面包而言，老面就有这样的功能。你们可能已经注意到，如果普通面包（酵母发酵）不新鲜了，我们只要用吐司机或者烤箱加热，面包又会变得柔软而有水分。它的水分一直在，因此它不仅仅是因为干燥而变硬。真正的原因是淀粉的"倒退"。淀粉和水分子慢慢反应，形成结晶，导致面包变硬。加热时，该结晶"融化"，水分被重新释放。但是老面面包的淀粉"倒退"少一些，变硬得慢一些，你们有没有发现呢？发酵产生的酸里面的水合氢离子和淀粉反应，某种程度上屏蔽了水分子，推迟了它们的反应：淀粉"倒退"变慢。老面改善了面包的保存和质感！

微生物可以排除某些难以消化的化合物（无毒，但引起不适）。比如，许多豆科种子能引起胃胀气，这个词来自词语古竖笛（flageolets，来自拉丁语 flabra，意为"微风"——什么风很好猜！）。这些豆子含有 α - 半乳糖苷酶，是半乳糖衍生物，主要在脱水时保护植物组织。我们既不能消化它，也不能吸收它；在肠道里，肠道菌群有对应的酶对其发酵，释放不受欢迎的气体……我们可以通过烹饪前浸水将其部分去除，也可以通过发酵将其更有效地去除，如上文中提到的纳豆。

和接下来的作用相比，食物变软、质感改善、预消化都不算什么。微生物自身会带来贡献：食物长期保存的话，维生素 A、维生素 C 和许多 B 族维生素都不稳定，容易被氧化……这也是农产品储藏的一个大问题。这些维生素只存在于活细胞中，那么，微生物的生长意味着微生物中也有维生素的存在！短杆菌形成的橙色奶酪皮就是这种情况，它富含胡萝卜素，胡萝卜素是维生素 A 的前体；纳豆和奶酪是维生素 K 的源泉，酸奶是许多 B 族维生素的源泉……在东欧和北欧，人们在冬天被建议用德式酸菜或者波兰酸瓜（美味小黄瓜，用配香料的盐水乳酸发酵而成）来获取维生素 C，其他季节则从新鲜蔬果获取。海上没有新鲜蔬果，海员们因此缺乏维生素 C，引起坏血病。自 17 世纪起，海员们在远航时会带上德式酸菜，这是欧洲海员强大的维生素 C 来源之一。加拿大的第一批殖民地移民不知道新大陆上有何种水果可以吃，就利用啤酒抵御坏血病。啤酒浸渍中添加的云杉芽本身就富含维生素 C。

有时，微生物本身可以作为维生素来源被直接食用：维吉麦就是这种情况。这是一种深棕色的食物酱，通常被用来涂抹面包；它在法国不受欢迎，但在澳大利亚和新西兰被大量食用，在英国也是，不过那是它的变种马麦酱。它是面包酵母提取物，是富含 B 族维生素的营养品。它几乎改善了盎格鲁-撒克逊人的饮食健康，尽管味道奇怪。一些发酵饮料的流行也是因为其丰富的维生素含量，如红茶菌（源自中国，利用细菌和酵母发酵的茶饮）和开菲尔（源于高加索，是用开菲尔粒发酵鲜奶或果汁而成。开菲尔粒长得像小的花菜，含有大量的细菌和酵母）。贯穿第四章到第八章的昆虫内共生菌或者脊椎动物的消化道菌群也有产生维生素的功能，这里我们又看到相似的功能。

就这样，食物发酵让食物变软，实现预消化，营养更丰富。在冬天，我们也让牲畜收益，用青贮饲料，即用捆包或篷布将打碎且有点湿润的饲料隔绝空气，最常见的是玉米。我们可以加盐，甚至接种乳杆菌。饲料会进行乳酸和醋酸发酵，产生强烈的气味（发酵产物），最后变得芳香而带有酸味（有机会可以试一下，哪怕最后会吐掉）！这里我们又看到发酵的保护和改善功能，让青贮饲料优于干饲料：植物毒素被消除，酸化让饲料稳定，富含冬天缺乏的维生素……还预消化过。

发酵是文化诱惑还是生物诱惑？

我们经常说，发酵食物好和开胃是因为我们喜欢奶酪和葡萄酒。允许我解释一下差别：是的，食用者觉得它们合胃口，但是因果关系可能倒过来了。我们有时嘲笑那些被我们的精制奶酪恶心到的美国人……然而，在日本的一次早餐中，面对鲥寿司我撅起了嘴。这说明文化是相对的。大部分的儿童，对奶酪、酸的食物或者酒精没有天然的好感，哪怕有例外，他们通常是跟着大人学着喜欢上的。我们天生的生理反射让我们远离所有带着微生物腐坏气味的食物，但我们的文化教我们在某些情况下要跨出这一步。一旦文化超越了恶心的气味，发酵食物的芳香、酒精或是酸味，会在习惯中强化其诱惑，但这是之后习得的次要口味。这可能没有帮助到最初进行发酵活动的祖先。可能他们最开始只是太饿，没有那么多讲究！

我认为重要的是气味通常让我们能识别发酵食物，敬而远之，不要把它们放进嘴里。我猜测，这种对微生物化合物的嗅觉探测和本能排斥是建立在自然选择的嗅觉之上；人类进化过程中，避开腐坏食物的嗅觉被选择保留。因此，对口中味道的排斥要少很多，我们可能对微生物化合物的味道没有像对其气味那样敏感和有反应，这让我们能在练习后吃发酵食物。例如，芒斯特奶酪和鲋寿司的气味非常令人厌恶，但是它们在口里都没有那么不令人愉快……两者的味道相似且丰富，因为在两种情形里，微生物都分解蛋白质，释放有滋味的氨基酸。也许我们天生对微生物化合物的味道没那么厌恶，以至于我们在文化上倾向于欣赏发酵食物。

　　有些特产会让人想笑，因为它们在文化上与我们的习惯大相径庭：挪威腌制三文鱼，法国人的味蕾还能接受；格陵兰岛因纽特人冬天的传统食物腌海雀，是将生海雀塞进生海豹腹腔内发酵几个月而成；冰岛发酵鲨鱼肉有类似氨的气味；瑞典盐腌鲱鱼是在罐头中发酵的，发酵中产生的气体让罐头膨胀，这些罐头严禁带上飞机，要在有压力的情形（如水下）打开，为的是不溅得到处都是……在餐厅，它们经常在单独的房间供人享用；中国西藏的人们迷恋酥油茶，他们把酥油加进茶里，酥油中有来自脂类发酵的丁酸盐，我们完全受不了（谁要尝的话，是银杏白果的气味和味道）。但法国人不应该笑，因为他们的骄傲来自坏了的……奶，如果时间够长，就有够多的微生物（奶酪！）。此外，对发酵特色食品的喜爱，可以随着文化的改变而改变：拉丁人从盐渍发酵的鱼中提炼又咸又有滋味的酱汁，里面富含发酵产物和鱼肉释放的小氨基酸。这种液体芳香盐——鱼酱在厨房大受欢迎，然而罗马帝国的崩塌让其失传；它只在意大利阿马尔菲海岸（称为 colata）的几个村庄和尼斯区存续，即一种有些被遗忘的特色食品——鳀鱼酱（用来制作尼斯洋葱塔，现在经常用腌鳀鱼泥替代）。直到远东给我们带来一种独立发明的类似液体——越南鱼露。它的制作方法相似，也是"闻不如吃"。经过怀疑阶段，然后是适应阶段，我们或多或少地把它带上了欧洲的餐桌。

有一个好理由，它本可以让全世界都青睐蛋白质被分解后的发酵食物（哪怕一些氨基酸含量过高有时会带来轻微苦味）。一种发酵释放的氨基酸——谷氨酸有特别的味觉感受：它是一种味觉放大剂，即增强对一些化合物芳香的感知。谷氨酸和特别是含有核苷酸（DNA 的组成单位及其衍生物）的成分结合，放大它们的味觉。在与其他食物的合力下，谷氨酸有一种额外的味道，被称为鲜味。谷氨酸对奶酪、巧克力（从可可豆发酵而来）或者是鹿肉的芳香都有贡献。这种放大的角色解释了我们在各种各样的菜里加少量的发酵食物，这些准备中也经常包括添加同是味觉放大剂的盐和谷氨酸。它可以是鱼的衍生物，如拉丁人的鱼酱、东方的鱼露、南欧的发酵鲱鱼，或者是日本的柴鱼片（是和金枪鱼相近的鲭科鱼的鱼片，经烤干、发酵和烟熏而成）。它也可以是植物的衍生物，如酱油是用米麹菌配合乳酸菌和酵母发酵黄豆（有时是小麦，如日本的酱油）。但我们也用……奶酪：在法国烘烤用格鲁耶尔奶酪做浇头，在意大利面中加帕尔马奶酪片，原因之一是里面有微生物释放的谷氨酸！

其他菜式也有加少量发酵食物的习惯，部分原因也是谷氨酸：在菲律宾，加醋杆菌发酵过的椰子汁或菠萝汁；在尼日利亚，加芽孢杆菌发酵过的棉籽或甜瓜籽；在墨西哥，加可可酱（我们说过，可可树的果实在准备过程中有发酵）。在这些情形中，发酵形成的酸还有保护食物的功能，可以满足在习惯中喜欢上这个味道的味蕾——因为喜欢酸味也是习得的，儿童就完全不喜欢。我们用的醋或是东欧菜里用的轻微发酵过的酸面团，也有相同的角色。

总的来说……

　　阳光下的早餐时间……酸奶和面包与我讨论发酵；早些时候，我的日本朋友们在一天的开始有鲋寿司和纳豆相伴。我添点咖啡或是热巧克力，它们的味道都通过发酵形成。是的，咖啡的制作和可可粉一样，自生的酵母和细菌的复杂混合体去掉了果实里软的部分，把咖啡豆从果肉中释放出来，产生的有机酸决定了咖啡的酸度，让豆子的香味变成熟。当我吃每一顿饭时，我在餐桌上都不是一个人；发酵菌的存在让我们更加不孤单，并让我们愉悦，也会因文明的不同而做出改变。

　　长久以来，微生物发酵帮助我们保存肉食和素食，同时让它们变得更容易消化，毒性更小，维生素更丰富，甚至更美味。因此，发酵有多种惊人的功能，它们在这一点上超越其他食物解毒的方法（如浸泡或加热），它们分别稀释无机盐和破坏某些维生素。这就是为什么我们的祖先能忍受微生物偷走一点口粮！微生物当然也是狩猎采集者的工具，但更重要的是，它们帮助人类过渡到农耕文明，包括粮食收成的储藏和解毒。我们可以说微生物是新石器时代农业转变的得力助手！今天，这些发酵已经失去意义，因为我们有了其他的保存方法（其中，冰箱就暂停了微生物的活动）和更快的供应方式；不仅如此，选择保留下来的植物毒性也更低（现在的谷类、豆科植物或卷心菜经常可以不经发酵被直接食用），经历选择的人类也对一些事物更耐受（如乳酸，全世界都在喝奶）。但是有一些发酵得以保存，因为既定的文化习惯，也因为发酵过的食物更加健康。它们提醒我们，现代文明的建立有一个（我们没有意识到的）隐藏层面——微生物，如果没有它们，我们的农耕文明可能就没有奶制品，没有谷类，没有豆科植物……除了这个角色，微生物对文明的影响还包括在第十一章中见过的它们在种族竞争时引发疾病的角色。

在食物方面，本章再次描绘了第二章和第八章引入的"干净的脏"的观念，即无害污染物（微生物）的存在在某种程度上来说是干净的……对于我们的健康来说，可能比完全没有微生物更干净，更适宜。没有微生物的环境中，第一个到来的微生物可以轻易占领，不管它是不是病原菌。我们避免所有微生物（消毒）的同时，也不能避免有害微生物，我们只能利用复杂微生物群落，约束和削弱有害微生物。有了复杂微生物群落，就算有害微生物存在，它们也不能发展壮大。我们的祖先早已将此付诸实践，现代农产品加工业才刚刚开始（重新）探索它的应用。让我们像微生物学家一样欣赏片刻这奇迹般的小小山羊奶酪：它被天然菌群感染，但这个菌群是可预期的、防腐的、无害的、"健康的"，而且我们还学会爱上了这种奶酪的味道！这就是，"干净的脏"。

今天，微生物在西方食物中的存在尽管不如从前，但也已变得更加多样化，而且涉及其他领域。它的目录之长超出了本书的范畴。我们顺带提一下大量微生物工业生产的用途，有用于工业（海藻酸、纤维素、包括凝乳酶和植酸酶在内的各种酶等，都源自微生物）和医药（胰岛素、抗生素）的；有用于制作疫苗的，里面不论死细菌还是活细菌都没有毒，它们能让我们预防病原菌；还有用于科研的……发酵工艺本身也一直被用来消除有机物的活组织或软组织：沤麻，以获得纤维；制皮的第一步是浸渍，以除去肉质残余……人类和微生物的文化关联没有疏远，反而更紧密，但是如今我们经常忽视它，忽视程度的递增堪比我们身边材料和食物制作应用数量的增加。

和微生物的关联拉近了人类历史上的许多地方和时刻，它们通常不为人知，因为人类还对微观世界所知甚少。这些文化上的趋同，让我们联想到前述章节的生物趋同进化。文化进化有时也是趋同的，立足点是广义上它也是生物进化的一种形式。

微生物发酵通常发生在我们的身体外部，肠道菌群则部分地填充了我们的身体内部，它们帮助我们消化、抵挡病原菌和毒素，或者是获取我们食物残余中缺乏的维生素和其他物质。这正是脊椎动物（第四、七、八章）或昆虫（第六章）消化道中共生微生物的功能。在我们的身体外部，我们的文明经常用一种共同的逻辑无意识地反复发现动物和微生物共生的生物机制，这从我们开始。此外，一些食物发酵菌，如一些乳杆菌，可能来自我们自己的菌群！也就是说，人类也有某种形式的"瘤胃"——群体的、文化上的瘤胃。从那时起，我们的文明也将……有看不见的陪伴。

終章

看不见的陪伴

看得见的世界是否只是微生物互动的浮沫呢？

　　这一章，在拓展之前我们先回顾一下：微生物具有某些特质，让它们准备好在生物进化中发挥作用；从兰花的种子里，我们摸索出次要依赖经常无法避免；还有一些生物也许已经不再存在；我们会赞美微生物之伟大，会探讨黑白齐驱的马车问题，会再次谈到"干净的脏"。最后，一次草地野餐将如何让我们赞叹不已！

我们刚从共生微生物中学到了什么？

　　笔者对一路看到终章的读者只有感激。漫长旅程的特点可以归纳为两点。第一，所有肉眼可见的大型生物和人类、群落以至于文明中，都住着众多微生物，参与运转；关于动植物包括人类是独立自主个体的既有观点，不攻自破。第二，微生物的存在不是一个坏消息，以前关于种间互动关系的例子主要包括竞争、寄生和捕食，给人的印象都是负面的，特别是在有微生物的时候。其实我们周围到处都是和微生物互助、互动的例子。当然我们并没有天真地否认负面互动的存在，相反地，我们已经见识过互惠共生如何回避寄生状态；我们也能预见，某些共生是为了帮助寄生，让其和其他生物竞争或者消灭它们。也就是说，共生在负面互动的边缘参与世界的形成，而且经常和负面互动有关。尽管意见并不统一，但我们应该承认共生的重要性。

前述章节树立了微生物共生的众多形象，其中经常出现一些共性。我们发现，共生双方把各自的特征带到共生关系里，但共生状态最后又大于双方的总和，因为共生中出现了协同和互相带来的改变。共生的构建引起多种多样的交换，最终触及所有的功能：营养，保护，生长，甚至行为。在文明演化中，人类通常都找到了将保护和营养功能交给比自己小的微生物的途径。此外，共生的结果超出了共生双方本身，它们塑造和改变生物群落以及生态系统……在进化中，它们建立紧密的关联，能在共同演化的逻辑下慢慢地、相互地改变共生对象，例如一个动物几乎变成植物（植物—动物），或者微生物变成依赖动植物的延伸（即所谓的营养插件）。

我们观察了共生传递的两大类型。一种是每一代重复获得，这提供了选择共生对象的机会，特别是选择最有利的共生对象（比如最适合的或最不欺人的），风险是……可能找不到。另一种共生从不分离，因为共生微生物从亲代继承，这种机制自动选择了最好的共生对象，保证共生的可持续性，风险是……不能重新选择共生对象，缺乏适应能力。第二种模式属于遗传，让双方能共同适应，并能提升和渗透相互的功能，甚至是完全混杂。长远来看，共生双方可以合二为一，因此，我们不再将线粒体或色素体当作其他物种。不仅如此，今天，我们通过比较线粒体的基因制作动物进化树，比较色素体的基因制作植物进化树。线粒体和色素体长久以来和收容它们的生物相连，揭示了整个生物界的历史。迷人的地方在于，千百万年前，甚至是几十、上百亿年前它们的祖先就消失了，遗传下来的共生让生物们聚集，又第二次合并，生物在这期间变成了完全不同的样子。

共生的最后一个特征是趋同，我们在很多例子中见过，包括和文化相关的。在分类独立的进化中，共生由于重复出现，会显露相似的结构和生理机制。到此，我们必须得问我们自己，到底是什么原因让共生到处反复出现。所有的动物和所有的植物都有多个共生对象，同样的共生在进化中重复出现，包括在文化上……为什么？

现在，让我们考虑这背后两个可能的原因：一个和微生物界有关，另一个和生物界依赖性的出现有关。

个小，量多，极其多样，而且……易养

必须承认，在一个动植物体内或者一个文化习俗里，作为

能"轻易登陆"的功能补充，微生物有许多优点：体积小，数量多和功能多样。

首先，是它们的大小。和共生对象——动植物相比，它们非常微小。一个细菌通常是 1 微米大小，而一个真核细胞的大小是它的 10—100 倍，不过，尺寸大 10 倍意味着体积大 1000 倍。诚然，真菌菌丝在直径上可以达到动物细胞的水平，但和动植物的大量组织相比，它们还是很瘦小；此外，在我们统称为"酵母"的一些物种中，它们会分散成更小的独立细胞。微生物体积小，让细胞内共生成为可能，因为真核细胞可以容纳细菌、小的藻类。不仅如此，多细胞生物可以在细胞间隙（如植物细胞间隙）和内腔（如消化道）接纳不同的微生物。在多细胞生物中加入一个有功能的微生物，如同在满了的旅行箱里塞一两双袜子一样容易！

然后，是它们的数量。微生物的数量相当可观，可以让每个进化中的动植物在不同的环境中遇见很多微生物，我们估计，地球上的细菌数量（10^{31} 个）是天上星星的 1000 万倍！仅 1 克的土壤里就生活着超过 10 亿个细菌，种类数超过 100 万；这里面也有成千上万种真菌……海面每毫升的水（1/5 咖啡匙）中有 1 万—100 万个细菌和数量一般超过 1000 的单细胞藻类（数量少，但细胞体积大些）。这样看来，环顾我们的水它更像是一碗清澈的细菌粥……细菌占海洋生物量的 90%！因此，微生物无处不在，在数量上占优势。在如此拥挤的情形下，任何物种的进化路程又如何能免于和微生物发生交集？有时我们会说，如果我们清除地球上除微生物之外的所有组成成分，我们仍将在宇宙看到地球的模样。不仅如此，近一些，我们还会看见，色素体构成的植物轮廓，以及根外面包裹的真菌。仔细地看，我们会认出细菌和酵母镶边的人形，线粒体勾勒出的肌肉和心脏，以及，最明显的消化道。如果微生物过量，进化中形成的共生相遇都是随机的，那么两个大型生物共生的可能性，远小于一个大型生物和一个微生物的共生。我们可以这样预言，大多数共生都和微生物有关……

最后，是多样性。如果没有多样性，微生物的数量会不值一提，多样性是它们的进化时间造成的。例如，细菌的出现比真核生物（即动植物）早很多，可能是因为真核生物需要线粒体（即细菌）。它们的共同祖先比真核生物的祖先要早二至三代，细菌有更多的时间探索生物上的可能性，产生更多样的后代……让我们想想新陈代谢，即真核生物产生能量：呼吸作用是细菌发明的，光合作用亦然；我们已见过，在泥滩和海洋深处，这些化能自养菌能氧化亚铁、甲烷或者硫化氢产生有机物……当真核生物开始多样化时，它们只要和某种细菌共生，一眨眼的工夫就采用了这种新陈代谢，而细菌中的新陈代谢早已进化！就这样，和细菌共生让真核生物出现呼吸作用、光合作用和化能自养。让我们想想空气固氮产生氨基酸的过程，从白蚁的消化道到豆科植物的根瘤，这一过程总是和细菌有关，真核生物从未自己将其发明。

再者，在真核生物当中，动物和植物（包括多细胞藻类）属于较晚出现的分支，它们出现在各类真核微生物出现约10亿年之后，单细胞藻类、变形虫、纤毛虫……真核微生物也有时间积累多样化的特征。尽管真菌出现得更晚，但它们的丝状结构让它们可以探索动植物之外的演化途径，同时它们也有有用的特质（例如，用较少的生物量探索土壤，用于消化的酶……）。

形成一个共生体就是在进化过程中走了捷径，因为获得了一种或几种功能。至于潜在的功能，微生物更是充分给予！虽然遇见一个微生物没有什么稀奇，虽然它们可以有许多功能，但是在物种自身进化中出现复杂功能的过程漫长而罕见。基因上一个功能越复杂（即需要更多的基因），通过物种自身进化出现的概率就越小——通过共生获得该功能的概率就越大。当一个昆虫可以独立产生食物中缺乏的氨基酸或维生素的时候，它需要许多基因来完成其合成的各个步骤，最常见的方式就是它驯服能一次完成所有步骤的细菌。发光只需要两到三个基因，但是可以通过两种方式获取，海洋生物是从浮游细菌获得的，其他生物则是在自身进化中获取，无论是在海里（如夜里能发光的双鞭毛虫门的夜光藻）还是在陆上（如萤火虫和一些真菌）。这里我们再次看到第三章的观点：共生是获取新功能的一种方式，哪怕不是唯一的方式，它通常保障了最复杂功能的获取。文化进化亦然。创新不一定需要微生物，但要获取复杂功能时，通常都有微生物的参与。在饮食方面有非微生物方法，如烹饪让食物更容易消化，浸泡能排走某些毒素；但通常，当我们同时需要几种功能时，如保存、提升维生素和食物解毒，微生物发酵会更常被采用。

体积小、数量多、多样性让微生物共生作为进化方式成为可能。让我们先从进化理论角度对此进行评述：它打破了纯粹经典达尔文进化论的两个法则。第一，获得的特征不具备遗传性。然而在可遗传共生中，共生获得的特征会在某一刻变成可遗传的。祖代遗传获得的特征符合拉马克关于进化的理论，至少适用于可遗传共生。达尔文可能只考虑了孤立物种的变化，但是物种从不孤单，共生是让物种进化的方式，有时还可以遗传！

第二，共生（不管是之后重新获取还是遗传给下一代）是"跳跃"式进化，是即时生效的重要量变。例如，一个植物和根瘤菌建立共生后能固氮。当然，这不是在一代中发生的，但从进化角度来看，这是全新且复杂的特征，出现得相当快。然而，达尔文的经典理论是进化不能跃进，他认为进化是由各种小的变化累积而成。同样地，这对孤立物种的自身进化可能是真的，然而……共生实现的进化是一次跃进。布赫纳是许多动物内共生的发现者（见第六章），他选择的论文导师是以跳跃进化论而闻名的奥地利遗传学家理查德·戈尔德施密特（1878—1958），我们知道他提出的"有希望的怪物"，是一种源于巨大突变（比如染色体修改）的生物。戈尔德施密特认为，这种"怪物"可以成为一个新的物种。虽然这个理论未得到许多证实，但布赫纳在概念上没有选错导师，因为最早获得共生体的生物就是"有希望的怪物"的代表。

不要担心，在这里我们并不是像马古利斯那样摒弃达尔文主义——作为内共生角色的颂扬者，她的观察和 19 世纪严格的达尔文主义不一致（见第九章结论）。简单地说，科学界现在关于进化的观点是"新达尔文主义"，即除了达尔文考虑的因素，其他方式也被发现并被接纳。世界是一个微生物的自由集市，在如此之多的选择中，动物或植物很容易和微生物发生多种多样的相遇，从中获取功能，尤其是非常复杂的功能。从共生对象获取功能（包括它们的进化财富）是现代生物进化认可的方式之一，它在人类文化进化中也有表现。

依赖是不可避免的！

共生学说历史上最后一位大家我们没有谈到，那就是诺尔·伯纳德（1874—1911）。他毕业于巴黎高等师范学院，破解达尔文形容的悖论时才 25 岁。兰花产生大量微小的种子——如香草荚中的棕色粉粒！达尔文在一株斑叶红门兰上找到了186300 个种子，算出如果每个种子都发芽，三代以后，整个世界的陆地上都是这一株的后代，他想知道是什么阻碍了兰花的繁盛。伯纳德发现，相同的理由可以解释为什么种子那么小和发芽为什么受限。在当时，兰花种子的发芽还是个谜，我们无法在温室里掌控这一过程。

1899 年 5 月 3 日，伯纳德正在默伦服兵役，他在枫丹白露的森林里发现了一株兰花（鸟巢兰）前一年的茎："该植物的地上茎连着满是种子的果实，可能是去年秋天意外地被埋在了土里，上面盖了一层树叶。春天到了，种子大多数已发芽，但仍被封在果实里；就这样，我得以观察到发芽的最初阶段……"包含这些文字的笔记得益于特批，于同年在法国科学院被展示出来。这些发芽的种子说明土壤里有一种真菌进入种子，种子发育成细胞群，不久后出现了根，"菌丝无处不在……因此，我的结论是在植物发芽过程中，真菌的参与必不可少"。随后，伯纳德通过体外实验让多种兰花共生发芽，证实了这一重大发现；他还证明让根发育后形成菌根的也是这种真菌。他开辟了关于兰科共生的研究领域，至今仍有许多团队在继续研究，其中包括我的团队。该真菌对胚芽的营养进行"投资"，之后胚芽会用光合作用产物为其供养；每种兰科对应一种或几种真菌。这种共生模式让兰花的种子可以这么小，以至于没有营养储备也没有胚芽；只有当对应的真菌进入并开始供养时，唯一的几个活胚才能发育成胚芽。兰花的种子虽然量大且传播广，但是它们不见天日，除非……碰巧遇到了共生双方。这样，达尔文的悖论被解开。

这种依赖式萌芽经仔细观察后，仍让人困惑。诚然，一方面种子变得更轻,可以去到更远的地方,这可以被看作一种进步。但另一方面,它们依赖于真菌,对发芽地点有限制,让这一进步有所保留(从这里我们看出没有两全的奇迹!)。最令人惊讶的是,现在的兰科离不开共生体,但是它们的祖先可能和所有植物一样,是独自发芽的。我们已经见过许多对微生物的惊人依赖,和动植物的生长或免疫有关,或是和动物的行为有关……这里和我们之前说的共生获取新功能又不一样,所依赖的功能是生物本应可以,或者祖先可以独自完成的!那么,为什么要失去这种独立性呢?

说直接一点,这个过程不只是对微生物的宿主有影响,它是对称的,即如果大型生物是微生物的傀儡,反之亦然。我们研究过细胞深处丧失了独立性的细菌。和自由生活相关的功能(细胞壁、鞭毛……)在根瘤菌中暂时消失,但在不再离开宿主的细菌里永久消失,如昆虫体内合成营养补充剂的细菌;与细胞内细菌的新陈代谢相关的所有都消失了,由宿主供养;最后,色素体和线粒体变得依赖宿主细胞合成一些蛋白质,依赖宿主DNA储存相关基因信息。对于与昆虫或与人类发酵习惯有关的真菌而言,情况相同,真菌都失去了独自自由生活的能力。但这种依赖无关紧要,因为宿主一直都在!

同样地,微生物的长期存在也会让动植物对称地失去微生物所填补的功能。从某一方面看,我们还是在讨论上文讲过的和微生物世界永久混杂的后果。这种和微生物的混杂倾向于清除宿主身上重复的功能，就像是有了计算器以来我们经常忘了心算一样。这种机制和前一节讲的非常不同，前一节的功能增加是正向的，这里，我们只看到一个中性的过程，可能稍微经济些，即一种已知功能由微生物替代完成。根据共生的定义，双方长时间关联，其中一方，包括体积更大的一方，可以通过简单的偏移机制丧失已经多余的功能。共存进化有利于依赖性的出现：这让共同进化的画面变得完整。在第六章到第九章中，共同进化被看作是获取和共同适应的过程。共同生活为失去自主性打开了一扇门，共生双方也会产生祖代不会要求的新的功能。这些联系让它们之间的互动更紧密，不断增加的互相依赖是共生双方共同进化的另一特征。

　　下面的例子可以展示，一种没有新功能的依赖是如何迅速地让两个生物紧密结合的：一切从 1966 年一家实验室的细菌感染开始，它灭绝了培育中的大变形虫。然而，有几个体内有细菌的大变形虫存活了下来，开始了它们的共同进化，仅 18 个月后，细菌变得没有侵略性，它们之间形成了一种奇怪的依赖。如果用加热或抗生素疗法消灭这些大变形虫的伴侣，它们将不能存活！大变形虫似乎不能再合成一种重要的酶——甲硫氨酸腺苷转移酶，而细菌合成了一种替代品继续运作。这样的依赖，使大变形虫不能没有共生对象……共生对象虽然不给它们带来什么，除了最开始的痛苦，然后就是共存后的依赖，没有新功能。

　　最后，依赖也会伴随新功能而出现。是的，共生形成后出现的新功能可以是在这一方，也可以是在另一方。在哪一方不重要，但功能会保证……我们说过，就像与动物共生的微生物群落一样，根际的生物（包括菌根）会终止在萌芽或出生阶段时触发的成年个体的功能发展，特别是免疫力。我不相信祖代有过关于这个的自主信号！大型生物总是在萌芽和出生阶段聚集微生物，只要变得稍微复杂，它们就会在适当时刻以此为该阶段免疫系统成熟的相关信号。

就这样，共生进行着功能的加减法。微生物和宿主的紧密联系可以从两方面解释：一方面是在进化中获取微生物的功能，另一方面是共同进化的逆退逐渐形成更大的依赖。

生物存在吗？……或两种世界观的启示

顺着上文讲到的各种机制，如果我们在生物进化中移除生物搜集的共生对象，它将失去自主能力，无法存活。植物、动物还有微生物因共生体而富有活力，覆盖我们已经列举的各种功能：营养、保护、繁殖、生长，甚至是行为。不同的概念试图将其考虑进去。在第三章，我们讲到延伸表现型（物种的特征不仅是本身基因形成的，也是因为环境中获取的元素尤其是共生体形成的）。相似的概念是共生功能体，即由宿主和其微生物组成的生物联合，用以取代孤立生物的陈旧观念。延伸表现型和共生功能体可能在现在算热点，这些概念成功将微生物共生纳入生物体，但笔者以为，这仍有欠缺。

　　我们统一一下：这些概念（生物、延伸表现型生物、共生功能体）是我们所处世界的表现形式。对于科学而言，我们不能确认事物的本质，但是我们可以提出表现形式，让我们可以操控世界，进行解释和预测，主张行动。因此，光既不是电磁波也不是粒子，但是，这两个表现形式便于我们在不同情况下弄明白观察到的特征并将其利用。我们提出的表现形式非真非假，它们只是实用性有差异，带来的新理解有差异———一句话，给人类的启发性有差异。我自己还用过"生物"一词，因为这让我可以指明真实的一些方面。然而，我认为，我们现在也应该将视野置于其上。延伸表现型和共生功能体关注的仍是生物，但实际上是通过改造生物让这个概念存续。生物的概念，即一个动物或一个植物是一个整体，在科学史上曾经非常有用，比如它建立了我们对生理学的看法，许多医学和农学应用都由此而来。把我们限制在生物的概念而只将其扩大的方法，在今天看来已经过时。在接下来的段落里是两种不同的看法，两种可能的世界观。

　　第一种看法来自微生物学家：世界是微生物构成的海洋。微生物学家相信我们上面的描述和计算，认为这个世界主要是且到处是被微生物充斥的，它们实现生化功能和主要的转变作用，让物质大循环充满活力。海洋里"漂浮"着更大的多细胞结构，它们被微生物聚集，微生物为了自己的利益而操控它们，如果是病原菌就会伤害或摧毁它们，而相反如果是互惠共生者就会长久地利用它们。这些大型结构——植物和动物在历史上被认为是独立的存在。然而，那只是宏观上的假象，它们不过是微生物世界的泡沫，即微生物活动可被观察到的现象之一；如果我们可以变得更小，我们可以看到更接近真实的微生物世界，在那里比微生物大的都是微生物的载体，并将进化成被微生物操纵的傀儡。傀儡，是想象中来自菌根真菌操控细胞功能和基因表达的那一大群小蛋白质分子（第三章）……傀儡，是想象中建构人体免疫系统功能和身体发展的众多微生物（第八章）。傀儡也是我们见到的生态系统效应，即由土壤里的微生物指引的植被的演替和物种的繁盛！有的微生物也可以是最大型生物的雕塑家，当豆科植物长出了根瘤，当鱿鱼发育出发光的器官，或者当树的比较矮的枝条被微生物这把剪刀修剪掉的时候！认为生物是单一的个体已经没有意义，这好比一辆没有司机或乘客的汽车。这第一种世界观以微生物为本，将动物或植物的概念归咎于我们无力从自己生活的宏观世界中解放出来。

第二种看法来自生态学家：世界是互动的海洋。每个"生物"（对每个微生物而言是真的）是庞大互动网络的一个结点。生态学家把生命看作这个网络，即我们所谓的生物不过是一些点的集合，它们之间由互动连接。他们认为世界是由生物构成的，就像是认为蜘蛛网是由点组成的，线在点上相遇，这便否认了……线本身！最重要的事实是互动的总和；关注生物降低了互动的重要性，限制了我们更新世界观的能力。诚然，某些互动会让主角们走向融合（比如笔者和笔者的线粒体，区分这两个物种或两种生物已经不太重要），在这些情况下，我们可能可以保留"生物"的概念，作为主角的总和。但是，相反地，另一些互动会在生物间建立非常弥散的联系。让我们回到第一章讨论过的菌根网络，在那里一个真菌寄居于多个植物，有时还是不同的品种，而每个植物上又有不同的真菌。既然植物有时通过菌根网络和邻近植物交换营养和信号（偶尔），那么一个植物的延伸表现型的界限在哪里呢？这些邻近植物是不是也和各自的邻近植物交换呢？这样的话，延伸表现型不久将是整个森林或者草原！我们在花粉传播上，也会看到相似的弥散网络逻辑，即一个昆虫给几种植物传粉，有时是不同种的植物，而每个植物会被不同的昆虫传粉：一些植物给另一些植物的伙伴供养。同时，传粉昆虫和菌根真菌又被它们共享的植物连成一个统一的网络！在菌根网络或是传粉网络中，一个植物的延伸表现型的界限在哪里呢？这种生态学的观点将互动拉回最重要的位置，而我们的生物学以前总倾向于将生物隔离在无菌环境中，旨在更好地研究它们。

　　这些观点没有对错，包括认为世界只有生物的观点。重述一下，这些观点的每一个都是真实世界的一个可能片段，它们应该一同构成我们认识真实世界的方式。我坚信，和前述的这两种观点相比，共生功能体和延伸表现型只是对我们生物世界观的不完整更新，启发性有限。这种观点从深层来讲是西方式的，把我们社会对个体的看重延伸到生物学里。"我思故我在"的笛卡尔哲学在西方是基础：理论上，真实世界中唯一我可以确定的东西是"我思"，因为我的思想证明我的存在。但是撇开这种自我中心的世界观，这种观点在哲学上聚焦个人，在生物学上聚焦生物个体。一个相关的例子是我们在第九章提过的科赫法则，它发表于 19 世纪：为了证明一个微生物引起一种症状，我们必须要能将这种微生物分离，并再注入健康宿主重现症状。也就是说，我们经历了一个将微生物和宿主个体化的阶段。但是我们也发现，在线粒体和色素体的例子中，我们既不能分离细菌，也不能获得无菌的宿主细胞；科赫法则对严格的相互依赖有局限性，认为总能将生物隔离开来，曾阻碍了线粒体和色素体内共生起源的发现。

其他文化对世界的认知，如佛教或相关的万物有灵论，更关注互动，将我们和周遭当作一个整体。这应该另当别论，但或许是时候摈弃那些西方个人主义在我们的生物世界观里的"变身"了……日常生活里也是。西方科学将建立在个人之上的哲学搬到了建立在生物个体之上的生物学：除了已经取得的成功，现在真正意义上的突破在于把中心位置还给互动。我们周围充斥着与微生物的相互依赖和相互关联，这会在我们探索资源和环境管理、健康和饮食时，提供新的视野——就是这样！

我们看到的不再是世界上的各种生物，而是一个微生物互动的世界……在那里，我们的生命是微生物的设计，肉眼可见的都是微生物互动的泡沫。我想在这里重提已经在第八章陈述的结论，因为这一课值得思考。长久以来，我们认为，只有在学了很多的生理学、详细描述及了解了生物个体后，我们才能学生态学。这个观念一直使教学安排者烦忧，生态学要到很后面才开讲，在法国的教学大纲里少得可怜，大篇幅都给了关于生物个体的生物学（包括生理学）。然而，近几年发现，微生物世界的生态学结合了各种器官功能，比如皮肤、口腔、消化道、叶、花、根……而且，如果没有理解构建互动的生态学原理，也无法理解现代生物学。我们的父辈犯了错误，生态学和生理学是相互依赖的，也是时候给最年轻的孩子们启蒙生态学了！

微生物万岁！

美国生物学家艾德华·威尔森生于 1929 年，是著名的昆虫学家，他因普及"生物多样性"而闻名。他对生物多样性进行了许多观察，在他的自传的最后一章坦诚地写道，如果他"可以在 21 世纪重新开始他的职业生涯，他会是微生物生态学家"。事实上，21 世纪将是——也已经是——微生物的了。

虽然在 19 世纪微生物是作为疾病和分解因子被发现的，但它们是健康以及生物功能的核心组成，让大家看到这一点也是本书的目的之一。诚然，疾病的横行让人伤心，然而这种反常状态不应该掩盖生物常态，特别是依赖于微生物的健康常态。也许我们会惊讶，世界不只是我们肉眼所见，这些看不见的部分无处不在，包括我们体内深处。对此，我们毫不犹豫地说出来，意识到这一点和重大科学革命一脉相承。哥白尼告诉我们地球不是宇宙的中心，达尔文和他的进化论告诉我们人类不是生物界的中心，弗洛伊德也置身于这一系列的科学革命之中，因为他发现人类不是自己的主宰。这一漫长的过程将人类一步步移出世界的中心，随后出现的是我们的微生物构造；微生物无处不在且有其结构性，这一构造下的人类（和我们肉眼可见的生物）不过是微生物世界看得见的泡沫。

是时候和微生物和解了。在这里，没有人否认它们让人伤心的危害性：就在几页之前，我们从诺尔·伯纳德的生卒年明白，他 37 岁就被结核病打败……然而微生物也可以是有益的。因此，保罗·布赫纳在他 1953 年的《动物和微生物的内共生》一书中总结道，"在这些和谐的微生物共生适应面前，'防御反应'理论（即微生物是病原菌，生物应当将其排除）应当被重新审视"。这些和谐的微生物共生是事实，是巴斯德微生物理论，往大了说，整个 19 世纪的微生物理论，延缓了对这一事实的深入研究。

在《费德鲁斯篇》中，柏拉图把人的灵魂比作一辆有翅膀的马车，由两匹截然不同的马牵着：一匹是白马，谨慎温和，另一匹是黑马，本性奔放且难以预料，需要马夫付出极大的努力才能驾驭它。这也可以用来隐喻微生物引导我们的方式！有坏有好——但不仅仅是坏。这辆马车便是生理学、生态学或动植物的进化。当然，现实不是一分为二的——和微生物的互动形成了一个从最坏的到最好的连续体，例如一个对植物 A 有用的真菌可能对植物 B 来说是骗子……我们必须转变微生物纯负面的形象，我们在日常饮食中用到微生物就是明证，这在微生物概念出现之前就开始了！

　　微生物不是单纯有害的。在引言中，我对"微生物"一词的使用做了说明，试图正视其负面色彩，重塑其形象，削弱其纯阴暗面。我是这样说的："全书我都将使用'微生物'，希望到最后，读者们能在相同的名字里看到不一样的它们。"我成功了吗？只有读者才能评判。总而言之，我用的是"微生物"一词的中性意思；只是由于我们对微生物实际作用无知的论断，这个词失去了中性的意思。我们以前可以忽略它，但至少现在我们不可以了。第七章和第八章告诉我们，我们的健康和现代医学需要它们；第十二章和第十三章也通过它们重申健康饮食也需要它们；本书全文都在宣扬生态系统和自然资源的管理，尤其是和食物相关的，也都通过微生物实现。

　　因此，我们需要重新找回我们失去的和微生物的连接以及共存关系。它们是我们动物性的一部分，历史上，我们利用它们建造了我们的文明和文化。让我们在坦桑尼亚狩猎采集者——哈扎人（Hadza）的部落驻足片刻，他们刚打回来一匹斑马或是黑斑羚……一个惊人的仪式开始了，猎人们在已开膛猎物的瘤胃汁里洗手！然后，他们上桌，立马把最难保存的内脏吃掉：肌肉丰富的瘤胃壁被直接生吃；取出的肠子部分，不经过清洗就直接烤着吃，肠内物质还在……西方人能想象和周围的微生物世界如此接触吗？不能，而且现在可能会让他们生病。我的学生们经常犹豫要不要尝尝泉水或植物的叶子，尽管我向他们保证没有危害……他们排斥感很强烈是因为来自环境中的物质，先验地被微生物"弄脏了"。当然，消毒法是现代医学之母；当然，我们排出病原菌就胜利了，这没有疑问！但是，我们是不是做得太过头了？我们让过敏或肥胖这样的疾病出现……我们的植物生理学和农学否定微生物，给植物直接用加了杀虫剂的肥料，导致现在出现问题。今天，我们希望能有所进步，重新建立一种微生物数量刚刚好的平衡。这一平衡在我们的身体里，在我们的食物中，在我们的环境中，将让微生物世界更加安全。

我们杀死了柏拉图马车的两匹马：当然我们摆脱了黑马，但也失去了白马及其对黑马的制约。最终我们回到了"干净的脏"这一矛盾修辞，因为它才是真正的白马！我们介绍过"干净的脏"，关于饮食（通过第十二章和第十三章的发酵食品）或生物的卫生状况（在第七章和第八章中，过度讲卫生引起功能障碍）。今后，我们需要知道什么样的微生物是需要的（脏），即有它们比没有好，能更"干净"地帮助我们。如今，益生菌和益生元在这条路上迈出了几步，而昨天（以及更早的时候）众多食物发酵已经走过这条路。但是，这几步仍然带着不确定，因为我们还没有完全掌握微生物的生态功能和微生物的确切效用，尤其是对人来说。商业逻辑总是经常先行于确定性——在知道微生物的确切效用之前，我们可以先购买它们！但是将来，当我们开展更多的研究时（现在就有很多了），微生物将更多地在药物中出现，也将在食物中出现。我们将是一个干净的脏东西，有更多的微生物做伴，也就……更不孤单了。

草地上的野餐不缺陪伴：重现的微生物

最后，就让神奇的微生物自己开口吧，就像我一个朋友常说的，"生活真美好"。它美在复杂，美在所有的物种都有这微小的盟友，最后，它美在我们对世界的乐趣围绕着微生物共生，现在数一数快乐和微生物吧……

早上散步后，我和我的伴侣来到约讷河边一片石灰质丰富的草地野餐。我们选择在一片索萨斯岩石上驻足，可以欣赏约讷河蜿蜒的景致。野餐结束——面包，腊肠，奶酪，还有一瓶在离这儿不远处买的果香伊朗锡葡萄酒；只有几片沙拉叶子和水果，不是发酵过的；还有一瓶热咖啡收尾……这顿野餐，我们不孤单。

我们位于约讷河畔梅尔里，悬崖上布满地衣，呈青灰色；

葱郁的景色在告诉我色素体的存在；我们脚下的青草在告诉我它们的根际、菌根和体内寄生菌。在草坪底下是五十几米的石灰质——大型古老珊瑚灰岩经河水侵蚀形成悬崖，受攀登爱好者追捧。在晚侏罗纪，这个地方的确位于热带地区，珊瑚虫在水中大量繁殖，由于有虫黄藻的帮助，它们聚集了大量的石灰质遗骨……在 1.6 亿年前，我们也完全不会觉得孤单……

午休的时间到了——远处有两头家牛在安静地反刍，在午后寂静的环境中，一切都让人有想休息的感觉。我待在一旁的树荫下，树叶上满是行善的螨虫。我依旧不孤单，也无法独处，渐渐地，我进入梦乡。

我生来就有很多的线粒体，身体很快就被微生物占领。也许我会因细菌而死，死后估计会被微生物腐蚀——哪怕我的遗体被火化，其他微生物会利用我的骨灰，为了它们自己或是一种植物。但是，除了那些我一生只能经历一次的事情，我的每个动作、每句话、每个念头，本书的每个字，每个清晨都因为有微生物陪伴而成为可能。在我的皮肤上和体内，它们已经和我的细胞一样多；它们对我的健康和心情都有贡献。在我的每个细胞深处，以线粒体的形式居住在我体内的细菌数量是容纳它们的细胞数量的 10—1000 倍。最后，我就是一个微生物生态系统，种类丰富多样，数量众多，以细菌为主。

疾病和腐烂是由微生物引起的，但是它们只是一种特殊状态。动物和植物日常生活的主旋律由共生微生物串联起来，在每一个时刻、每一个器官和每一个功能中。就这样，我和我周围的一切就像是看不见的微生物的表现，它们在我们体内，一直都在，无处不在，正因如此我们才从不孤单。

2016 年 8 月 20 日于贝勒岛

2017 年 1 月 2 日于格但斯克

后 记

马克-安德烈·瑟罗斯（Marc-André Selosse）——我称他为 MAS；这不是骂人的话，这在西班牙语中是"更多"的意思，在马来语中是"金子"的意思！——MAS 出版了一本极富原创性的生物学书籍，其创新性足以撼动我们对地球上生命的定义，包括人何以为人，以及人类相关的活动和产物。

MAS 文笔简洁翔实，没有废话，拒绝使用专业名词，语言优雅而风趣——当我再见到鼻行兽时是多么开心啊！同时感谢他对佩拉东奶酪的赞美！这本书有另一个不常见的优点所以值得点明：它没有任何无聊的内容。

作者不论是在实地还是在实验室都很自如，哪怕是在难以忍受的热带地区。他学识丰富，覆盖生物学、遗传学、生物化学、观念学、哲学和诗歌，哪怕是酿酒学和美食学也不会让他怯场。

关于研究方向，MAS 最喜欢的领域是土壤里真菌和植物根系的共生——我们称之为"菌根"，书中关于菌根网络连接树木的描述对我来说都是新的信息，下面我只摘录一小部分：

- 参与共生双方的相遇不是偶然，它们各自发送信号吸引另一方，保证了结合的高效。

- 如果土壤足够肥沃，植物可以不需要菌根生存；但除了这种情况，根部共生是常态，像叶绿素一样。

- 如果共生菌能让植物享用从邻近植物根系获取的光合作用产物，没有叶绿素，植物也能生存。因此，在森林阴暗处生活着"白色"植物（鸟巢兰、松下兰、幽灵植物、虎舌兰等等）。

- 植物可以没有根。苏格兰的莱尼埃燧石层的植物是这样，今天一些植物还是这样。这似乎并没有阻止共生微生物去到莱尼埃燧石层植物的茎里。

- 菌根不满足于只为植物供养，它们还能防御土壤中的毒素，抵御植食性动物吃叶子。

- 农业土壤的退化源于其肥沃程度削减了菌根的形成，或者是让菌根消失。这解释了为什么我们的农业越来越依赖杀虫剂。

- 未受病原菌感染，不足以保证温和植物的正常生长；最危险的病原菌能将菌根为己所用。

- 共生也涉及细菌，如著名的豆科植物根固氮实例，最令人惊讶的是，这种固氮是共生形成后出现的特点——双方不共生时都不能固氮。

- 在一些共生中，后来出现的特点可以出现在任意一方，这是实用主义的典范。

　　MAS 的研究不局限于微生物，他跟我们谈动物或植物的时候也很自如。同样地，新内容层出不穷，语言诙谐。我从微生物和植物的关系说起：

- 森林里的树有些特别的真菌，它们负责修剪枯枝；护林员对树干挺拔、少杂枝引以为傲，这都归功于真菌。

- 多亏 MAS，我知道无融合生殖从何而来：线粒体只通过雌配子传给下一代，因此它们逐渐失去雄性功能，花也不再需要花粉。

- 为什么青贮干草要用塑料捆扎，将其变成有浓烈气味的酸酱状饲料？这是细菌进行的动物体外"预消化"，目的是用来喂养动物。

- 洋中脊热液提供的能量，缓解了太阳光能的缺乏；这些能量让细菌将二氧化碳转化成有机物，相当于……在全黑环境中的光合作用！

- 植物 10% 的基因组来自共生微生物，它们将基因信息贮存在收留它们的植物 DNA 里。

　　在微生物和动物的关系中，MAS 向我们展示了大量的重要事实，这些事实在科学圈以外还鲜为人知。

- 尽管珊瑚虫是动物，但是它不排尿，它把过剩的氮给了共生藻类。这是一个变废为宝的典型例子。

- 羽织虫属通过深入岩石缝隙长长的"根"固定在洋中脊上；和植物的根一样，这些"动物的根"吸收液体和溶解的无机盐。

- 共生微生物保护昆虫避免寄生，甚至战胜高温。

- "小蠹科"在树皮下开凿通道，这并不是以之为食，而是在通道里培育它们的食物——真菌。

- 在美洲热带地区，美洲切叶蚁属在惊人的地下蚁巢种植可食用菌，类似我们的地窖种植。蚁巢位于地下可达 6 米深的位置，直径可达 40 米，人可以在里面直立。

- 不要对美味奶酪散发的恶心脚臭味感到惊讶，奶酪和臭脚，同样的细菌释放相同的挥发性硫化分子——甲基硫醇。

- 与成见相悖，牛不以草为食，而是以瘤胃中的细菌为食。细菌让摄入的草发酵。

- 牛的尿液里没有尿素；和珊瑚虫一样，它们用含氮废物供养肠道菌群。肠道菌群包括纤毛虫、真菌和细菌。又是一次变废为宝。

- 和所有动物一样，人类的消化道里有酵母和细菌形成的微生物群落，没有它我们不能消化食物。

- 新生儿是无菌的，他们最初几年的关键挑战是获得稳定且有保护功能的肠道菌群，其菌群种类是我们身份的一部分。

- 这就是为什么"干净的脏"优于过分讲究卫生，后者给病原菌埋下了隐患。
- 微生物群落的组成不同可能让我们感到焦虑，甚至是社交障碍——自闭症。弓形虫能降低警觉性，我们在交通事故肇事者的微生物群落中，发现大量弓形虫。

在做总结之前，我想指出生物学中特别重要的两点，MAS的描述显示了他的才智。

第一点是"内共生"。

和动物的细胞一样，人类的细胞里有共生菌。历史证明，要生物学家承认我们可以在细胞内找到细胞不是那么容易！

1890 年：德国人理查德·阿尔特曼发现，线粒体是细胞的"永久居民"。

1918 年：对于法国人保尔·波赫杰来说，线粒体是我们细胞内的共生菌；此外，它们和细菌十分相似。

1925 年：美国人埃德蒙·威尔逊驳斥了线粒体的细菌本质。他说："在一个尊重生物学家的社会，这样的推测太荒诞了。"在法国，于病原菌领域有所建树的巴斯德研究院，不接受细菌可以和健康动物细胞和睦共存的观点。

20 世纪中叶，线粒体的细菌起源几乎被遗忘；当时我在索邦上学，生物课上对此完全没有提及。但是，不久后就发生了戏剧性的转变。

1970 年：美国人马古利斯认为，线粒体的确是生活在我们细胞内的细菌，并提供了决定性的论据：线粒体含有 DNA，它以圆形分子形式存在于线粒体内；不仅如此，它们不是组合而成，而总是由现存线粒体一分为二——没有生物学家再敢怀疑线粒体的细菌本质。植物细胞的情形也一样——如今，所有生物学家都承认色素体是进行光合作用的细菌。

线粒体和色素体在细胞里生活了千百万年，早已丧失了独立生活的能力，连名字都没有！它们所在的细胞为它们供养，纳入了它们的大部分基因。MAS 说，对于这些共生菌而言，"基因消失"了；但是线粒体让我们呼吸，色素体给了植物奇迹般的能力——进行光合作用。

我认为 MAS 书中第二个重要的点极具想象力，即植物的根际类似于动物的微生物群落。

植物的根际是其根系对应的土壤区域。植物的根系为根际带来死细胞和分泌物，改变其性质；根和菌根也从中汲取营养成分。根际中有细菌、真菌和各种单细胞生物，它们和相邻土壤里的不同，数量也更多，MAS 指出了这种"地下微生物群落"的"扎堆"现象。

诚然，根际中有病原菌，但对于植物而言，根际微生物利大于弊：它促进无机盐的吸收，给土壤解毒，将空气中的氮转化成蛋白质，帮助菌根的形成，释放抗生素保护植物，防御病原菌，促进生长和开花。植物的地上部分像是"透气管"，为地下活动提供氧气。

把动物的微生物群落和植物的根际相比较非常有新意，动植物最大化利用接触面积是两者从环境中获取营养物质的关键。对于我这个多年对比这两种多细胞结构的人，MAS 的书视角新颖且……惊人。

最后，我有几点异议。

MAS，请你原谅，你我都知道，观点都是在友好且有力的对抗中进步；你也知道，只有当我们共同为冲突寻找答案时，我们会欣喜地发现，答案总是在向着进步的方向推进。

你说人类"不过是微生物群落的保护壳"有些不合情理。对微生物学热情如你，我理解你把微生物奉如神明。但是你形容共生时大量使用的"形成的特性"特别好，这对多细胞的动植物同样适用，甚至更贴切。如果你把我当作我微生物群落的一个保护袋，这篇后记的论调会不一样。

当你说我们因为一直有微生物互助共生的陪伴而"从不孤单"的时候，你也有些不合情理。微生物的陪伴是不够的：囚室里尽管有污垢，牢犯是孤单的。要想不孤单，需要有一个同类的伴侣，这对于动物和人类都适用。

如果我们是微生物，毫无疑问我们无法摆脱属于我们的微观世界；也许我们需要 MAS 让我们注意到动物和植物，这些庞然活物大到几乎不可见。

我的异议就到这里，都是些细节。MAS 的书非常出色，我永远也不会忘记这美好的"共生奇景"。

一旦有我欣赏的生物学新书问世，我认为推荐给生物学家们阅读是理所当然的，因为分享值得分享的所学所得，乃人之常情。

但是，MAS 的书的受众更广，我也将其推荐给那些和自然有着或远或近联系的人：植物学家和动物学家，农业生产者和养殖业者，护林员和微生物学家，博物学家和生态学家，厨师和养蜂人，园艺师和树木栽培工作者。

我也把《看不见的陪伴》推荐给其工作和人类有关的人：医生和药剂师、人类学家、人种学家、人口统计学家、社会学家、教育工作者、法官和执法人员。加起来人还不少，但是有生物学基础的人读起来不会有任何困难。MAS，谢谢你在书中为我们展示了你极富感染力的热忱。

弗朗西斯·阿雷（Francis Hallé）
法国植物学家、生物学家，
蒙彼利埃大学名誉教授，专攻热带雨林研究
2017 年 2 月于蒙彼利埃

术语解释

氨基酸：含氮有机小分子，存在于所有生物中。它们可以形成蛋白质，包括酶。动物细胞中有二十余种氨基酸，其中有十几种（对于我们人类，准确地说是八种）不能由动物合成，只能通过食物获得。我们把它们称为"必需氨基酸"（色氨酸、赖氨酸、甲硫氨酸、苯丙氨酸、苏氨酸、缬氨酸、亮氨酸、异亮氨酸）。

孢子：特殊的生殖细胞，可以被传播和/或等待休眠，在有利条件下发育成新个体。

病毒：以惰性形式（比如，DNA装在一个蛋白质的囊里）分布的生物，只能寄生于细胞，它们要么以不伤害细胞的方式生存，要么迅速复制并最终将细胞杀死。它们一般不被列入微生物，之所以在这里提它们是因为其中一些是动植物的共生体，肉眼不可见。

病原：能引起疾病的寄生生物。

捕食：种间关系的一种，一方杀害另一方并以之为食（这是寄生的极端形式）。

肠道型：肠道微生物群落的类型，见于世界各国的人类个体，无论性别年龄。占主导地位的细菌决定其类型，人类有三种，分别由普氏菌、拟杆菌和瘤胃球菌主导。

虫黄藻：橙色单细胞藻类，属于双鞭毛虫门。它们以内共生方式生活在真核生物细胞内。

虫菌穴：指植物上给共生节肢动物居住的小室，依情况是螨虫或蚂蚁。虫菌穴可以在叶子、茎干、托叶等上面形成，在植物的进化中曾多次出现。

单宁：植物体内的一种酚类化合物，包含一个苯环和至少一个与其相关的酒精功能。单宁能吸收一定波长的光线，帮植物抵御过度的光线；它们也能通过改变蛋白质来防病虫害，这种机制被用于制革，加强其柔韧性；它能通过连接组织微生物或动物的酶运作，起到抗生素的作用。

蛋白酶：分解蛋白质，释放氨基酸的酶。

DNA："脱氧核糖核酸"的英文名词缩写；长链分子，由核苷酸组成，编码基因。所以这种分子是基因和基因组的后盾。对于每一个基因，核酸序列是构成蛋白质的氨基酸序列的合成依据；这些蛋白质是细胞的基本构成物质，大部分参与新陈代谢的酶也属于蛋白质。

多糖：由10个以上的单糖（比如果糖或葡萄糖）连接而成的生物大分子，通常溶于水。多糖比寡糖大。

发酵：缺氧条件下，该生物机制通过转化环境中的分子为微生物细胞供能，如将糖转化成酒精或乳酸。

放线菌：细菌的一类，通常有菌丝，和细胞分裂后的紧密联系有关。一部分能产生抗生素（链霉菌属、放线菌属等），另一些可以从环境中固氮（弗兰克氏菌属）。

浮游生物：悬浮生活在淡水、半咸水或咸水中的生物总称。这些生物有时能自己移动，但只限于水中，幅度无法更大。浮游生物中有几种体形稍大的生物（藻类如马尾藻），但主要是无数的微生物、藻类、细菌、变形虫等等。

腐生生物：以环境中腐烂有机物为生的生物。

根际：围绕植物根的土壤（包括它的微生物群落），根的存在影响土壤，并给它带来局部改变。

共生：种间关系的一种，按本书采用的理解，双方一起生存并互惠互利（互惠共生）。

共生功能体：生物学单位，由宿主（植物或动物）和其微生物组成，取代以前生物孤立个体的观点。其恰当性参见本书结论。

共生体：参与共生的生物。

共同进化：两种（及以上）的物种通过互动连接结合的进化。进化中一方影响另一方，反之亦然，即每一方对另一方的进化进行选择。

固氮（作用）：该机制仅见于细菌，通过固氮酶将游离氮（N_2）

变成氨，再生产氨基酸。这让植物不完全依赖土壤中的氨氮或硝酸盐。

固氮酶：是固氮作用（利用细胞能量将氮气转化成铵离子）的催化剂，需在严格的厌氧环境中进行固氮。

寡糖：由 2—10 个单糖分子聚合而成的中等大小的分子，可溶于水。寡糖比多糖小。

光合作用：利用光能将空气中的二氧化碳和水合成糖分（作为营养来源）。光能由叶绿素等光合色素捕获，光合作用在蓝细菌等细菌内或者是藻类和植物的色素体内进行，并形成废物——氧气。

光合作用产物：植物的绿色部分经光合作用产生的分子（糖分，尤其是蔗糖），之后被运送到生物各个部位。

后胃发酵：在一些动物如马身上，部分消化由微生物协助进行。微生物位于消化道中胃的下游，帮助消化动物自身不能消化的分子，为动物释放酶和／或提供发酵物。微生物存在于消化道的憩室——盲肠，和／或肠道里。

互惠共生：不同物种间互相获利的关系，关系中的物种被称为共生方。

化能合成细菌：依靠化能合成反应生存的细菌，也就是说通过氧气或另一种氧化物与无机盐（亚铁、甲烷、硫化氢，依情况而定）发生氧化反应产生能量。这种能量特别用作将二氧化碳转变成糖，保证营养自足。这让人联想到光合作用，只不过是之前的无机盐反应取代太阳能作为能量来源。

混合营养：生物或共生体的特性，即营养同时来自光合作用和环境中非自产有机物。

基因：遗传信息的载体，能决定生物所属物种结构、功能、特征的能力。基因可以代代相传（通过细胞复制），它们的载体就是细胞 DNA 分子。

基因组：生物体所有遗传物质的总和，主要为 DNA。

激素：多细胞生物（植物或动物）产生的物质，传递生理信号，引起细胞功能的变化，细胞通过受体接收。

寄生：不同物种间的关系，其中一方利用另一方，但不迅速消灭另一方（不然的话就是捕食）。

甲壳质：是构成真菌细胞壁的分子，也是昆虫、蛛形纲动物和甲壳动物等身体外壳（外皮）的分子。它是纤维素的一种形式，其中的葡萄糖和氮结合发生改变。

碱基对：DNA 分子的长度单位，对应于脱氧核苷酸（也称为碱基），碱基对相连形成 DNA 分子。因为 DNA 分子是双条链并列，所以它的长度单位是一对碱基对。

竞争：同物种或不同物种间因共同的需要（空间、营养物质等等）形成的负面互动关系。这种关系有时会因释放毒素（包括抗生素）而加剧。

菌根：由土壤里的真菌和植物的根共同形成的共生器官，于双方有营养和保护功能。菌根分为外生菌根和内生菌根。

菌丝：指真菌形成的单条管状细丝（菌丝的平均直径为4—6微米，最大直径可达100微米），是可持续的营养结构。不要把真菌局限在秋天我们肉眼所见的大型结构——它们由菌丝紧密连接而成，是一些物种的临时建造，为了产生孢子。菌丝的总和即菌丝体。

蓝细菌：细菌的一类，可以进行光合作用，能独立生活，也能共生生活，比如在一些地衣中。有一些内共生于植物细胞，成为细胞的一部分，进行光合作用，被称为色素体。

类固醇：化学成分上近似胆固醇的分子，可以用作激素或者细胞膜组成成分（和胆固醇一样）。

类胡萝卜素：橘黄色分子，化学成分上近似胡萝卜素（胡萝卜的颜色来自它，因而得名）。它存在于植物体内，在光合作用中能和叶绿素一起捕获光能。它也有其他功能，比如作为动物维生素A的前体。

淋巴细胞：动物细胞的一种，位于血液、体细胞间和淋巴组织里，是免疫系统的一部分。它有许多种类，其中一些能产生抗体，识别病原菌后抗体数量通常会大量增加。

瘤胃：牛消化道中的大型袋状物，位于食道和胃之间。它利用摄入的植物培养微生物。有时也可以指代其中混合着微生物、液体和植物发酵残余的内容物。

螨虫：蛛形纲，最常见为四对足。尽管它们不是微生物，但是有一部分是植物的共生体，一般难以见到，或完全看不见。

它们对植物的健康有帮助，所以在文中有提及。

盲肠：消化道憩室，发达程度不一，位于小肠和大肠交界处（人类的盲肠极其不发达，有一部分退化为阑尾）。对于后胃发酵的动物而言，盲肠里装着具有消化功能的微生物群落。

酶：指帮助加速化学反应的大分子有机物，主要为蛋白质。整个细胞生命的新陈代谢都依赖于它，如氨基酸的合成，复杂分子的合成和分解，细胞能量的产生，等等。

免疫／免疫系统：生物体防御病原菌的一系列机制。遭到攻击时，它能发出警报并合成防御分子，在动物中也包括特殊的细胞——淋巴细胞。

木质素：植物细胞壁里由单宁合成的大分子，单宁之间以及和细胞壁其他组成部分相关联。它让细胞壁更坚固，特别是发展成坚实的木头和许多植物挺拔的形态。消化它需要特殊的酶，且只能由一些真菌在有氧环境下完成。

内共生：一方（内共生体）位于另一方内部的共生；在本书中，该术语的使用仅限于一方经吞噬作用进入另一方细胞内的情形。

内生菌：细菌或真菌生活在植物组织里，不引起病变，也没有外部症状。

内生菌根：菌根的一种，真菌菌丝在根的表面几乎不可见，能分枝进入细胞，形成细胞内部交换结构，被称为从枝状体（形成该共生的真菌是球囊菌）。世界范围内，内生菌根存在于80%的植物中。

沤麻：水浸泡引起的微生物发酵，用于食物（木薯）处理或在纺织加工中将（亚麻、麻等等）纤维从其他成分中释放出来。

气孔：叶表面的小开口，用于植物和空气的气体交换——为光合作用吸入二氧化碳，为树中液体上行排出水分。植物根据土壤和大气中的水分调节气孔开口，调节水分流失。

前胃发酵：在一些动物如牛身上，消化部分由微生物进行。微生物位于消化道中胃的上游，帮助消化动物自身不能消化的分子，为动物释放酶和／或提供发酵物。和后胃发酵不同，大部分微生物随后在消化道中被消化。

球囊菌：土壤真菌的一种，能在超过80%的植物物种上形成特别的菌根（内生菌根）。

色素体（叶绿体）：有两层细胞膜的细胞器，内含叶绿素，为植物进行光合作用。它实际上是细胞内共生的蓝细菌。色素体也为细胞的新陈代谢合成必需物，储存淀粉，无论细胞朝阳还是朝阴。

神经递质：神经元在突触处释放的信号分子，将信号传递给肌肉细胞、腺细胞或另一个神经元。

生态位：物种个体生存所需的条件以及其可承受的条件变化。生态位可以区分同一环境中的不同物种。

生物薄膜：指微生物群体以一般肉眼不可见的膜的形式，附着在石头、牙齿、黏膜、皮肤或其他基质表面。

生物量：指一个生物、一个生态系统或者一片土地等的生物总质量。

提供便利（关系）：不同物种间的一种关系，一方改善另一方的安置、生活或生存，但不需要与之建立关联，也不需要获取回报（所以不总是互惠共生）。

铁载体：主要由细菌分泌的分子，它们能有效捕捉环境中的铁离子，并让其和它们一起游动。有保护作用的细胞捕获铁载体以获取铁离子，它们适应于缺铁环境（某些土壤、奶酪……）。

突触：神经系统中神经元和另一个细胞（神经元、肌肉细胞或腺体细胞）的接触区间，神经信息在此通过化学信使——神经递质传递。

吞噬作用：外界粒子进入细胞的机制，只存在于真核生物。细胞膜向内凹陷然后包围该粒子后封口，该粒子因而进入细胞，"吞噬"（或者"关押"）形成的膜来自细胞膜。这一过程通常是进食：进入的粒子接着会被消化分解，释放出的营养物质可以在细胞内扩散。如果遇到消化没有发生的情形，细胞吞噬细胞可以引起内共生。

外生菌根：菌根的一种，真菌菌丝在根的周围形成鞘套，少量进入根部皮层细胞间隙中（但没有进入细胞内部），形成细胞间的交换网络，即哈氏网（形成该共生的真菌有许多子囊菌［如松露］，以及担子菌［如伞菌或牛肝菌］）。一般出现在温带木本植物中，有时也出现在热带。

微生物群落（或微生物组）：寄生者、互惠共生者和中性微生物组成的微生物群体,生活在多细胞生物的某一部分(或全部)或其他环境里,如土壤或一滴水。以前我们称其为微生物群。

无菌:指一种完全没有任何微生物,生物独自生存的环境。当然,无菌只存在于实验室。

细胞:生物体的基本组成单位,里面进行着新陈代谢。它有细胞膜和基因组。许多微生物只有一个细胞,包括大多数细菌、酵母菌或者一些藻类;其他生物则是由许多细胞组合而成,如众多的真菌、植物和动物——它们是多细胞生物。

细胞壁:围绕细胞膜,用来保护细胞的包膜,厚度不一。真菌、藻类和植物都有细胞壁,由纤维素组成;植物细胞壁还有木质素,许多真菌的细胞壁则有甲壳质。

细胞膜:包裹细胞的脂类薄膜,将细胞与外界隔开。细胞内部的薄膜区分细胞空间:液泡、小泡(比如,由吞噬作用而来)、色素体和线粒体。

细菌:和真核生物、古菌构成生物三大类;它们的细胞比真核生物的细胞要小,它们的新陈代谢要更加多样。它们的细胞要么是单个的,要么是细胞分裂形成的小集体(呈链状、束状等等)。它们的 DNA(基因携带者)和其他细胞结构一起,位于细胞中央(和真核生物不同,它们没有细胞核)。

纤维素:由一个个葡萄糖小分子聚合形成的大分子,出现在植物和许多藻类细胞的细胞壁。动物因为有细菌共生,通常能消化它。

线虫动物：肉眼不可见的虫，属于线虫动物门（和节肢动物近似，不同于蚯蚓和其他环节动物），大量存在于土壤中。

线粒体：真核生物细胞器，有两层细胞膜，通过呼吸作用为细胞功能提供能量。线粒体也为细胞新陈代谢合成必需成分。它本质上是细菌和细胞的内共生。

新陈代谢：生物或细胞实现生化功能的反应总和，赋予其结构形式和生命功能。参与的各种分子被称为代谢物，我们将新陈代谢的一部分称为能量代谢，它产生能量，直接被细胞利用（实际上是合成了能传递能量的分子——ATP）。

演替：随着时间推移，一个生态系统中的植物或微生物自发形成群落的过程。这一过程是一系列的演变阶段，由物种的到来和消失划分。

胰岛素：许多动物包括人体内调节血糖（葡萄糖）浓度的激素；它促进细胞吸收葡萄糖，从而降低血糖浓度，一些细胞还会将葡萄糖储存起来。

营养物质：通过细胞外消化或吞噬作用进入生物细胞的食物成分。

瘿：植物病态畸形，和寄生物（昆虫、螨虫、真菌、细菌等等）有关。寄生物不会伤害植物组织但会引起增生，并在增生组织内获取营养及自我保护。

原生动物：单细胞真核生物，捕食或以环境中有机物为生。原生动物包括几个非常不同的生物类别，如纤毛虫（比如草履虫）、变形虫和如疟原虫或弓形虫之类的寄生虫。

藻类：光合生物，有单细胞（比如浮游生物，地衣或一些内共生中，如虫黄藻）和多细胞（石莼、墨角藻等等）之分。一些独立的种类也被归于藻类，习惯上，它们不属于陆生植物；不同研究者会把能进行光合作用的蓝细菌归于（比如本书）或者不归于藻类。

詹森-康奈尔假说（效应）：一物种促进其病原菌生长，导致自我抑制，让位于竞争者。有时詹森-康奈尔假说会反过来，如一物种促进其互惠共生者生长也有利于自己生长。

真核生物：和细菌、古菌构成生物三大类。真核生物可以是单细胞（酵母、草履虫、单细胞藻类……）或多细胞（动物、真菌、植物、多细胞藻类……）。它们的特征是细胞内有携带基因的 DNA 分子，位于细胞中的专门结构——细胞核。所有的细胞都有（或曾经有过）线粒体；进行光合作用的植物和藻类同时有色素体。

植食性动物：以植物为食的动物。

植型动物：不常用但在本书中用到的名词，指在细胞内或细胞间有藻类的动物。这种动物部分地通过藻类的光合作用获取养分。

推荐书目

Bapteste, Éric, *Conflits intérieurs. Fable scientifique*, Éditions Matério-
    logiques, 2015.

Boullard, Bernard, *Guerre et paix dans le règne végétal*, Ellipses, 1990.

Coustau, Christine, et Hertel, Olivier, *La Malédiction du cloporte et autres
    histoires de parasites*, Points Seuil, 2010.

Debré, Patrice, *L'Homme microbiotique*, Odile Jacob, 2015.

Diamond, Jared, *De l'inégalité parmi les sociétés*, trad. Pierre-Emmanuel
    Dauzat, Gallimard NRF, 2000.

Duhoux, Émile, et Nicole, Michel, *Associations et interactions chez les
    plantes*, Dunod, 2004.

Garbaye, Jean, *La Symbiose mycorhizienne : une association entre les plantes
    et les champignons*, Quae, 2013.

Karasov, William H., et del Rio, Carlos M., *Physiological Ecology: How Animals
    Process Energy, Nutrients, and Toxins*, Princeton University Press, 2007.

Margulis, Lynn, *Origin of Eukaryotic Cells*, Yale University Press, 1970.

Maynard-Smith, John, et Szathmáry, Eörs, *Les Origines de la vie. De
    la naissance de la vie à l'origine du langage*, trad. et adapt. Nicolas
    Chevassus-au-Louis, Dunod, 2000.

Montel, Marie-Christine, Bonnemaire, Joseph, et Béranger, Claude, *Les
    Fermentations au service des produits de terroir*, INRA Éditions, 2005.

Perru, Olivier, *De la société à la symbiose. Une histoire des découvertes sur
    les associations chez les êtres vivants*. Vol. 1 : *1860-1930*, Vrin, 2003.
    Vol. 2 : *1920-1970*, Vrin, 2007.

Sapp, Jan, *Evolution by Association: A History of Symbiosis*, Oxford Uni-
    versity Press, 1994.

Selosse, Marc-André, *La Symbiose : structures et fonctions, rôle écologique
    et évolutif*, Vuibert, 2000.

Suty, Lydie, *Les Végétaux : des symbioses pour mieux vivre*, Quae, 2015.

Tamang, Jyoti P., et Kailasapathy, Kasipathy, *Fermented Foods and Beve-
    rages of the World*, CRC Press, Taylor & Francis, 2010.

术语译名对照表

R 日本蓼 *Fallopia japonica*
　乳酸乳球菌 *Lactococcus lactis*
　瑞士乳杆菌 *Lactobacillus helveticus*

S 沙雷氏菌 *Serratia*
　沙漠蝗虫 *Schistocerca gregaria*
　筛豆龟蝽 *Megacopta cribraria*
　少孢根霉 *Rhizopus oligosporus*
　蛇锁海葵 *Anemonia viridis*
　湿润拟玉黍螺 *Littoraria irrorata*
　食骨蠕虫 *Osedax*
　嗜黏蛋白阿克曼菌 *Akkermansia mu-ciniphila*
　嗜热链球菌 *Streptococcus thermophilus*
　鼠李糖乳杆菌 *Lactobacillus rhamnosus*
　鼠疫杆菌 *Yersinia pestis*
　树莓瘿蚊 *Lasioptera rubi*
　双歧杆菌 *Bifidobacterium*
　双色蜡蘑 *Laccaria bicolor*
　斯氏线虫 *Steinernema*
　松下兰 *Hypopitys monotropa*
　粟孔虫 *Miliolid*

T 铁红假丝酵母 *Candida pulcherrima*

W 弯孢属真菌 *Curvularia*
　豌豆 *Pisum sativum*
　豌豆根瘤菌 *Rhizobium leguminosarum*
　豌豆蚜 *Acyrthosiphon pisum*
　外生菌根 ectomycorhize
　威格尔斯沃思氏菌 *Wigglesworthia*

伪诺卡氏菌 *Pseudonocardia*
苇状羊茅 *Festuca arundinacea*
沃尔巴克氏体 *Wolbachia*
无形体属 *Anaplasma*

X 夏枯草 *Prunella vulgaris*
夏威夷短尾鱿鱼 *Euprymna scolopes*
香柱菌属 *Epichloë*
小白蚁属 *Microtermes*
小扁豆 *Lens culinaris*
炫丽蕨 *Aglaophyton*

Y 亚速尔深海偏顶蛤 *Bathymodiolus azori-cus*
烟草甲 *Lasioderma serricorne*
烟粉虱 *Bemisia tabaci*
药材甲 *Stegobium paniceum*
衣藻 *Chlamydomonas*
疫病菌属 *Phytophthora*
银合欢 *Leucaena leucocephala*
婴儿双歧杆菌 *Bifidobacterium infantis*
樱桃木 *Prunus serotina*
鹰嘴豆 *Cicer arietinum*
约氏联合菌 *Synergistes jonesii*

Z 真贝氏酵母 *S.eubayanus*
志贺氏痢疾杆菌 *Shigella dysenteriae*
致病杆菌属 *Xenorhabdus*
壮丽伴溢蛤 *Calyptogena magnifica*
紫羊茅 *Festuca rubra*
棕囊藻 *Phaeocystis*

人名译名对照表

A 阿尔伯特·弗兰克 Albert Frank
埃德蒙·威尔逊 Edmund Wilson
艾德华·威尔森 Edward Wilson
安德烈·费明赛 Andreï Famintsyne
安德烈亚斯·辛珀 Andreas Schimper
安东尼·范·列文虎克 Antonie Van
Leeuwenhoek
安通·德贝里 Anton de Bary
奥古斯塔·卢米埃尔 Auguste Lumière

B 保尔·波赫杰 Paul Portier
保罗·布赫纳 Paul Buchner
彼得·克鲁泡特金 Pierre Kropotkine

C 查尔斯·达尔文 Charles Darwin

D 丹尼尔·詹森 Daniel Janzen

F 范·瓦伦 Leigh Van Valen
弗朗兹·于里扬 Franz Jullien

H 哈拉尔德·斯敦普克 Harald Stümpke
汉斯·克雷布斯 Hans Krebs

赫伯特·乔治·威尔斯 H. G. Wells
亨利·德巴微 Henri de Parville

吉悦姆·乐观特 Guillaume Lecointre   J
加斯顿·邦尼尔 Gaston Bonnier
加斯帕尔·博安 Gaspard Bauhin
杰弗里·阿默斯特 Jeffery Amherst

卡尔·勃兰特 Karl Brandt   K
康斯坦汀·梅列日科夫斯基 Constantin
Mereschkowsky

雷蒙德·约斯 Raymond Jones   L
理查德·阿尔特曼 Richard Altmann
理查德·道金斯 Richard Dawkins
理查德·戈尔德施密特 Richard Gold-
schmidt
林恩·马古利斯 Lynn Margulis
路易·巴斯德 Louis Pasteur
伦萨依斯·布拉提斯 Rumsais Blatrix

梅尔文·卡尔文 Melvin Calvin   M
莫里斯·考勒里 Maurice Caullery

作者介绍

　　马克-安德烈·瑟罗斯系法国国家自然历史博物馆教授，隶属于混合研究单位"系统分类、进化和生物多样性研究所（ISYEB，编号7205）"实验室，带队研究"植物和真菌的互动与进化"。他同时也是波兰格但斯克大学（负责植物共生生态与进化实验室）和巴西维索萨联邦大学的客座教授。他的研究方向是互利关联（即共生）的生态和进化。作为真菌学家和植物学家，他特别专注研究菌根共生（菌根连接植物的根和土壤）。他和他的团队关注菌根共生真菌（特别是松露）种类和基因的多样性，研究这类共生本身及其功能的进化，特别是兰科植物。他的研究针对热带和温带环境。

　　瑟罗斯也在法国和其他国家的大学任教，特别是位于乌尔姆街的巴黎高等师范学院。他认为自然科学教育有重要的社会意义，二十年来他坚持参与地球生命科学教师的培养，无论是全日制在校教育还是成人教育。同时，他身兼法国国家自然历史博物馆管理职位，并主持（巴黎第十一大学／巴黎高等师范学院／法国国家自然历史博物馆）地球生命科学教师资格会考。作为土地博物学家，他尽可能在室外授课，内容横跨植物学、微生物学、生态学和进化学。他还是法国农业科教学会通讯会员、法国植物学会主席，以及三家国际科学期刊（*Symbiosis*、*New Phytologist* 和 *Botany Letters*）的编辑。

瑟罗斯也是自然科学通俗刊物 *Espèces* 的编辑，并积极通过会议、视频、纪录片和文章等形式推进科学通俗化。他发表过130 余篇学术文章，也发表过同等数量的科普文章。这些文章都可以从巴黎研究团队的网站上（http://isyeb.mnhn.fr/Marc-Andre-selosse）免费下载。

谢 词

感谢贝尔纳·布拉尔、弗朗西斯·阿雷和让 - 玛丽·佩尔特，感谢你们与我深入交流，也感谢你们的鼓励，你们是我的榜样。

感谢卡特琳·阿莱、安娜·安德森、何内·巴利、阿里尔·邦尼、谢希尔·布列东、克里斯丁·达波维尔、奥莱丽·德尼、杰哈尔·杜瓦勒、瓦尼亚·艾美利亚诺夫、杰哈蒂娜·弗洛朗斯、弗朗斯瓦·拉里尔、盖蒂·玛歌德雷娜、克里斯托弗·莫内、萨缪尔·何布拉尔，还要特别感谢阿以田·布列松、安妮·瑟罗斯和克劳德·瑟罗斯，是你们让我在写这本书时……从不觉得孤单。

感谢法国国家自然历史博物馆的同事们（尤其是康纳多、菲利克斯、若斯、罗尔、菲利普和整个秘书办！），也感谢格但斯克大学的同事们（包括阿利西亚、阿尔兹贝塔、朱莉塔和米夏尔），是你们的专业和支持让我能抽身完成此书。

最后，感谢所有学术同人，是你们的研究让本书变得充实；也要感谢纳税人让相关研究得以进行。